国家自然科学基金面上项目(52174197、52174198)资助
国家重点研发计划重点专项项目(2018YFC0808201)资助
国家自然科学基金青年科学基金项目(52004209)资助
陕西省自然科学基础研究计划项目(2018JQ5080、2018JM5009)资助
中国博士后科学基金项目(2017M623209、2016M592820)资助

矿山救援钻孔多源生命信息融合探测关键技术研究与应用

郑学召　郭　军　文　虎　邓　军　著

中国矿业大学出版社
·徐州·

内 容 提 要

本书围绕矿山救援过程中生命信息探测关键技术装备的实际需要和技术难题，研发了一套能满足井下生命信息探测的矿山救援钻孔多源信息探测装备，并通过工业性试验和现场实践证明了所研发技术和装备的实用性与可靠性。本书共8章，内容包括：生命信息探测技术的特点及现状；基于视音频和环境参数的生命信息同步采集技术；多源信息融合传输技术；基于多源信息融合的生命信息识别与定位研究；适用于矿山救援环境的电源和通信电路本安型控制方法；矿山救援钻孔多源生命信息探测系统及装备研发；工业性试验和现场救援应用。实践应用效果良好，为我国矿山救援领域提供了一种新的信息探测技术和系统装备，对提升我国救援技术装备水平意义重大。

本书可作为高等院校、科研院所的安全工程、采矿工程等相关专业人员的参考书，也可作为矿产开发工程技术人员的参考资料。

图书在版编目(CIP)数据

矿山救援钻孔多源生命信息融合探测关键技术研究与应用/郑学召等著.—徐州：中国矿业大学出版社，2022.12

ISBN 978-7-5646-5692-8

Ⅰ.①矿… Ⅱ.①郑… Ⅲ.①矿山救护—研究 Ⅳ.①TD77

中国国家版本馆CIP数据核字(2023)第000042号

书　　名　矿山救援钻孔多源生命信息融合探测关键技术研究与应用
著　　者　郑学召　郭　军　文　虎　邓　军
责任编辑　黄本斌
出版发行　中国矿业大学出版社有限责任公司
（江苏省徐州市解放南路　邮编221008）
营销热线　(0516)83885370　83884103
出版服务　(0516)83995789　83884920
网　　址　http://www.cumtp.com　**E-mail**:cumtpvip@cumtp.com
印　　刷　苏州市古得堡数码印刷有限公司
开　　本　787 mm×1092 mm　1/16　**印张** 11.75　**字数** 301千字
版次印次　2022年12月第1版　2022年12月第1次印刷
定　　价　50.00元

前　言

我国的能源资源呈现“多煤、贫油、少气”的特点。长久以来，煤炭是我国主要能源，是我国国民经济和社会发展必不可缺的基础能源。据自然资源部统计，截至 2020 年年底，全国探明煤炭资源储量为 1 622.88 亿 t，其中山西省煤炭储量达 507.25 亿 t，占全国储量的 31.26%，居全国之首，陕西省以 293.90 亿 t 的储量居第二位，第三位是内蒙古，储量为 194.47 亿 t。我国煤炭资源赋存地区的特点呈东少西多、南少北多的态势，煤炭资源主要分布在西北地区，占全国煤炭资源总储量的一半以上。在今后相当长的一段时间内，我国能源结构仍然以煤炭为主体。国务院制订的《能源中长期发展规划纲要(2004—2020)》(草案)也指出“要鼎力调整优化能源结构，坚持以煤炭为主体，电力为中心，油气和新能源全面发展的战略”。

从 2000 年开始，经济运行速度加快，对能源、原材料的需求增大，使得煤炭生产企业满负荷运行，超能力生产现象严重，给煤矿安全生产带来巨大的压力，事故时有发生，不仅给社会带来了严重的不良影响，更重要的是给人民的生命、财产造成了不可估量的损失。经过我国政府、科研院所、煤矿企业等多方共同努力，我国矿山安全生产形势总体呈现明显好转趋势，尤其是自 2010 年以来我国矿山安全事故得到有效控制，各地矿山生产状况快速转好，但部分省份区域仍是事故高发地区，尤其是重特大矿山事故还时有发生，形势依然严峻。

如何科学有效地预防重大事故、建立科学合理的应急救援系统等已成为矿山安全技术领域的研究重点。为预防事故的发生，煤矿企业都严格按照要求安装监测监控系统，对井下设备、环境参数实时采集监控，降低了事故的发生率。当安全事故发生后，及时有效的救援工作对减少人员伤亡和财产损失、避免事故后果的扩大极为关键。一次成功的应急救援，不仅取决于救援装备的先进程度，更取决于指挥决策者对各种灾情信息的及时掌握、科学分析和果断决策。然而，由于事故救援过程中，灾情呈复杂、难预测和实时动态多变等特征，加之正常生产中使用的监测监控和通信系统往往受灾害的破坏，呈瘫痪和无效状态，救援人员难以及时准确地掌握灾区的实时灾情，更加难以对灾情的发展态势进行准确及时的预判，使得救灾决策具有很大的盲目性。近年来，国内专家学者对矿山事故救援中灾情信息的实时准确获取、人员定位等方面开展了大量研究，矿山重特大事故灾后被困人员的生命信息探测和灾情实时侦测技术装备研究已成为矿山事故救援领域的研究热点。

本专著以理论研究和现场实践相结合，立足现场救援实际，以满足重特大事故救援现场实际需求为最终目标，较为全面系统地研究了矿山钻孔救援多源生命信息探测技术，成功研发了满足实战需求的成套的矿山钻孔救援多源生命信息探测系统及装备。本专著是作者在长期潜心研究与现场实践、系统总结与提炼的基础上形成的，具有鲜明的行业特色，对现场救援所用通信技术装备的研究具有重要的指导和借鉴作用，对我国矿山事故应急救援工作的顺利开展具有重要的实际意义。

本专著共分9章：第1章论述了矿山救援的研究背景和意义，分析了现有的矿山救援装备和队伍的发展，总结了矿山救援现状；第2章重点讨论了现有的生命信息探测技术，并从各探测技术的研究现状、系统组成、工作原理及特点和应用等方面进行了总结和分析；第3章重点介绍了矿山救援过程中，基于视音频和环境参数的生命信息同步采集技术，介绍了多种视音频信息采集处理模型并对进行生命信息采集的传感器进行了选型；第4章主要阐述了多源信息融合的相关研究现状、模型建立、技术研究、融合分类及方法并研究了多源信息融合的算法；第5章研究了集视音频、环境参数、雷达探测等多源信息融合的生命信息识别与定位方法，可实现井下生命信息立体化探测；第6章通过对本安电路的放电形式和本安电源的研究，提出了电路达到本质安全化的方法；第7章在对现有的矿山救援钻孔多源信息探测系统的理论分析及软件开发的基础上，研发了一套能满足井下生命信息探测要求的矿山救援钻孔多源信息探测系统；第8章通过工业性试验和现场救援实例，检验了所研发技术装备的实用性和可靠性，应用效果证明研制的技术装备可满足现场救援的实际需求；第9章总结了全书的主要内容及创新点。

作者所在的国家矿山救援西安研究中心，属国家矿山应急救援指挥中心和西安科技大学共建的研究机构，受国家矿山应急救援指挥中心和学校双重领导，业务上接受国家应急救援指挥中心的领导，并完成国家应急救援指挥中心委托的任务。本中心一直承担矿山重大灾害成因、防治技术、应急通信技术装备、救援抢险技术、鉴定技术等研究。长期以来，形成了矿井灾害救援通信技术、矿井救灾数字化技术等多个稳定的研究方向。近五年来承担或完成了国家自然科学基金项目10余项、国家杰出青年科学基金项目1项、“九五”国家科技攻关项目1项、国家计委示范工程1项、国家计委煤田灭火工程1项、西安市科委重大科技成果转化工程1项及其他省部级和企业委托项目100余项。荣获国家科学技术进步奖4项，省部级科学技术进步奖20余项，出版专著22部，发表论文400余篇，授权国家发明专利30余件、实用新型专利100余件。

本专著的研究得到了国家自然科学基金面上项目(52174197、52174198)、国家重点研发计划重点专项项目(2018YFC0808201)、国家自然科学基金青年科学基金项目(52004209)、陕西省自然科学基础研究计划项目(2018JQ5080、2018JM5009)、中国博士后科学基金项目(2017M623209、2016M592820)等资助,在此表示感谢。

本专著由郑学召教授提出整体构思,在相关老师和学生的帮助下共同完成的。其中撰写分工如下:前言由邓军撰写;第1章由郑学召撰写;第2章由郭军撰写;第3章由郑学召、郭军撰写;第4章由郑学召撰写;第5章由郑学召、郭军撰写;第6章由郑学召、郭军撰写;第7章由郑学召、文虎、蔡国斌、孙梓峪、徐承宇撰写;第8章由郑学召、文虎、邓军、童鑫、黄渊撰写;第9章由郑学召撰写。全书插图编辑人员有孙梓峪、徐承宇、范永超、杨卓瑞、寇智哲、李梦涵、黄渊;文稿校对人员有马扬、宋健、董贝贝、刘一丹、阮诗怡、刘盛铠、丁文、周博、李强、马佳文、黄渊,在此表示感谢。全书由郑学召总审定。

本专著是一部较为系统地阐述矿山救援钻孔多源生命信息探测的图书,涉及了诸多生命信息探测、多源信息融合和信息同步采集的理论和方法,由于水平有限,难免存在不足之处,希望能得到广大读者的指正和帮助。未来几十年内,矿山救援仍然会成为煤矿安全领域学者的一个研究热点。我们希望本专著的出版,不仅能为我国煤矿安全工作者提供一部可借鉴的资料,同时也为我国矿山救援技术的研究工作有所贡献。

著 者

2022年9月

目　录

第1章 绪 论

1.1 研究背景及意义

1.1.1 研究背景

煤炭是世界上储量最多、分布最广的常规能源，也是重要的战略资源。其广泛应用于钢铁、电力、化工等工业生产及居民生活领域[1]。煤炭资源是众多能源资源之一，在世界一次能源消费量中占 27%。2020 年，世界煤炭总产量为 77.42 亿 t，比上年下降 4.82%[2]。其中，主要集中在中国(3 902 Mt)、印度(765.5 Mt)、印度尼西亚(562.5 Mt)、美国(484.7 Mt)、澳大利亚(476.7 Mt)、俄罗斯(399.8 Mt)、南非(248.3 Mt)、哈萨克斯坦(113.2 Mt)、德国(107.4 Mt)、波兰(100.7 Mt)等国家。

我国煤炭资源丰富，是我国重要的支柱性能源，但人均占有量少，勘探程度较低，经济可采储量较少。所谓经济可采储量是指经过勘探可供建井，并且扣除了回采损失及经济上无利和难以开采出来的储量后，实际上能开采并加以利用的储量。在经勘探证实的储量中，精查储量仅占 30%，而且大部分已经开发利用，煤炭后备储量相当紧张[3]。我国人口众多，煤炭资源的人均占有量约为 234.4 t，而世界人均占有量为 312.7 t，美国人均占有量更是高达 1 045 t，远高于我国的人均水平[4]。如图 1-1 所示，虽然煤炭占中国一次能源结构比例在逐年下降，但是总体占有量于 2021 年仍高达 56.0%，在往后一段时间内依然处于能源领域重要地位。

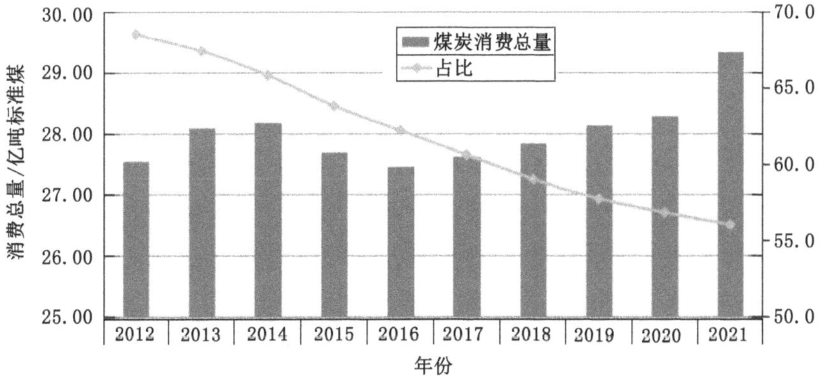

图 1-1　2012—2021 年全国煤炭消费总量及占比

我国煤炭资源分布北多南少，西多东少。煤炭资源的分布与消费区分布不协调[5]。从各大行政区内部看，煤炭资源分布也不平衡，如华东地区的煤炭资源储量的 87%集中在安徽、山东，而工业企业主要在以上海为中心的长江三角洲地区；中南地区煤炭资源储量的72%集中在河南，而工业主要在武汉和珠江三角洲地区；西南煤炭资源的67%集中在贵州，而工业主要在四川；东北地区相对较好，但也有52%的煤炭资源储量集中在黑龙江，而工业集中在辽宁，各地区煤炭品种和质量变化较大，分布也不理想[6]。我国炼焦煤在地区上分布不平衡，4种主要炼焦煤种中，瘦煤、焦煤、肥煤有一半左右集中在山西，而拥有大型钢铁企业的华东、中南和东北地区，炼焦煤很少。在东北地区，钢铁工业在辽宁，炼焦煤大多在黑龙江；西南地区，钢铁工业在四川，而炼焦煤主要集中在贵州[7]。

随着煤矿开采强度加大，很多矿区开采深度已经超过800 m，开采难度在逐渐提升，复合灾害的发生频率也在升高。由于煤矿深井开采难度大和开采环境复杂，我国煤矿生产过程中发生了许多重特大事故。根据中国煤炭工业协会统计，2021年全国发生煤矿安全事故91起，死亡178人。虽然事故发生起数、人员伤亡数近几年都在持续走低，但是安全事故依旧在发生，整体形势仍然严峻，所以加强对矿山救援的研究是刻不容缓的[8]。煤炭行业是公认的高风险行业，工作场所大多在地下受限空间，而且在不断的变化和移动[9]。煤炭开采系统复杂、环节多，地质条件复杂多变，生产条件较为恶劣，技术装备落后，人员素质偏低，经常受到透水、火灾、瓦斯、煤尘、冒顶片帮（矿压）、有毒有害气体等灾害的威胁。因此，矿山救援对煤矿安全生产而言具有极其重要的意义[10]，关系企业管理水平和形象、关系政府的执政能力和形象，甚至关系国家的国际形象[11]。

矿山救援是指煤矿井下发生事故后，政府和企业为减少事故后果而进行的组织救援行动。开展矿山救援培训，有利于提高煤矿职工和管理人员的整体素质、安全意识和各种专业技能；提升矿山的救援装备和水平，可以提高一线矿工救援和自保意识，促使其掌握关键的应急知识和技能，有利于煤矿控制重大事故灾害的发生，减少人员伤亡、财产损失，对弘扬“以人为本，安全发展”的理念、提升矿山本质安全化程度具有重要的意义[12]。

我国十分关注煤炭行业的安全形势，从中央到地方政府相继出台法规、条例、规程，煤矿企业也制定了相关制度，以加强煤矿安全生产以及保障员工生命安全。1996年施行的《中华人民共和国煤炭法》规范了煤炭行业的发展，使其法制化，其对煤炭行业应急救援行动提供了管理与组织层面的依据。2002年起施行的《中华人民共和国安全生产法》是第一部关于矿山应急救援体系建设的法律法规，规定县级以上地方人民政府应当组织有关部门制定行政区域特大生产安全事故应急救援预案，建立应急救援体系。2015年施行的《安全生产违法行为行政处罚办法》是为了制裁安全生产违法行为，规范安全生产行政处罚工作，依照行政处罚法、安全生产法及其他有关法律、行政法规的规定，制定的办法。2022年施行的新版《煤矿安全规程》是为保障煤矿安全生产和从业人员的人身安全与健康，防止煤矿事故与职业病危害，根据相关法律制定的部门规章。除了应急救援相关的法律法规以外，我国还制定了各种规范和标准，如《矿山救护队标准化考核规范》《煤矿井下安全避险“六大系统”建设完善基本规范（试行）》《煤矿安全监察条例》《国务院关于预防煤矿生产安全事故的特别规定》等。加强煤矿井下救援工作是处置重大灾害事故和应对重大突发事件的迫切需要，也是保障和改善民生、维护社会稳定的重要举措[13]。为了确保煤矿的安全生产，党中央、国务院高度重视矿山应急救援工作，并采取一系列举措推进应急救援的建设工作。国家对矿山应急救援工作一直非常重视，把矿山应急救援列为全国安全生产工作“六个支撑体系”建设的重要内容，成立了国家安全生产应急救援中心，加强机制体系建设，有力地推动了矿山救援的建设工作[14]。

近年来，矿山救援对煤矿的安全生产和国家的经济发展做出了重要的贡献。矿山救援指挥中心、矿山救援基地、重点救护队、抢险排水站、研究中心、救援专家组，密切配合协同作战，发挥了国家矿山救援体系的重要作用，安全、迅速地抢救处理了多起重特大矿山事故[15]。

陕西铜川、澄合、韩城、浦白等救护队在陈家山“11·28”瓦斯爆炸事故救援中，严格按照规定和程序，在井下有火、救灾条件极其复杂的条件下，完成了应急救援的艰巨任务。

河北峰峰、开滦矿山救护队在承德暖儿河矿业有限公司“5·19”瓦斯爆炸事故救援中闻警火速赶到事故现场，进入灾区侦查和搜救，安全地完成了抢险救援任务。

新疆维吾尔自治区矿山救护基地在阜康市神龙煤矿“7·11”瓦斯爆炸事故应急救援中，调集15个小队联合实施救援，在短时间内，抢救出4名被困矿工，搜寻出83名遇难矿工，体现了基地较强的应急救援指挥能力和救援队伍的良好素质。

鹤壁、潞安、开滦、峰峰、金牛、邯郸等10支矿山救护队，在沙河市李生文铁矿“11·20”火灾事故救援中，密切合作、英勇顽强、连续奋战，取得了联合救援的良好效果。

四川煤矿抢险排水站和六枝特区矿山救护队在贵州天池煤矿透水事故救援中，不分昼夜，连续奋战，创造了三级水泵直串连排的方法，为小矿排水提供了经验。

江西煤矿安全监察局排水站、中国能源集团公司排水公司、河南煤炭工业局排水站，在梅州大兴煤矿“8·7”透水事故发生后，及时派出技术人员，调集排水设备，赶往事故矿山，支援抢排水。在井巷条件十分困难的情况下，千方百计克服困难，夜以继日连续工作，用较短的时间安装调试好大型排水设备，迅速实现排水，展现了专业抢排水应急救援队伍的良好素质和敬业精神。

实践证明，我国矿山救护队已成为矿山安全生产不可缺少的重要组成部分，成为保护矿工生命安全和国家财产安全的一支不可替代的力量，为我国矿山安全生产做出了重要的贡献。

1.1.2 现阶段矿井救援特征

(1) 煤矿百万吨死亡率下降。我国煤矿产量从2004年开始逐年增长，而百万吨死亡率从2004年到2021年持续呈下降趋势，如图1-2所示。

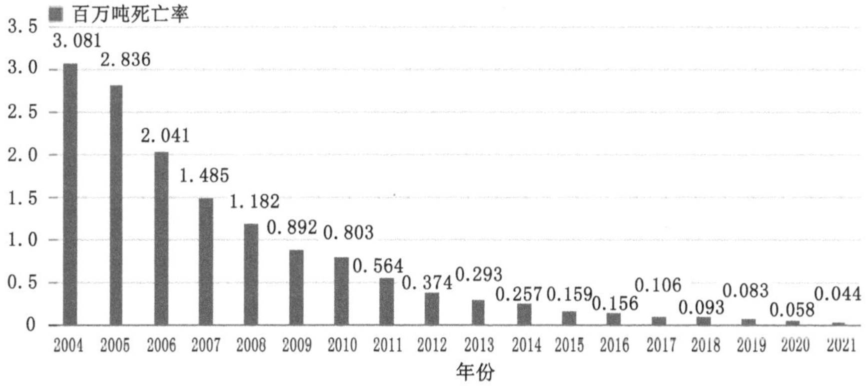

图1-2 2004—2021年全国煤矿百万吨死亡率统计

(2) 矿井救护人数增多。从2010年山西王家岭煤矿透水事故后，我国参与各类煤矿事故救援的人数大幅增加，有矿井地质和机电方面的专家、政府和地区应急指挥人员、矿山救援队员等，据国家安全生产应急救援中心统计，截至 2021 年年底，我国矿山救护队共建有 468 支。矿山救护队伍开展标准化考核，是提高队伍管理水平、技术水平、装备水平、训练水平及综合应急救援能力的重要措施，对于全面加强队伍建设和管理，大力提升队伍实战能力发挥着重要作用(图 1-3)。2021 年 12 月，应急管理部第 5 号公告发布了《矿山救护队标准化考核规范》(AQ/T 1009—2021)。为推进和落实考核规范，保持标准化考核工作有效衔接，进一步加强考核组织领导工作，应急管理部矿山救援中心编制了《矿山救护队标准化考核管理办法(征求意见稿)》。征求意见稿共 5 章 19 条，分总则、组织管理、考核流程、监督管理、附则等。与过去工作实践相比，此次征求意见稿最大区别在于：一是明确考核周期，明确 2 年为一个考核周期，第一年为考核定级，第二年为重点检查，把考核周期拉长，有利于矿山救护队集中更多精力抓好经常性基础性工作；二是实行分级考核，明确一级矿山救护队由应急管理部矿山救援中心牵头组织考核定级并公示公告，目的在于统一尺度、严格标准，全面提高一级矿山救护队的整体建设水平。

图 1-3　矿山救护队

(3) 救援工作更加科学有效，避免了次生灾害事故发生。2010 年以前，矿山救援过程中因施救措施不当、救援技术落后导致事故扩大和人员伤亡的事例较多；而 2010 年后，救援工作逐渐规范，各类因施救措施不当等造成的次生灾害事故大大减少。

(4) 救援设备先进化、新型化。随着国家对煤矿安全生产工作的重视，各类新型井下探测救助装置相继研发出来并得以应用在现场救援中。如 2007 年 12 月繁昌县阳冲铁矿井下坍塌事故救援过程中，采用 DKL 雷达探测仪探测到了人员被困位置；2010 年山西王家岭煤矿透水事故救援中应用了救援机器人和音频探测设备；2015 年 12 月山东平邑石膏矿坍塌事故救援期间使用了钻孔生命探测设备；2021 年 1 月山东五彩龙投资有限公司栖霞市笏山金矿爆炸事故救援中同样使用了钻孔生命探测设备。

(5) 救援技术协同应用，救援设备结合使用。与早期单一的矿井灾害救援工作不同的是，现在的井下救护方式变化多样，多种搜救装备的配合使用达成最大化的救援效果。根据具体的矿山灾情，合理地使用多种类型的救护装备是提高矿山救援效率的重要手段[16]。

1.2　矿山钻孔救援技术现状

我国煤炭资源禀赋与长期的旺盛需求，导致煤炭开发以每年 10～25 m 的速度向深部转移，中东部主要矿井的开采深度已达到 800～1 000 m。随着煤矿开采深度的增加，巷道所处地质条件也更加复杂，导致在煤矿开采过程中发生冒顶灾害的比例不断上升，重特大事故时有发生。例如2018年10月20日，山东龙郓煤业有限公司发生重大冲击地压事故，造成21人死亡。顶板垮落会导致巷道堵塞，难以快速恢复，传统救援方式无法实现人员的快速施救，因此通过地面向井下垂直打钻可作为一项实用有效的救生、救援技术。钻孔救援技术是矿山事故应急救援的有效新途径，也是应急救援发展的热点[17]。

矿山井下发生事故后，以往采用的直接透巷或新掘绕巷的方法效率低下且易引起二次事故[18]。为此，近年来越来越多的研究人员把注意力转移到了矿山钻孔救援技术领域。随着地面大型救生钻机和井下轻型救生钻机及其配套的支护、排水、注浆等装备的发展，精确钻孔和定位技术及救援钻孔效率的提高，矿山钻孔救援将会成为矿山应急救援的重要组成部分。

钻孔救援技术是指发生事故后，在巷道堵塞或被毁的情况下，在地面使用大型救生钻机，采用地面定向钻井技术，通过钻孔打通通道，向被困人员提供给养，再扩孔抢救被困人员[19]。钻孔救援主要包括2个阶段：小直径钻孔探测和大直径钻孔救人，即先从地面钻直径为225 mm左右的小孔至井下，提供给养或放置信息探测仪器到井下孔口，探测孔口周围的环境和生命信息，获得被困人员的准确位置，然后从地面钻直径为600 mm左右的大孔至井下巷道，放置救生舱救人。通过实际救援案例发现，钻孔救援技术在矿山事故救援中发挥了重要作用，并积累了宝贵经验。

在国外，2002年6月，美国宾夕法尼亚州某煤矿发生透水事故后，采用钻孔救援技术打通先导孔从而实现与被困人员的通信并提供氧气和给养，再利用大直径钻孔将被困人员救出。这是美国在煤矿事故救援中第一次成功运用钻孔技术，对后来的钻孔救援方法产生了重大影响。2003年1月，澳大利亚某煤矿发生冒顶事故后，采用钻孔救援技术准确打通巷井，与被困人员取得联系并提供给养，通过扩孔救出被困人员[20]。2010年8月，智利某铜矿发生坍塌事故后，利用小直径孔与被困人员取得联系并输送给养，再扩孔救人，经过近70 d的救援，30多名被困人员成功获救。

在国内，也多次尝试在矿山事故救援中运用钻孔救援技术。2004年4月，在河南某煤矿透水事故救援中，采用地面垂直快速钻井、掘绕巷等多种方案同时开展救援工作。虽然最后通过掘绕巷的方法将被困人员救出，但也演练了通过钻孔投放食物的项目，证明了钻孔救援技术是一种切实可行的救援手段。

2010年3月，在山西某煤矿透水事故救援中，按照地面钻孔救援技术方案，完成了钻井定位、快速钻井和实施救援等任务。

2010年3月，内蒙古某煤矿发生透水事故，也实施了钻孔救援，但由于灾情复杂，虽累计钻孔20多个，但仍未达到救援目的。

2015年12月，山东平邑石膏矿“12·25”坍塌事故发生后，西安科技大学应急救援课题组受国家安全生产监督管理总局(现应急管理部)调遣，利用自主研发的钻孔生命信息探测仪成功搜寻到4名被困矿工，并在事故救援过程中为救援指挥部提供了及时、准确的信息，对成功营救出被困井下220 m处长达850余小时的矿工起到了重要作用(图1-4、图1-5)。这次救援是我国首次通过钻孔救援的方式成功救出被困人员，同时也是世界第三例，在我国矿山救援史上具有里程碑意义。

2021年1月10日14时，位于栖霞市西城镇正在建设的笏山金矿发生爆炸事故，22名工人被困井下。西安科技大学第一时间组织技术人员，于1月13日携带我校矿山应急救援

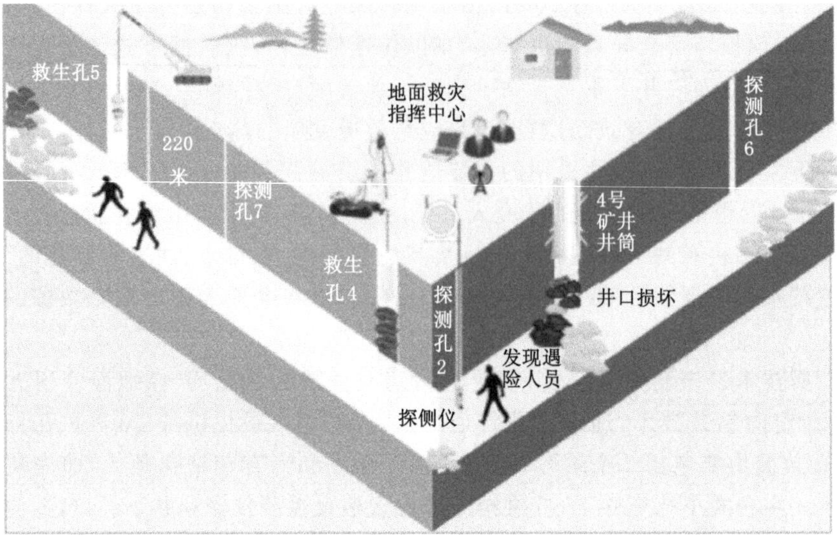

图 1-4　平邑石膏矿“12·25”坍塌事故救援过程示意图

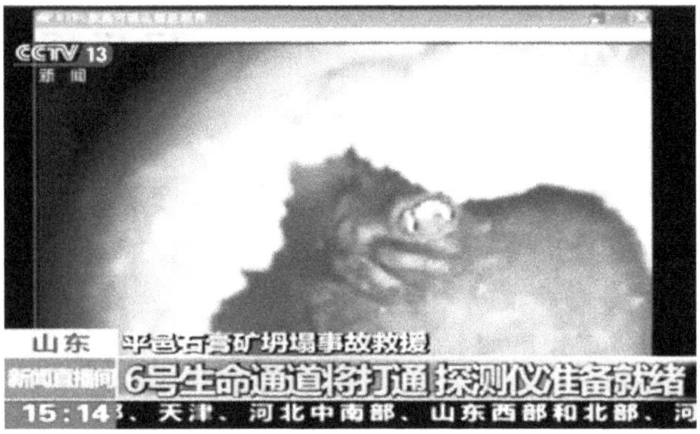

图 1-5　探测仪探测到生命视图

团队自主研发的钻孔生命信息探测设备，带领救援团队奔赴事故现场。此次救援过程中，西安科技大学救援团队承担的任务是地面救援钻孔打通后，将探测器放入井下受困人员区域，通过环境参数传感器掌握人员受困区域环境情况（如 CH_4 浓度、CO 浓度、O_2 浓度、温度、压差等）；通过视频传感器探测受困人员生存情况；通过音频传感器与受困人员通话，为救援指挥部下一步救援决策提供依据。此次救援中，团队研发的钻孔生命信息探测设备发挥了重要作用，受到了现场救灾指战员和各级政府的高度认可和赞扬。

虽有多次钻孔垂直救援成功案例，但救援中遇到的一些问题仍值得思考与研究。如平邑石膏矿救援时，救援指挥部面临的首要问题是如何利用探测钻孔快速准确搜寻被困人员，明确被困人员位置，从而实施快速有效的被困人员救生工作[21]。若探测区域巷道发生坍塌时，应采取什么方式穿透坍塌体，实现生命信息的准确探测。目前常用的钻孔窥视仪、矿井钻孔通信装置、彩色钻孔电视和井下钻孔自然伽马与视频探测系统等钻孔探测设备，大多是基于视频和音频技术，无法实现穿透探测。超宽带（UWB，ultra-wide band）雷达波可以穿透煤岩体、混凝土等非磁性物质，已在路桥隧道探伤、地震后建筑物废墟下被困人员搜寻等方面得到广泛应用。但在矿山事故救援领域鲜有报道，主要原因是 UWB 雷达波在煤岩体中的穿透与衰减特性、生命信息探测的影响因素及规律、被困人员的识别方法等方面的问题尚未解决。

目前，钻孔救援信息探测所用的相关仪器缺乏移动能力，仅能获取井下孔口附近小范围的信息，探测范围小，救援效率低[22]。利用钻孔救援探测机器人通过探测孔进入灾害现场，通过移动机构扩大救援探测范围，可为后续钻孔提供精确坐标，并可将相关环境和人员信息及时反馈回救灾中心，为制定救援方案提供依据。钻孔救援探测机器人的研究和应用对创新钻孔救援理念、提升钻孔救援探测技术水平、构建全新的钻孔救援系统以及提高钻孔救援效率具有极其重要的意义[23]。

钻孔救援技术还存在一些不足。首先，井下受困人员的精确定位是钻孔救援的最基本要素，但目前缺乏对长距离和强穿透能力的生命探测、被困人员求救信号的远距离辨识和定位技术的研究[24]。其次，在精确定位的基础上，提高钻孔效率是营救被困人员的关键，而目前缺乏专用快速救援钻孔装备及其配套机具的研究和应用。若研制钻孔救援探测机器人进行探测，对井下被困人员进行精确定位，钻孔救援效率必将有很大的提高[25]。

围绕以上问题，需通过开展矿山救援钻孔多源生命信息融合方法关键技术研究，掌握矿山救援过程中同时采用音频、视频、温度、雷达波等手段探测生命信息的原理及方法，重点研究突出雷达探测生命信息机理、影响因素等关键问题；探索多源信息融合途径，通过对视音频、环境参数及雷达信号等不同信息的融合，提出同时采集、同时传输、同时分析及同时作为生命信息判断依据的矿山救援新理念、新技术；充分利用有线结合无线自组网的信息传输方式对融合信息进行快速、不丢失、不冲突地传输，保证井下一线信息和井上指挥中心信息的一致，为救援指挥人员提供准确可靠的救援信息，这对现场救援指挥人员快速制定救援方案、保障被困人员生命安全具有重要的实际意义和研究价值。

1.3 国内外矿山事故救援典型案例与分析

1.3.1 圣何塞铜矿坍塌事故

圣何塞铜矿是位于智利北部的一座私营小矿。2010 年 8 月 5 日 14 时，在距井口 510 m 处发生井巷坍塌，33 名矿工被困井下。事故发生后，3 支矿山救护队通过矿井通风井进入井下救援，8 月 7 日再次发生大面积垮塌，被迫撤出，随即采取了钻孔救援措施，钻孔救援经历了两个阶段。

第一阶段用 3 台 685 型钻机施工了直径为 108 mm、120 mm、146 mm 的钻孔，探查事故后的矿井环境和人员情况。8 月 22 日，直径 108 mm 的钻孔打通了被困矿工所在的巷道，随后其他两孔也相继打通。利用石油勘探钻井所用的窥视仪等物探设备与井下建立了视频通信联系，投送食物、药品和生活物资，考虑到被困空间环境恶劣，美国宇航局 4 名医师和心理专家提供生存指导。

确定被困人员位置后，第二阶段采用大直径钻孔实施营救措施。制定了 3 套钻孔方案，第 1 套方案利用澳大利亚生产的“Sa50”型钻机，首先打个直径为 110 mm 的“导向孔”，再扩大孔径至 700 mm，设计深度为 700 m，计划 4 个月完工。第 2 套钻孔方案采用美国生产的"Shmmn-30"型车载式顶驱钻机，利用第一阶段已形成的 108 mm 孔将之扩大孔径至 308 mm，然后再次扩至 660 mm，其设计深度为 625 m，计划 2 个月完成。第 3 套钻孔方案利用海上石油开采"RI-422"钻机，先打一个 146 mm 的钻孔再扩大孔径到 900 mm，设计深度为 597 m。

钻孔施工过程中，第 1 套方案因遇到地质破碎带，不断处理钻孔坍塌，始终未能达到设计位置。第 3 套方案设备功率大，日钻进可达 40 m。9 月 20 日开钻，至 10 月 12 日已钻进 512 m，在井下 −624 m 位置打通至被困矿工所在巷道(在钻孔过程中曾遇到许多困难，钻进到 274 m 处，碰到矿井内支护巷道的金属支架，钻头被折断，10 月 9 日，钻孔打通后为处理地质破碎带而采用了套管护壁措施)，最终成功通过钻孔将被困矿工救出。

此次事故之所以能获得成功，分析如下：

圣何塞铜矿处于干旱的沙漠地区，没有含水地层，没有有毒有害气体，垮塌没有对被困矿工造成直接伤害。井下封闭区约有 1 900 m 的巷道空间，垮塌堆积的岩体有缝隙可以透风，火成岩裂隙渗水等都为人员生存和施救提供了有利条件，且金属矿地质结构较煤系地层致密，为快速钻进提供了良好的条件，这些都是救援成功的重要条件。救援人员正是利用这些有利条件，确立了将全部被困矿工救出的目标和信心，展开了一次高水平的专业救援，是钻孔救援的经典范例。从此次事故救援中可以归纳出救援成功的 5 个关键要素：

(1) 准确定位是钻孔救援的基本要素。"避灾硐室"是在矿井发生灾害时井下人员临时躲避灾害的安全保障，不仅储存的食品维持了矿工 17 d 的生存，而且在设计和施工中都有确定的空间坐标，为施工救援钻孔提供了准确的方位和目标。

(2) 高科技支撑构建了完整的救援方案是成功救援的保障。救援方案在钻孔施工、遥控探测、视频通信、医疗救治、心理干预等方面都体现了各个领域最先进的技术手段，对可能发生的问题都做出了有效的解答，这是一次高水平的专业救援，也是人类科技的胜利。

(3) 施工组织方面，采取了广泛的国际合作，智利国家铜业公司、西方跨国公司、美国宇航局、中国三一重工都贡献了技术和力量，救援的每个阶段都同时组织了 3 套以上措施和方案，形成了技术和作业的竞争，在客观上提高了工作效率。

(4) 54 岁的工长路易斯·乌尔苏亚，有效地将矿工们团结起来，配合钻孔施工组织转运了约 3 000 t 随钻落入的岩石钻屑，并成功实施了井下控制爆破，为实施救援创造了提升条件。

(5) 命名为"凤凰"的提升舱为避免岩石坠落做了加固舱顶，舱体外置导引滑轮、逃生舱门、供氧和生理监控装置，以及相应为输送材料和物品专门设计的被称为"白鸽"的提升筒，使人们对钻孔救援的认识大大加深。

1.3.2 美国宾夕法尼亚 Quecreek 煤矿透水事故

2002 年 7 月 24 日 21 时 15 分，Quecreek 煤矿在开采过程中误穿采空区导致透水被淹，9 名矿工被困于距地面 73 m 的独头巷道里。被困矿工敲击用于支护巷道的锚杆，救援人员通过地音探测仪得知有被困矿工存活并准确定位，运用车载的顶驱式钻机打了 3 个直径 600 mm 的钻孔，利用钢管特制了专门的提升舱，通过钻孔将 9 名被困矿工救出，整个救援历时 77 h。

Quecreek 煤矿事故应急救援是第一次采用车载顶驱式钻机实施钻孔救援，其成功的要素主要是：

(1) 矿工们经过安全培训获得了被困求援的知识，受困等待救援时有规律地间歇敲击锚杆或岩壁，向外传递信息，为确定人员被困位置创造条件。

(2) 运用"GPS导航定位系统"精确定位钻机位置，指示钻孔方位。

(3) 被困人员处于水位下的封闭空间，配合钻孔施工采用大功率水泵强制排水，降低水位以平衡水压气压，维持了矿工所在巷道有足够的空间。

1.3.3　王家岭煤矿"3·28"透水事故

(1) 事故经过

华晋焦煤有限责任公司王家岭煤矿在工作面出现"掌头煤层压力增大、煤壁挂汗并出现异味、出来的煤是湿的、工作面有渗水情况"等透水征兆后，相关人员没有按照规定及时撤人和采取有效应对措施，于2010年3月28日14时30分许发生透水事故。当班下井261人，升井108人，153人被困井下。

这起事故再次暴露出部分在建矿井安全生产责任落实不到位、安全管理不严格、隐患排查治理不认真等突出问题。这次透水事故的发生，与施工单位的管理有很大关系。调查组初步判定，水是从施工单位所属的27队作业面涌进来的，可能是工人在井下掘进矿道时，意外凿穿了废旧煤窑，导致旧窑内13万 m^3 的老空区积水冲进巷道。

(2) 救援难点分析

① 由于总的井下透水量过大，达到13万 m^3，而抽水速度相对较慢，所以抢险救援工作主要围绕排水进行。

② 影响救援的最主要的问题是当地的地理位置。因其在两座山的山坳里的特殊性，盘山公路较窄，矿井井口也比较窄，停放的设施又很多，因此，有不少的救援车辆堵在路上，这是影响施工救援相对较大的困难。

③ 铺设管道是排水的关键环节，也是其中最困难的环节，在救援现场管道全长1 000 m，从井下贯穿到地上，其中有将近700 m是安装在井下250 m的斜坡上，在这个坡度上架设管道难度很大。抢险救援过程中的排水工作进展不顺畅的主要原因就是管道铺设困难。

④ 救援时间长，救援人员体能消耗大。从矿难发生到115名被困人员获救，经历了190多个小时的持续救援行动，救援人员十分疲惫。

(3) 经验与教训

① 由于我国煤田水文地质条件极为复杂，煤矿透水事故时有发生，它不仅严重破坏煤矿的正常建设和生产、造成巨大的经济损失，而且还威胁工作人员的生命安全。其中，老空区积水透水事故极易发生，且发生时往往造成重大人员伤亡和财产损失。

② 加强老空区探水是防治老空区透水事故的主要措施，切实执行"有疑必探，先探后掘"的探放水原则。由于井下作业条件复杂、加之资料不全等因素影响，采空区积水情况难以掌握清楚，坚持"有疑必探，先探后掘"的探放水原则非常重要。当巷道掘进至积水区一定距离或在疑问区内掘进、回采时，必须超前钻探，探明情况或将水放出，借以消除水的威胁。

③ 领导高度重视，指挥决策科学是救援成功的前提。透水事故发生后，党中央和国务院领导分别指示"要全力营救被困人员"，"要求采取有力措施，调动一切力量和设备，千方百

计抢救井下人员，严防发生次生事故”。有关领导亲赴事故现场指挥救援工作。救援指挥部的科学决策，为此次抢险赢得时间，并最终成功解救出115名被困人员。

④ 加强应急预案的制定和实施，加强安全管理，落实安全管理有关制度。通过对典型煤矿透水事故的应急组织及其应急流程进行分析发现，如果对可能发生的透水事故没有预先拟定应急预案，在发生事故后，不能及时、恰当处理，透水事故很难得到有效控制，往往导致事故变得严重。而如果编制的事故应急救援预案能发挥有效作用，就可确保救援人员的及时到位，为事故抢险争取时间。因此，总结本次事故，首先要完善应急预案。吸取事故教训，进一步对部门、企业预案进行可操作性、针对性的修订完善。特别要明确面对险情立即、快速撤人的责任人，赋予矿井当班调度员停产撤人的直接指令权，避免延误撤人时间。同时，还应进一步强化安全意识，加强安全管理，落实安全管理有关制度。

⑤ 加强矿工安全培训，进一步增强救援装备建设。矿工安全常识对于应急施救，提高救援成功率非常有意义。这样的例子并不少，如2007年8月16日丰城矿务局上塘镇榨里一号井北大巷发生透水事故，造成在矿井南翼作业的14名矿工被困。14名矿工按照安全培训学习的内容，在井下积极互救自救，经过33 h的抢险救灾，14名被困矿工被成功救出，安全升井。另外，从这起事故救援过程也可以看出，我国还要进一步加快救援基地和救援技术装备建设。应充分借鉴国外先进救援技术和经验，加快救援技术的集成化、信息化建设，特别是要加快大型救援装备的研发、储备和合理布局，加快井下“救生舱”设施、井下人员定位和通信系统等的推广应用。同时还要加强应急救援队伍建设，加强日常训练，搞好应急演练，提高实战技能，与消防、道路交通等救援队伍，形成有机联动，增强救援成效。

1.4 研究内容与技术路线

1.4.1 研究内容

设计并研发一种能够快速将煤矿井下环境信息、生命信息等多种不同种类的信息进行有机融合并高速传输的矿山钻孔用多源信息融合及传输装置。该装置不仅可有效探测到井下多源信息的浓度、种类，还可以对信息的实时情况进行有效传输显示。侦测到救援所要的信息时，需要对不同种类的信息进行有机融合，以保证信息在传输过程中不会出现堵塞、遗漏或者丢失等现象，进一步提高信息的传输速度和可靠性。通过无线＋有线的传输方式，解决信息远距离传输中所存在的问题，利用有线的传输稳定性和无线的便捷性共同组成可靠的自组网传输模式，实现大容量的多源信息远距离可靠传输服务，保证地面救援指挥中心和井下救援基地对信息的实时接收和分析，进一步加快正确的救援方案的制定和完善。主要研究内容如下：

(1) 异质多传感器的架构设计及应用

基于现有的钻孔救援生命信息探测装置，实现对CH_4、CO、O_2等多种不同信息的实时监测与异质融合，利用传感器的集中侦测作用，将多源信息的浓度及分布情况进行准确的分析，以便救援过程中对危险信息进行分析与预判。

(2) 多源信息融合模型的构建

结合信息理论、数学模型、物理学、计算机科学和电磁学等知识，以模型架构和电路集成的方式制造多源信息融合系统，满足多源大容量信息的集成化分布和系统布置，通过模型构建为异质多传感器的选择和设计提供理论知识，对其融合原理进行研究。

(3) 生命信息智能识别研究

通过对比分析生命信息与其他环境信息在幅度、相位等参数方面的差异，使其较容易与其他信息进行区别分析处理，利用生命信息处理算法，简化生命信息的识别过程，提高生命信息识别速度，以不同生命信息的侦测特征对比分析，获取最佳的生命信息侦测手段，使其较好地适用于矿井灾害事故救援过程中。

(4) 大容量、多源信息远距离融合传输研究

根据信息融合的机制，确定融合后的信息容量和集成化程度，借鉴已有的生命信息钻孔救援多源信息融合方法，综合应用仿真分析和实验测试，对比分析融合前后信息传输的速度和效率，结合无线＋有线的传输方式解决系统中信息传输缓慢等问题。

1.4.2 技术路线

本专著根据矿山灾害事故救援中多源信息采集和传输困难、信息不全面、难以实现对生命信息的侦测识别等问题，借鉴现有的钻孔救援音视频传输技术和生命信息侦测技术，充分利用多源信息传输的数据量大、稳定性高等特点，以异质传感器为媒介，结合无线＋有线的传输方式，研发集多源信息传输、生命信息识别和异质传感器等多种功能于一体的矿山钻孔救援生命信息融合探测装置。技术路线如图1-6所示。

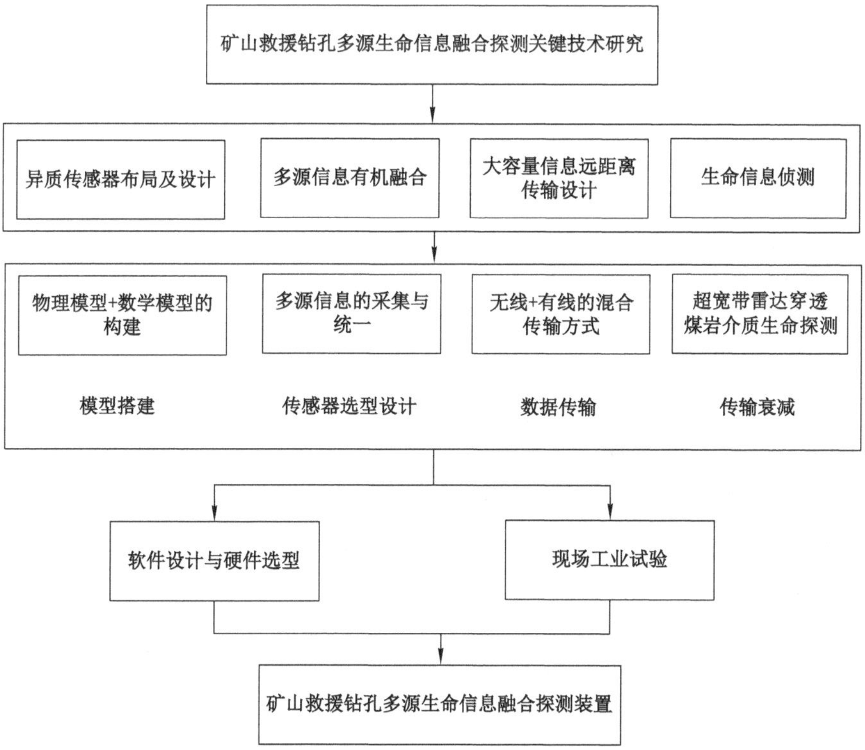

图1-6 技术路线图

参考文献

[1] 张建强，宁树正，陈美英，等. 我国煤炭资源开发前景及对策[J]. 地质论评，2020，66(增刊1)：143-145.

[2] 中国能源网. 全球主要煤炭生产国资源分布及发展趋势[EB/OL].(2021-08-24)[2023-09-20]. https://baijiahao. baidu. com/s? id = 1708935261090681056&wfr = spider&for=pc.

[3] 孙杰，陈美英，唐朝苗，等. 我国煤炭资源勘查现状跟踪研究[J]. 中国煤炭地质，2017，29(11)：1-8.

[4] 王猛，汤家轩，倪斌. 澳大利亚与我国煤炭资源储量评估规则对比研究[J]. 中国煤炭，2017，43(5)：137-140.

[5] 彭苏萍，张博，王佟. 我国煤炭资源"井"字形分布特征与可持续发展战略[J]. 中国工程科学，2015，17(9)：29-35.

[6] 李绪国. 我国煤炭资源安全高效绿色开发现状与思路[J]. 煤炭科学技术，2013，41(8)：53-57，73.

[7] 张金锁，姚书志，齐琪，等. 我国煤炭资源安全绿色高效开发研究综述[J]. 资源与产业，2013，15(2)：73-78.

[8] 郭晓辉. 安全文化视角下的煤矿安全事故预防研究[J]. 矿业装备，2022(1)：102-103.

[9] 黄继广，马汉鹏，范春姣，等. 我国煤矿安全事故统计分析及预测[J]. 陕西煤炭，2020，39(3)：34-39.

[10] 侯芳芳. 煤炭资源安全现状分析及发展研究[J]. 资源信息与工程，2020，35(2)：45-47.

[11] 张健. 煤矿生产应急预案的优化分析[J]. 能源技术与管理，2018，43(4)：109-111.

[12] 王军，何蕾，徐倩. 我国煤炭价格与煤矿安全事故实证分析：基于向量自回归模型(VAR)[J]. 中国矿业，2019，28(6)：13-17.

[13] 范艳鑫. 煤矿安全生产大数据分析研究[J]. 矿业装备，2021(1)：104-105.

[14] 胡青松，杨维，丁恩杰，等. 煤矿应急救援通信技术的现状与趋势[J]. 通信学报，2019，40(5)：163-179.

[15] 王斌. 新形势下煤矿安全生产标准化建设分析[J]. 矿业装备，2021(1)：132-133.

[16] 高广伟，张禄华. 大直径钻孔救援的实践与思考：以山东平邑"12・25"石膏矿坍塌事故救援为例[J]. 中国应急管理，2016(3)：74-75.

[17] 郑学召，李诚康，文虎，等. 矿井灾害救援生命信息探测技术及装备综述[J]. 煤矿安全，2017，48(12)：116-119.

[18] 杜兵建，杨涛. 大孔径救援钻孔技术应用[J]. 劳动保护，2018(2)：88-90.

[19] 袁新文，袁钧. 地面垂直钻井在王家岭煤矿透水事故救援中的应用[C]//中国煤炭学会钻探工程专业委员会2017年钻探工程学术研讨会论文集. 鄂尔多斯：[出版者不详]，2017：18-23.

[20] 郑学召，王虎，文虎，等. 矿井钻孔救援通信技术的研究进展及趋势[J]. 工矿自动化，2017，43(9)：41-45.

[21] 郑学召，王宝元，马丽，等. 矿山垂直救援关键技术及装备研发[J]. 煤矿安全，2018，49(12)：108-111.

[22] 邹祖杰，凡东，刘庆修，等. 矿山地面大直径钻孔救援提升装备研制[J]. 煤炭科学技术，2017，45(12)：160-165.

[23] 刘绍堂，杨福芹. 矿山救援钻孔定位精度和施工误差[J]. 河南理工大学学报(自然科学版)，2013，32(6)：673-676.

[24] 马宏伟，姚阳，赵昊，等. 矿山钻孔救援探测机器人设计[J]. 工矿自动化，2019，45(9)：1-6.

[25] 马宏伟，马琨，田海波. 矿山钻孔救援探测机器人研究进展[J]. 工矿自动化，2019，45(2)：24-29.

第 2 章 生命信息探测技术

目前，国际上应用的生命信息探测技术有音频生命信息探测技术、视频生命信息探测技术、红外热成像探测技术、气体探测技术、超低频电磁波生命信息探测技术、静电场生命信息探测技术、雷达生命信息探测技术等。

由于地质条件的复杂性和科技水平的限制等多方面因素，我国煤矿灾害事故发生率较高。我国煤矿事故中有较多事故为冒顶、瓦斯和粉尘爆炸、矿井火灾以及冲击地压等危害性大、波及范围广的事故，严重地威胁到了煤矿井下工作人员的生命安全。而在事故发生后，存活的井下人员只是临时躲避在较为安全的区域(硐室、巷道、救生舱等)，或被困在坍塌体背后，难以被及时探测到。当井下矿工被困时，救援人员若未能及时搜寻到被困人员并展开营救，就有可能导致被困人员因受压、窒息、中毒、缺少食物和水等而死亡。所以，及时、有效地探测到井下被困人员的位置并实施救助从而消除灾情是救援工作的核心。

生命信息探测技术是伴随着传感器、热红外、波形处理等技术的发展所兴起的一种多元化集成技术。井下生命信息探测技术主要以探测被困人员的心跳、体温、脉搏、呼吸、体动信号等生命特征信号来反映人员是否存活，如声波探测主要是探测被困人员的呼救声、心脏跳动声、敲击井下金属所发出的声音等来对被困人员进行搜寻定位，利用过滤元件将噪声和环境信息等杂波过滤掉，将只有目标产生的有效波经救援设备探测放大。声波探测技术最早来源于一款振动耳机的设计，后来经过不断地优化完善，逐渐被应用在地震、泥石流、塌方等灾后救援中。声波探测技术虽然实现了既可以接收声波又可以接受振动波的功能，进一步提高了救援效率，但是由于其探测距离短、以传感器信号振幅值来反映生命信息，所以在矿山灾害救援过程中的应用并不是很广泛。红外生命探测技术依据红外热电转换原理，将收集到的红外辐射温度转换为电信号，然后对电信号产生的波形进行分析，进而判断所收集的红外信息是否由人员所散发出的，判断是否有人员被困。但是由于红外探测极易被除了人体温度以外的其他热源、射频辐射的干扰，所以此项技术在井下灾后救援中应用较少，而在地面消防救援领域或地震救援中应用较为普遍。雷达生命探测仪的不足在于对非自然状态下(受伤、蜷缩、生命体征较弱等)的生命体无法探测识别，仅用于探测运动的活体生命。超宽带雷达波生命信息探测技术由于其生命识别准确率高、识别距离远、可以穿透介质识别等优点被广泛应用于穿墙成像生命识别、地质灾害生命探测、运动目标检测及医疗生命搜寻等各个领域，依据其独特的优点能有效地解决红外生命探测与障碍物失效和声波探测过程中能量衰减过快的技术壁垒，非常适合于矿山钻孔应急救援。作为一种全新的非接触式生命信息识别方法，超宽带雷达生命信息识别具有很好的实用性，使生命信息的探测手段多元化。超宽带雷达发射的雷达波一直全向传输，穿透不同种类的障碍物介质，至人体后由于人体的电性参数与所要研究的煤介质的电性参数存在很大的差异，有一部分雷达波会发生反射，并且加载了被探测人体的微动信号(呼吸、心跳和胸腔起伏等)。对接收到的波形进行背景消除和增益放大，使得雷达波的传输路径更利于分析，生命信息与杂波的对比更加明显，进而优化生命信息识别过程。

2.1　雷达生命信息探测技术

2.1.1　雷达生命信息探测技术研究现状

2.1.1.1　国外发展现状

雷达生命信息探测技术是利用探测雷达发射电磁波穿过墙壁等遮挡介质，探测墙壁另一侧或其他非金属覆盖物下面人的生命信息。探测雷达从工作原理上主要分为超宽带雷达(ultra-wide band，UWB)和连续波雷达(continuous wave，CW)两种。UWB的实现方法有三种：冲击脉冲法、步进频法和线性调频法。

利用雷达进行生命信息探测的优势在于探测雷达穿透障碍物的能力和可以采用数字信号处理滤除环境杂乱信号以及可以进行非接触探测的性能。由于电磁波传播过程中在两种不同介质的表面会产生反射电磁波，可以根据遮挡物和生命体信号特征的不同进行信号处理，从杂波中提取有用信号，从而达到探测生命信息的目的。探测雷达是通过检测人体生命活动所引起的各种微动，从这些微动中得到人的移动、体动、呼吸、心跳等生命信号，从而辨识障碍物后有无生命体。超宽带雷达生命信息探测技术依据其独特的优点能有效地解决红外和声波探测过程中的技术壁垒，非常适合于矿山钻孔应急救援。常见的超宽带雷达生命信息探测器主要有连续波和超宽带两种。连续波雷达通过分析回波信号的频率、相位等信息，结合信号预处理方法来辨别生命信号。超宽带雷达利用脉冲形式的微波束检测人体生命运动的存在，使得被反射的回波脉冲序列发生周期变化，而回波脉冲信号的周期变化与人体生命信号相关，进而可识别生命信号，其包括以下几个优势：

① 测距分辨率高，能够获得足够高的距离分辨率；

② 具有单个目标或多个目标的高分辨能力，具备一定识别和区分目标的能力；

③ 具有较强的穿透煤层、岩石、石膏等介质体障碍物的能力。

超宽带雷达生命信息探测技术由于其生命识别准确率高、识别距离远、可以穿透介质识别等优点被广泛应用于穿墙成像生命识别、地质灾害生命探测、运动目标检测及医疗生命搜寻等各个领域。将雷达技术应用于生命体非接触式检测开始于20世纪70年代，其中美国、英国、日本等国的研究工作起步较早。1971年，C. G. Caro和J. A. Bloice采用CW(continuous wave，连续波)雷达对人体呼吸进行非接触式检测，对人体是否暂停呼吸进行判断，这也是研究人员首次将雷达技术应用于生物医学领域[1]。

由英国谢菲尔德大学医学物理学部C. I. Franks等人组成的研究小组在1976年发表题目为“婴幼儿非接触式呼吸监测”文章，文章中作者提出了利用人体呼吸时的胸壁微动和CW雷达的微多普勒特性来检测婴儿的呼吸频率，检测装置采用双基(·发 ·收式)喇叭天线，接收端为双通道雷达检测系统，最后作者给出了婴儿出生后0～25周期间，雷达系统检测到的婴儿的呼吸频率和睡眠中的活动次数，并计算出随着年龄的增长婴儿在睡眠中的活动次数占一天中活动总次数的百分数[2-3]。

20世纪80年代，来自美国密歇根州立大学电气工程与系统科学学部的D. Misra等[4]和K. M. Chen等[5]科技工作者将人体简化为复合介电常数的球体和圆柱体模型，在平面极化、垂直极化、圆极化的情况下，分别研究了电磁波照射人体的散射特性，指出了人体微动与回波幅度相位等之间的相关性。随后 K. M. Chen 领导的研究小组与美国国家海军医学中心进行合作，从事 X 波段(10 GHz)和 L 波段(2 GHz)生命探测系统的研究，此系统发射信号方式为 CW 信号，发射信号功率为 10～20 mW，在接收端采用微控制器自动对消子系统、可编程的微波衰减器和可编程的微波相移控制器，可实现发射功率 20 mW 时在 10 GHz 时穿透 43 cm 的 5 层砖墙对被埋人体呼吸和心跳的检测，在 2 GHz 时穿透 60 cm 的 7 层砖墙对被埋人体呼吸和心跳的检测，并且通过增大发射功率可实现穿透 91 cm 的干燥墙体。随后，此研究小组又进行了 L 波段(1.15 GHz)和 UHF 波段(0.45 GHz)生命探测系统的研究，此系统不但能增加系统的穿透能力，而且利用天线子系统和互相关信号处理可以有效地将目标所发射出的杂波对消掉，提高检测信号信噪比。该系统的缺点是环境和操作者的背景噪声对检测效果有较强影响[4-6]。

美国的佐治亚技术研究所(Georgia Tech Research Institute，GTRI)从 20 世纪 80 年代开始进行雷达生命探测技术的研究，他们提出了 RVSM(radar vital signal monitoring，雷达生命信号监测)这一概念，并在几种型号的雷达中使用这种生命监测系统，其中一种 FM-CW[7](frequency-modulated continuous-wave，调频连续波)式雷达生命检测器在 80 年代获得了美国的专利。美国国防部对此系统进行应用，对其能否判断战场上受伤的士兵有无生命体征进行了测试。理论上此系统可在 100 m 以内探测到人体的心跳和呼吸信号，为救援人员营救受伤士兵提供了辅助工具，但是此系统对于一些由于风吹而摆动的树枝和草木带来的杂波无法很好滤除，使其在实际应用中具有局限性。在 1996 年美国亚特兰大奥运会射击和射箭比赛中，研究人员采用 RVSM 系统在 10 m 外对比赛人员的呼吸和心跳进行检测，由呼吸和心跳数据来分析其对射击或射箭精准度的影响。由于此系统在奥运会上应用，引起了广泛的关注，使得 RVSM 系统以及雷达生命探测研究得到快速的发展[8-9]。

1994 年，新潟大学科学与技术学院教授 Y. Yamaguchi 和 M. Sengoku 等[10]发表文章，应用基于 FM-CW 信号的雷达系统，对埋藏在雪中的生命体做合成孔径(synthetic aperture radar，SAR)成像，这也是研究人员第一次将合成孔径技术应用于雷达生命体检测中。

1999 年，美国 Time Domain 公司的研究小组研制出 Radar Vision 1000 穿墙雷达[11]，该产品采用单发单收天线 TM-UWB(frequency-modulated ultra-wide bandwidth，时间调制超宽带)信号体制，可穿透普通非金属墙体对目标区域进行二维成像，作用范围为 10 m，图像的更新频率为 3 Hz。随后，该公司又推出了 Radar Vision 2000 穿墙雷达，该产品采用多发多收天线阵列，可实现对两个移动目标的识别定位[12]。

2000 年，美国密歇根州立大学的研究小组采用 L 波段和 S 波段两种不同频率的连续波雷达同时对建筑物废墟中人体生命体征进行监测，取得了一定的效果，但由于环境及操作者所带来的背景噪声会对检测效果产生较强的影响，因此实用性受到极大限制[13]。

2001 年，加拿大曼尼托巴(Manitoba)大学在加拿大国防部的资助下展开穿墙雷达检测技术的研究。研究人员针对冲击式、线性调频和步进变频等几种信号发射体制的雷达进行了研究，雷达工作频率为 1～3 GHz，实验中探测距离将近 10 m，距离分辨力达到 10 cm，其目标是实现距离分辨力为 5 cm，方位分辨力为 50 cm 的隐蔽目标的三维成像系统[14]。

2004 年，美国加利福尼亚大学 C. Chang 利用超宽带雷达组成了多天线系统，针对目标的定位和轨迹跟踪提出了解决方案，并对单发单收、多发单收和多发多收三种天线系统方案的表现进行了对比分析[15]。加拿大国防研究与发展部(Defence Research and Development Canada，DRDC)的 Gauthier 和 Chamma 等人利用 UWB SP(ultra wideband short-pulse，超宽带短脉冲)雷达实现穿墙成像，采用二维天线阵列跟踪移动目标，在两次试验中实现了对两个立方体和一个手持来复枪的仿真人的定位成像[16-20]。

2005 年，超视安全系统公司推出一种安全救生系统，该系统由麻省理工学院大卫·席思博士采用超宽带雷达技术研制，2008 年曾用于汶川大地震的搜救工作。雷声公司利用调频连续波开发了对运动目标进行定位的系统，该系统由多个单站模块任意组合而成，各模块由无线局域网与人机交互终端连接，使用者可远离目标，有较高的灵活性。而 AK2LEA 公司也利用步进频技术制成了一套类似的系统。2006 年，美国斯坦福大学的 Doritcour 研究小组研制出用于监测心肺疾病患者的连续波雷达，可在 2 m 范围内准确探测到心跳和呼吸信号。

生命探测雷达在近十多年中发展比较迅速，很多国家的科研工作者加入到研究队伍中，并研制出生物雷达样品和产品。在这些样品和产品中，比较有代表性的有：美国 SRI (Stanford Research Institute，斯坦福研究院)人工智能中心研制的装在机器人上的穿墙检测反恐雷达，采用多普勒雷达体制，中心频率为 5.8 GHz 的脉冲发射信号，距离分辨力接近 30 cm，主要用于探测隐蔽的运动目标[21]。属于英国剑桥大学的英国剑桥顾问公司研制的产品 Prism 200，频率范围 1.7～2.2 GHz，距离分辨力接近 30 cm，最大探测范围为 20 m[22]。俄罗斯科学院远程遥感实验室在 2004 年研制的 RASCAN 样机，采用工作频率 1.6 GHz 的脉冲信号，可以远距离探测 10 cm 厚的混凝土墙壁后面的人体[23]。以色列卡梅罗雷达公司研制开发的一种类似掌上游戏机的雷达系统，能利用超宽带技术绘制出墙后物体的三维立体图像，从而实现“透视”效果，成像清晰度类似于超声波成像的效果，透视距离可达 30 cm。瑞典皇家防务研究所也研制出了一种更为小巧的可穿透墙壁的低频雷达，可发现 20 cm 厚的墙壁后 3 m 范围内的移动目标，这个雷达系统可固定在一个手机大小的小匣子上，仅重 0.4 kg。土耳其 ILHT 实验室的科学家们开发出了 L 波段的生命探测雷达，中心频率 1 380 MHz，带宽 840 MHz，距离分辨力 0.5 m，最大探测距离达到 150 m[24]，该雷达系统可以穿透 5 m 厚的墙体探测到人的呼吸和心跳。

随着非接触式生命探测领域的发展，人们对生物雷达提出了更高的要求，近几年来，研究人员正在研究如何利用生物雷达检测人体的多普勒信息和微多普勒信息。其中人体的多普勒信息包括目标行走的速度、距离、步频和步幅等运动参数信息；人体微多普勒信息包括人体的心跳和呼吸，人说话时声门组织、颌、舌等的振动，股动脉、颈动脉以及指尖处的脉搏等。这些多普勒信息和微多普勒信息的检测要求生物雷达有较高的精度、较高的灵敏度和较强的去噪声能力。

2.1.1.2 国内发展现状

在国内，生物雷达的研究相对国外起步较晚，但是在借鉴国外研究经验的基础上，国内生物雷达的研究发展较快，包括空军军医大学、国防科技大学、电子科技大学、西安电子科技大学、华中科技大学、北京理工大学、西北工业大学、空军工程大学和中国科学院电子学研究所等大学和科研院所对生物雷达的研制与应用进行了研究。

空军军医大学王健琪教授所领导的课题组在 1999 年下半年完成了“生命探测仪”的实

验系统。在国家自然科学基金和军队有关部门的资助下,2003 年王健琪领导的课题组联合西安必肯科技发展有限公司、中国电波传播研究所,成功研制出了具有自主知识产权的“生命探测仪”。该仪器实现了非接触、远距离对人体的生命信息探测,探测距离可达 50 m,可以穿透非金属介质检测到人的呼吸、心跳和体动信号,穿透砖墙厚度达 2 m 以上。此仪器可以探测到废墟、瓦砾、建筑物等掩埋或隐藏的人员,不仅可提高我军伤员搜寻能力,还可用于公安、武警确定罪犯的位置,也可用于地震、塌方等灾害情况下被掩埋幸存者的寻找,该仪器又被称为“伤员探测仪”[25-30]。

电子科技大学孔令讲课题组对穿墙雷达成像以及步进频率连续波体制生命迹象探测的方法进行了研究;王宏等提出将改进 EEMD(ensemble empirical mode decomposition,整体平均经验模式分解)用于穿墙雷达系统中人的运动微多普勒特性分析中,结果表明该方法能够有效抑制原信号中的噪声,提高信噪比,得到更清晰的时频分布,有利于不同运动模式的识别[31-32]。国防科技大学张翼等利用 X 波段连续波雷达检测人体微动所带来的微多普勒信息,对人体步态和上肢参数进行估计,通过人体目标运动的雷达特征来检测和识别人体的运动规律[33-34]。中国科学院电子学研究所黄琼等提出一种快速超宽带穿墙雷达成像算法 SEABED(shape estimation algorithm based on BST and extraction of directly scattered waves),通过与 FDTD 数值仿真对目标进行成像后的结果对比,该算法可以实现对目标边界精确成像,算法效率高,实时性好[35]。国防科技大学开发了一款称为 Radar Eye 的穿墙探测雷达,这是一种工作在 UHF 波段和 L 波段的微功率冲击脉冲雷达系统,发射信号为双极性无载频短脉冲信号。其高重复频率能提供很好的实时性,能够迅速跟踪动目标,对周围其他电磁设备干扰小,不易被发现,很适合国家安全部门使用。

2014 年,中国科学院陈超等人将 UWB 与 Wi-Fi 联合使用,实现多台雷达组网探测,极大地提高了探测强度和精度。2016 年,中南大学张锋等设计研发出了用于建筑应急救援的 UWB 雷达生命探测仪,该设备能有效穿透 36 cm 的墙体,并探测墙后 20 m 范围内的生命信息[36]。2020 年,张冉乔等针对超宽带定位系统受到人员运动影响、定位精度降低的问题,提出一种超宽带人员运动定位的小波阈值去噪方法[37]。

2.1.2 连续波雷达生命探测系统基本原理和组成

2.1.2.1 连续波雷达生命探测系统基本原理

雷达利用物体运动产生的多普勒效应来检测物体。多普勒雷达可以分为超宽带雷达和连续波雷达两种体制。超宽带雷达一般用在军事领域[38-39]。对于生命雷达探测,只需要应用频率信息,可以使用连续波雷达。连续波雷达的结构简单、成本低,信号的处理也相对简单,只需要提取信号频率,不需过多考虑信号的相位幅度等问题。

连续波雷达按发射信号的形式分,有非调制单频或多频连续波雷达和调频连续波雷达[40-41]。单频连续波雷达能对目标测速,但不能测距。多频连续波雷达能测距,并且能够分辨出固定目标和活动目标。调频连续波雷达能测量目标的距离和速度,但只适用于单个目标。由于连续波雷达的发射和接收系统两者之间隔离比较困难,应用受到一定的限制。

单频连续波生命探测雷达发射单频连续波,碰到目标后返回,回波中包含了目标的运动信息[42]。在接收端进行零差拍混频并进行 FFT 处理,就可以得到目标的运动速度信息。然后用生命信号的判别标准进行对比判断,可以判定是否有生命体的存在。单频连续波雷达只能对近距离的单一目标进行探测,无法获得目标的距离信息,作用距离近,穿透能力差,易受环境干扰。

多频连续波雷达结构简单，测距精度高，便于采用现代数字信号处理技术，具有广阔的应用前景。与单频连续波雷达不同的是，多频连续波雷达能够对一定距离的多个目标进行距离测量。这种体制的生命探测仪多应用于搜寻中的精确定位。

线性调频连续波生命探测雷达主要应用于灾难营救、非接触病员看护等，属于中距离的测距和测速范畴。线性调频连续波具有比较高的时宽带宽积，这不仅意味着更低的发射能量和更好的低截获性能，更为重要的是可以实现较高的距离和多普勒频率分辨力[43]。线性调频连续波雷达生命探测仪兼具了单频和脉冲生命探测雷达的优势，同时又克服了两种体制干扰大、不能探测远距离目标的限制，可以在同样发射功率的情况下，实现生命信号的中距离探测，而且在进行穿墙探测时，可以远离墙使用。

2.1.2.2　连续波雷达生命探测系统组成

连续波雷达生命探测系统一般由天线、发射机、接收机、信号处理机、计算机、电源等组成。发射机产生的电磁波信号通过天线辐射到空间，穿过墙体碰到人体后产生反射波，接收机接收人体反射回波，信号处理系统抑制杂波、提取人体胸腔和心脏产生的多普勒回波信号，由显示器显示出探测的结果和定位的参数。

(1) 收发系统

连续波雷达生命探测收发系统由发射机和接收机组成。

高精度的晶振为整个系统提供基准信号，由频率源产生系统所需频率的信号，经功率放大后由天线辐射出去。发射信号照射到运动的物体或人体后被反射，回波信号经过调制再通过天线、分配器加到接收机。接收机由高频放大器、混频器、中频放大器、相位检波器等组成。

从接收机输出的是一路实信号，把此信号送入模拟信号处理机中进行滤波、放大处理，并转换为数字信号，通过串口来传输信号数据。由频率源提供混频和相位检波所需的本振信号。相位检波器输出的信号中包含了回波信号的相位信息，为信号处理机的多普勒处理作保障。

从收发系统组成框图可以看出，发射源通过环形器、天线将能量辐射出去，受到环形器隔离度的限制，发射信号也会通过环形器进入接收机，同时辐射出去的发射信号通过固定物体如墙壁也会反射回来，通过天线然后进入接收机，上述信号幅度较强，进入接收机后使得接收机饱和，使电路无法正常工作，因此需要将此类信号进行对消。

(2) 信号处理系统

由于人体呼吸和心跳的信号频率低于 1 Hz，周围的电磁环境，系统的机械抖动，放大器、混频器、信号源的不稳定等都会产生对生命信号的干扰杂波。所以信号处理机既要抑制这些杂波，特别是低频的强固定杂波，又要提取出超低频生命信号，就必须采用先进的处理技术来检测生命体征信号。信号处理系统结构如图 2-1 所示。

信号处理机输入的信号是一个基带信号，主要包括目标的回波信号、地物杂波和系统噪声等。电压跟随器的主要作用是起到缓冲隔离，不仅可以提供高输入阻抗而且还可以提供低输出阻抗，这样就大大降低了模拟信号处理板对收发系统的影响概率，确保输入信号的信噪比。由于滤波器在预处理电路中十分重要，所以此系统的重要部分为滤波器的设计和放大器的参数设置。

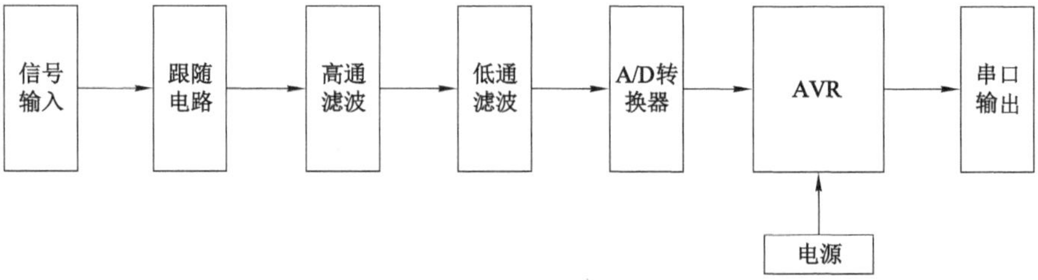

图 2-1　信号处理系统结构框图

信号处理机需要实现带通滤波器，它的功能是让有用频段的信号通过，而对其他频段的信号加以抑制、滤除或使其急剧衰减。带通滤波可以直接采用带通滤波器或者利用低通滤波器级联高通滤波器实现，高通滤波器的作用是滤除固定杂波的直流信号，但由于目标信号的频率非常接近零频，所以要求高通滤波器具有很短的过渡带和陡峭的频率响应。低通滤波器抑制高频干扰，以探测人体呼吸、心跳和体动等低频信号。模拟信号在 AVR 单片机的控制下进行 16 位 A/D 转换，然后发送到计算机进行数字信号处理，用来检测人体的微动运动信号，并将输出结果进行波形显示、状态识别和结果报表。

2.1.3　超宽带雷达波的生命信息识别模型与系统组成

超宽带(ultra wide band，UWB)是指雷达系统的信号带宽占中心频率的比重较大，通常为 20％～25％[44]。2005 年，Stephen Johnston 和 Arnie Greenspan 建立了超宽带雷达委员会和工作小组，开始着手超宽带雷达理论的搭建，由此产生了《超宽带雷达定义》(IEEE 1672—2006)[45]。超宽带雷达的定义主要包含：美国国防高级研究计划局(DARPA 1991)的相关研究、《IEEE 标准 1672，超宽带雷达定义》和《美国法典》第 47 编(47U. S. C.)部分内容，表 2-1 总结了超宽带的不同定义。以上所有来源都认同下列定义：

表 2-1　超宽带雷达的定义

词组	DARPA 1991	IEEE 标准 1672	47U. S. C.
带宽功率限制		-10 dB	-10 dB
频带低频	f_l	f_l	f_l
频段高频	f_h	f_h	f_h
带宽	$f_h - f_l$	$f_h - f_l$	$f_h - f_l$
中心频率	$f_c = (f_h + f_l)/2$	$f_c = (f_h + f_l)/2$	$f_c = (f_h + f_l)/2$
相对带宽	$\frac{2(f_h - f_l)}{(f_h + f_l)} \geqslant 0.25$	$\frac{2(f_h - f_l)}{(f_h + f_l)} \geqslant 0.20$	$\frac{2(f_h - f_l)}{(f_h + f_l)} \geqslant 0.20$
绝对带宽		500 MHz	500 MHz

相对带宽等同于 $b_f = 2(f_h - f_l)/(f_h + f_l)$，其中根据带宽的定义，$f_h$表示信号的最高频率，$f_l$表示信号的最低频率，中心频率为 $f_c = (f_h + f_l)/2$。求出信号频谱宽度 $\Delta f = f_h - f_l$ 和中心频率后，引入信号带宽指数的概念，带宽指数定义为：

$$\mu = \frac{\Delta f}{f_c} = 2 \cdot \frac{f_h - f_l}{f_h + f_l} \tag{2-1}$$

频谱宽度 Δf 可与其中心频率相比较($\mu = 1$)的雷达信号称为超宽带信号。

超宽带技术能提供好的空间分辨短程感应能力，适用范围从探地雷达到医疗成像和诊断。超宽带雷达应用在穿墙成像、病情监控等领域的商业开发也才刚刚起步，在未来的发展中可以用到地理测量、地下公共设施测绘、基础设施检查、考古检测、建筑物评估、矿产探测以及安保、医疗和法医等方面。

波动方程最简单的解是平面波解[46]。因此，研究波动方程的均匀平面波解是讨论其在媒质中传输的基础。其在线性、均匀、各向同性的非导电媒质中可表示为：

$$\nabla^2 \boldsymbol{E} - \mu\varepsilon \frac{\partial^2 \boldsymbol{E}}{\partial^2 t} = 0 \tag{2-2}$$

$$\nabla^2 \boldsymbol{H} - \mu\varepsilon \frac{\partial^2 \boldsymbol{E}}{\partial^2 t} = 0 \tag{2-3}$$

如果媒质是导电的，波动方程则表示为：

$$\nabla^2 \boldsymbol{E} - \mu\sigma \frac{\partial \boldsymbol{E}}{\partial t} - \mu\varepsilon \frac{\partial^2 \boldsymbol{E}}{\partial^2 t} = 0 \tag{2-4}$$

$$\nabla^2 \boldsymbol{H} - \mu\sigma \frac{\partial \boldsymbol{E}}{\partial T} - \mu\varepsilon \frac{\partial^2 \boldsymbol{E}}{\partial^2 t} = 0 \tag{2-5}$$

以上波动方程能很好地反映电磁场在空间以波动形式传播的特性，式(2-2)～式(2-5)为电磁波中电磁场量所满足的基本方程。

式(2-2)～式(2-5)是三维空间坐标和时间函数的偏微分形式。设在理想化情况下，电场和磁场都只与同一坐标有关，假设只与直角坐标系中的 z 轴有关，则：

$$\frac{\partial \boldsymbol{E}}{\partial x} = \frac{\partial \boldsymbol{E}}{\partial y} = 0 \tag{2-6}$$

$$\frac{\partial \boldsymbol{H}}{\partial x} = \frac{\partial \boldsymbol{H}}{\partial y} = 0 \tag{2-7}$$

由电磁场方程 $\nabla\times \boldsymbol{E} = -\mu \frac{\partial \boldsymbol{H}}{\partial t}$，可得：

$$\nabla\times \boldsymbol{E} = \begin{vmatrix} ax & ay & az \\ \frac{\partial}{\partial x} & \frac{\partial}{\partial y} & \frac{\partial}{\partial z} \\ \boldsymbol{E}_x & \boldsymbol{E}_y & \boldsymbol{E}_z \end{vmatrix} = -\mu \frac{\partial}{\partial t}(a_x\boldsymbol{H}_x + a_y\boldsymbol{H}_y + a_z\boldsymbol{H}_z) \tag{2-8}$$

展开得各级分量，由于各场量对 x、y 求导等于零，得：

$$\mu \frac{\partial \boldsymbol{H}_x}{\partial t} = \frac{\partial \boldsymbol{E}_y}{\partial z} \tag{2-9}$$

$$\mu \frac{\partial \boldsymbol{H}_y}{\partial t} = -\frac{\partial \boldsymbol{E}_x}{\partial z} \tag{2-10}$$

$$\mu \frac{\partial \boldsymbol{H}_z}{\partial t} = 0 \tag{2-11}$$

同理，由 $\nabla\times \boldsymbol{H} = \varepsilon \frac{\partial \boldsymbol{E}}{\partial t}$，可得：

$$\varepsilon \frac{\partial \boldsymbol{E}_x}{\partial t} = -\frac{\partial \boldsymbol{H}_y}{\partial z} \tag{2-12}$$

$$\mu \frac{\partial \boldsymbol{E}_y}{\partial t} = \frac{\partial \boldsymbol{H}_x}{\partial z} \tag{2-13}$$

$$\mu\frac{\partial \boldsymbol{E}_z}{\partial t}=0 \tag{2-14}$$

由式(2-9)～式(2-14)可得，在沿 z 方向传播的均匀平面波中，$\boldsymbol{E}$、$\boldsymbol{H}$ 存在 x、y 两个方向的分量，但不存在 z 方向的分量，即 $\boldsymbol{E}_z=0$ 和 $\boldsymbol{H}_z=0$，说明 $\boldsymbol{E}_z$ 和 $\boldsymbol{H}_z$ 均不随时间的变化而变化。各参数之间的位置关系如图 2-2 所示。

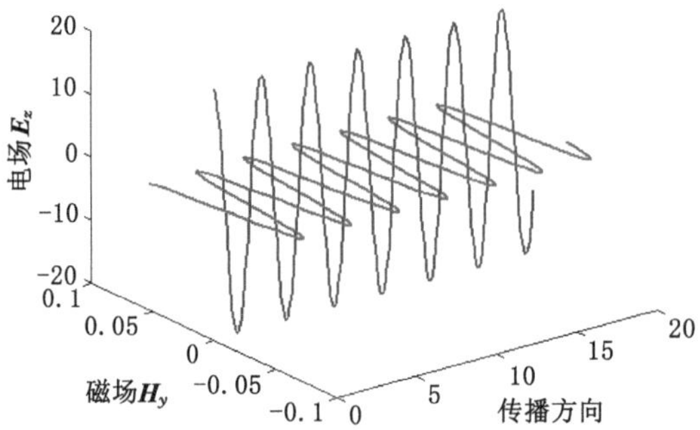

图 2-2　理想介质中均匀平面波的电场和磁场方向

由式(2-9)～式(2-12)可知，$\boldsymbol{H}_x$ 与 $\boldsymbol{E}_y$、$\boldsymbol{H}_y$ 与 $\boldsymbol{E}_x$ 相关，将式(2-9)～式(2-14)重新组合，得到两组相互独立的方程：

$$\begin{cases}\dfrac{\partial \boldsymbol{E}_x}{\partial z}=-\mu\dfrac{\partial \boldsymbol{H}_y}{\partial t}\\[2ex]\dfrac{\partial \boldsymbol{H}_y}{\partial z}=-\varepsilon\dfrac{\partial \boldsymbol{E}_x}{\partial t}\end{cases} \tag{2-15}$$

$$\begin{cases}\dfrac{\partial \boldsymbol{E}_y}{\partial z}=\mu\dfrac{\partial \boldsymbol{H}_x}{\partial t}\\[2ex]\dfrac{\partial \boldsymbol{H}_x}{\partial z}=\varepsilon\dfrac{\partial \boldsymbol{E}_y}{\partial t}\end{cases} \tag{2-16}$$

式(2-15)和式(2-16)同样说明在无限大均匀介质中传播时，电场 $\boldsymbol{E}$ 和磁场 $\boldsymbol{H}$ 同处一平面内，且互相垂直。频段较低的电磁波需要体积较大的天线和相应的装置，并不利于钻孔救援实际环境使用，且分辨率较低，难以快速分辨出被困人员的位置和生命信息等参数。

作为一种全新的非接触式生命信息识别方法，超宽带雷达生命信息识别具有很好的实用性，多元化了生命信息的探测手段。通过超宽带雷达进行雷达波的发射，使其一直全向传输，需要穿透不同种类的障碍物介质，当雷达波到达人体后，由于人体的电性参数与所要研究的煤介质的电性参数存在很大的差异，有一部分雷达波会发生反射，并且加载了被探测人体的微动信号(呼吸、心跳和胸腔起伏等)，对接收到的波形进行背景消除和增益放大，使得雷达波的传输路径更利于分析，生命信息与杂波的对比更加明显，进而优化生命信息识别过程。

2.1.3.1　雷达波传输理论与模型

超宽带雷达波在介质中传输会发生各种类型的波反射、绕射和散射等作用，影响其能量的集中分布与传输，造成雷达波能量损耗，进一步影响有效信息的发射和接收。其主要由表征电场和磁场两个参数的四个方程组成[47]：

全电流定律：

$$\nabla\times \boldsymbol{H} = \boldsymbol{J} + \frac{\partial \boldsymbol{D}}{\partial t} \tag{2-17}$$

法拉第电磁感应定律：

$$\nabla\times \boldsymbol{E} = -\frac{\partial \boldsymbol{B}}{\partial t} \tag{2-18}$$

高斯定理：

$$\nabla\times \boldsymbol{D} = \rho \tag{2-19}$$

磁通连续性原理：

$$\nabla\times \boldsymbol{B} = 0 \tag{2-20}$$

式中　$\boldsymbol{H}$——磁场强度，A/m；

$\boldsymbol{J}$——电流密度，A/m^2；

$\boldsymbol{D}$——电位移矢量，C/m^2；

$\boldsymbol{E}$——电场强度，V/m；

$\boldsymbol{B}$——磁感应强度，Wb/m^2；

ρ——自由电荷密度，C/m^3。

其中式(2-17)称为麦克斯韦第一方程，式(2-18)称为麦克斯韦第二方程，式(2-19)称为麦克斯韦第三方程，式(2-20)称为麦克斯韦第四方程。在式(2-17)中，右边的矢量 $\boldsymbol{J}$ 包括与场源相联系的源电流密度 $\boldsymbol{J}_S$ 和电场对媒质作用而引起的传导电流密度 $\boldsymbol{J}_C$，即

$$\boldsymbol{J} = \boldsymbol{J}_S + \boldsymbol{J}_C \tag{2-21}$$

如果所讨论的区域内没有场源，则：

$$\boldsymbol{J} = \boldsymbol{J}_C \tag{2-22}$$

在各向同性介质中：

$$\boldsymbol{D} = \varepsilon \boldsymbol{E} \tag{2-23}$$

$$\boldsymbol{B} = \mu \boldsymbol{H} \tag{2-24}$$

$$\boldsymbol{J} = \sigma \boldsymbol{E} \tag{2-25}$$

式中　ε——介质的介电常数，F/m；

μ——介质的磁导率，H/m。

在真空中，$\sigma=0$，$\varepsilon=\varepsilon_0=8.85\times10^{-12}$ F/m，$\mu=\mu_0=4\pi\times10^{-7}$ H/m。在实际环境中，不同介质的介电常数有很大的不同，而且不同测试频率、温度、含水量等条件下的同一物质介电常数也不同，本书具体可根据煤种的不同确定相应的介电常数。由于煤体可作为没有磁性的介质，所以为了简化计算，可认为煤体磁导率为 1，不做考虑。

针对各向同性介质和各向异性介质，麦克斯韦方程组可进行相应的变换，根据各介质的特性确定已知参数，进而求解电场和磁场问题。式(2-17)～式(2-20)是麦克斯韦的微分形式，对应的积分形式如式(2-26)～式(2-29)所示。

$$\oint_C \boldsymbol{H}\cdot \mathrm{d}s = \oint_B \boldsymbol{J}\cdot \mathrm{d}A + \oint_S \frac{\partial \boldsymbol{D}}{\partial t}\cdot \mathrm{d}A \tag{2-26}$$

$$\oint_C \boldsymbol{E}\cdot \mathrm{d}s = -\oint_B \frac{\partial \boldsymbol{B}}{\partial t}\cdot \mathrm{d}A \tag{2-27}$$

$$\oint_S \boldsymbol{D}\cdot \mathrm{d}s = \oint_V \rho\cdot \mathrm{d}\tau \tag{2-28}$$

$$\oint_S \boldsymbol{B} \cdot \mathrm{d}A = 0 \tag{2-29}$$

式中物理量 $\boldsymbol{E}$、$\boldsymbol{B}$、$\boldsymbol{D}$、$\boldsymbol{H}$ 以及 $\boldsymbol{J}$、ρ 等一般是坐标和时间的函数，为了更好地表示各物理量的变化关系，可将其表示为 $E(x,y,z,t)$ 或 $E(r,t)$ 等瞬时表达式。当介质是均匀介质时，上述物理量与坐标变化无关，可简化为只与时间有关。超宽带雷达波在传输过程中始终遵守右手螺旋和互相垂直定则，雷达波可以近似看作均匀平面波。针对雷达波在空间中的传输特性主要涉及的问题有媒质的电磁性质、空间结构和边界特性及时空变化之间的关系，多种雷达波传输机制与模式，雷达波信号的媒质效应与特性，具体如表 2-2 所列。

表 2-2　雷达波传输主要类型

名称	类型	影响因素
媒质的电磁性质、空间结构与边界特性及时空变化	损耗、色散、各向异性和非线性，不均匀的空间变化以及非平稳的随机时间变化过程	媒质特性参数（介电常数、电导率、磁导率和时空变化）有关，又与雷达波特征参数（最主要的是频率和极化）
多种雷达波传输机制与模式	吸收、折射、反射、散射、绕射、导引、谐振及多径干涉和多普勒效应等	
雷达波信号的媒质效应特性	衰减、衰落、极化偏移、频域畸变等	

由表 2-2 可知，雷达波在介质中传输时会发生许多不同类型的变化过程，其中大多数变化会影响其路径的改变和能量的损耗。但是引起其传输变化的主要因素与介质自身的特性及雷达波特征有关，这也为后续雷达波传输衰减的研究指明分析方向。

2.1.3.2　雷达波传输能量消耗

根据雷达波的传输与媒质特性和雷达波特征有关的原则可知，特定频率的雷达波需具有与其相匹配的媒质条件。雷达波在传输过程中大多数的传输模式会造成能量损耗，其中以衰落、失真和折射等影响较为明显，具体如表 2-3 所列。

表 2-3　雷达波传输损耗类型

雷达波传输损耗	类型	特点	参数
衰落	干涉型衰落（快衰落）	随机的多径传播引起；不易察觉	信号电平中值、衰落幅度、衰落率、衰落持续时间
	吸收型衰落（慢衰落）	随机的、缓慢的；表现明显	
传输失真	色散效应	由传播速度引起；相位关系失真	通信的误码率、雷达波目标的识别精度
	多径传输	路径长度造成时延不同所引起；随机的波形失真	
其他	折射	传播方向发生改变，轨迹弯曲	折射角、反射角
	反射		
	绕射		

在超宽带雷达波传输过程中，以上几种衰减作用可能同时存在，造成雷达波的频谱能量

发生随机下降，主要表现在波形的振幅、相位等关键参数上。对于某一特定超宽带雷达波传输系统，主要测试在不同环境下其参数随频率的变化规律。

2.1.3.3　生命信息识别过程

现有的基于超宽带雷达波生命信息识别技术主要在算法和硬件两方面进行改进。其中生命信息识别算法改进主要是对生命信息和环境杂波信息的区分与分别处理[48]、噪声背景杂波的抑制[49]、有效波增益放大等方面[50]；硬件的升级与完善主要考虑发射、接收雷达的灵敏度、天线的探测方式和信号处理器的信息融合处理等方面。随着材料技术的不断发展，硬件的升级与完善已经日趋丰富，要想提高生命信息的探测效果，还需从生命信息处理算法等方面入手，分析生命信息与其他信息的异同点与识别机制，针对复杂情况下的生命信息可实现高效快速的提取与分析处理。

煤矿井下塌方体背后人员生命信息探测其实是一个静态的、周围环境较为稳定的观测。在超宽带雷达生命信息探测器探测过程中，只有幸存者会存在呼吸、心跳和身体胸腔起伏等微弱的体动信号，周围的场景中并无其他物体的异动，图 2-3 为超宽带雷达探测塌方体后人员微动信号示意图。

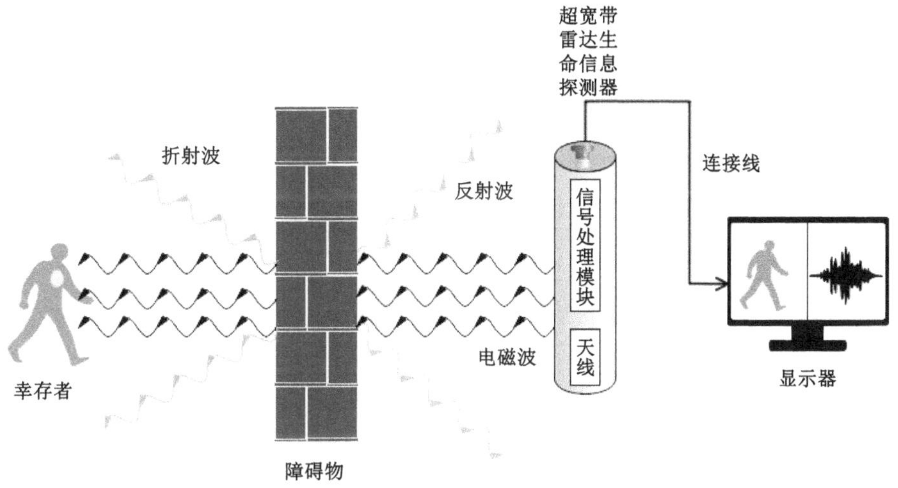

图 2-3　超宽带雷达探测塌方体后人员微动信号示意图

基于此，对超宽带雷达波在煤岩体间的传输探测过程进行分析，研究其与人体碰撞所造成的单位冲击响应，可表示为[51]：

$$h(t,\tau)=\sum_{i}a_i\delta(\tau-\tau_i)+a_v\delta[\tau-\tau_v(t)] \tag{2-30}$$

式中　τ——超宽带雷达进行实体扫描时信号传输中的较快时间，ns；

t——超宽带雷达进行实体扫描时信号传输中的较慢时间，ns；

$\tau_v(t)$——超宽带雷达波在到达探测目标后在快时间轴(τ)的时延，ns；

$a_v\delta[\tau-\tau_v(t)]$——人体胸腔起伏所导致的微动信号位移相；

$\sum_{i}a_i\delta(\tau-\tau_i)$——障碍物后所要被探测的人体目标信号。

考虑到超宽带雷达波上加载的胸腔起伏信号主要是由被探测人员的呼吸、心跳等人体生理活动所引起的，所以 $\tau_v(t)$ 可表示为：

$$\begin{aligned}\tau_v(t) &= \frac{2[d_0+\Delta d(t)]}{c} \\ &= \frac{2[d_0+\Delta_1\sin(2\pi f_1 t)+\Delta_2\sin(2\pi f_2 t)+\Delta_3\sin(2\pi f_3 t)+\Delta_4\sin(2\pi f_4 t)+\cdots]}{c} \\ &= \frac{2[d_0+\sum_i \Delta_i\sin(2\pi f_i t)]}{c} \\ &= 2[\tau_0+\tau_1\sin(2\pi f_1 t)+\tau_2\sin(2\pi f_2 t)+\tau_3\sin(2\pi f_3 t)+\tau_4\sin(2\pi f_4 t)+\cdots] \\ &= \tau_0+\sum_i \tau_i\sin(2\pi f_i t)\end{aligned} \tag{2-31}$$

式中　d_0——超宽带雷达探测系统中发射和接收天线距离探测目标胸腔表面的平均距离，m；

$\Delta d(t)$——单位时间 t 内胸腔振动起伏的幅度，m；

c——超宽带雷达波的传播速度，3×10^8 m/s；

f_i——多次探测目标胸腔起伏的瞬时频率；

Δ_i——多次探测目标的胸腔起伏幅度。

脉冲制雷达波在进行生命信息探测时，由于脉冲波之间的间隔很小，在进行多次连续侦测时，可忽略脉冲波之间的波峰间隔。设发射天线所发出的信号为 $p(\tau)$，忽略噪声和探测目标周围的环境信息影响，即只保留由信号冲击所造成的响应信号 $h(t,\tau)$，则雷达接收天线接收到的信号为：

$$S(t,\tau)=p(\tau)\cdot h(t,\tau)=\sum_i a_i p(\tau-\tau_i)+a_v p[\tau-\tau_v(t)] \tag{2-32}$$

对上式中 τ 和 t 离散化，得到了如下二维矩阵

$$r[m,n]=s(t=nT_s,t=mT_s)=\sum_i a_i p(nT_f-\tau_i)+a_v p[nT_f-\tau_v(mT_s)] \tag{2-33}$$

上式中，T_f 和 T_s 分别代表二维扫描中快时间和慢时间之间的采样间隔，$m=1,2,3,\cdots,M$；$n=1,2,3,\cdots,N$。$r[m,n]$ 为由计算数据所组成的雷达图。探测目标的胸腔起伏信号和探测时延均包括在矩阵(2-33)中，利用回波矩阵算法进行相应的处理，即可提取出连续探测下目标的胸腔起伏信息。

2.1.3.4　生命信息识别模型

在超宽带雷达波进行生命信息识别探测过程中，其主要原理是对加载了生命信息的有效雷达波进行特征信号的提取与分析，进而推算出被探测目标的生命信息和距离位置。通过构建天线与被探测目标之间雷达波的传输模型[52-54]来研究对被探测目标的定位机理，具体如图 2-4 所示。

在实际生命信息识别过程中，主要是区分被探测人员的信息，可将被探测人员看作三维空间坐标中的一点(A)，假设其坐标为(x,y,z)，发射天线 T 位于 z 轴正下方，设其坐标为($0,0,-d$)。接收天线分布在与发射天线同一水平高度的平面内，设其坐标为 $R_i(x_i,y_i,-d)$，即在 xOy 平面内有障碍物，厚度为 d，默认此障碍物密实性较好，里面的空隙可忽略，即忽略超宽带雷达波在障碍物内部的反射、折射、散射等现象。当发射天线发射的雷达波抵达障碍物表面时，其会发生折射穿透障碍物进行传输。设其在 M_0 处发生折射，入射角和折

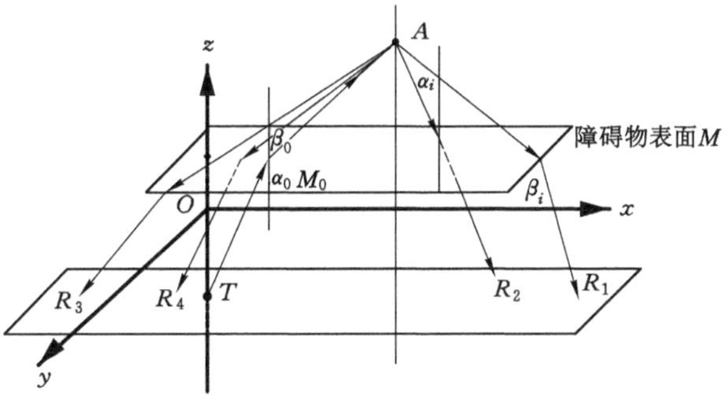

图 2-4　穿墙定位模型

射角分别为 α_0、β_0，雷达波传输到被探测目标时发生反射，在雷达波返回途径中会再次经过障碍物发生折射，此时的入射角和折射角分别为 α_i、β_i，折射后的雷达波最终被接收天线 R_i 所接收。在实际的生命信息识别过程中，由于障碍物的物理属性、厚度、面积和介电常数等参数的不同，会对发射出来的雷达波造成一定的干扰和吸收，导致雷达波的传输路径和能量损耗也不一样。在得到以上参数的条件下，雷达波在返回过程中的回波延时 t_i 也是特定的，具体可由 Delay 函数表示为

$$t_i = \mathrm{Delay}(x, y, z, T, R_i, d, \varepsilon) \tag{2-34}$$

其中，T 和 R_i 分别在上面介绍过，d 为障碍物厚度，ε 为障碍物的介电常数。基于此，只需要三个上述方程即可求得 x，y 的实际数值，即三个接收天线就可以计算出被探测目标的实际位置。在图 2-4 中，发射天线 T 所发出的雷达波在障碍物不同位置的折射点不同，其传播路径也不同。假设选取其中的折射点 $M_i(x_i, y_i, z)$（i 的值可为任意值），由于雷达波在抵达障碍物后发生反射并最终会在同一平面内，故 z 为定值。则在探测到人体后经过折射到接收天线的回波时延可表示为：

$$\begin{aligned} t_i &= \frac{(r_{01} + r_{i1})}{c} + \sqrt{\varepsilon}(r_{02} + r_{i2})/c \\ &= [\sqrt{(x - x_0)^2 + (y - y_0)^2 + z^2} + \frac{(\sqrt{(x - x_i)^2 + (y - y_i)^2 + z^2})}{c}] + \\ &\quad \sqrt{\varepsilon}(\sqrt{(x - x_0)^2 + (y - y_0)^2 + d^2} + \sqrt{(x - x_i)^2 + (y - y_i)^2 + d^2})/c \end{aligned} \tag{2-35}$$

对于方程(2-35)而言，存在 4 个未知变量，无法进行求解，需要假定时延 t_i 和探测目标坐标之间的一一对应关系，即假设探测目标的具体位置已知，这样就只剩探测目标的三个坐标的解，通过多次计算来获取在不同时延下探测目标的坐标值。通过绘制不同位置坐标之间的关系，找出重合度最高的区域即为探测目标的具体范围，如图 2-5 所示。

由图 2-5 可知，时延带在不同的坐标位置处都得到不同分布点，但是与三个坐标都有重合的部分并不多，此处的坐标位置即满足上述方程的解，其为目标人体的三维坐标位置，即可通过这种方法确定探测目标的具体位置信息。

2.1.3.5　超宽带雷达生命探测系统组成

(1) 功能需求分析

通过与其他矿山救援设备及生命信息探测装置的对比，总结出超宽带雷达生命信息探

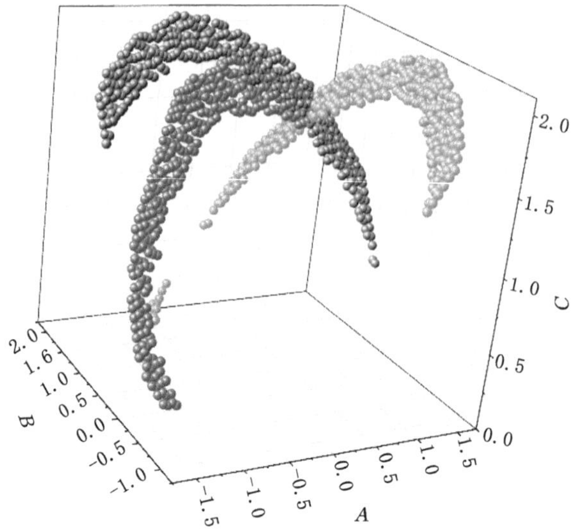

图 2-5 时延带相交确定目标三维坐标示意图

测器需满足以下几点需求,这些需求也是现场救援所需要解决的主要难题:

① 前端探测雷达主机分系统可以发射雷达波并通过接收的反射雷达波自动识别并锁定矿井下的被困幸存者,确定幸存者的大概位置。

② 设备具有杂波抑制功能以适应复杂的使用环境,可以在探测过程中对背景杂波进行滤除,实现人体微动信息的准确判别。

③ 设备需具有信息冗余能力,保证对其他监测信息的兼容性和可匹配性,实现与其他探测救援设备协同作用,可以进行被困人员的位置、角度及数量的初步分析。

④ 为满足对井下多名被困人员的探测,该装置可实现断层扫描,逐层进行幸存人员的探测搜索,且具有单、多目标不同的探测模式。

⑤ 该装置搭载了雷达波分析和探测人员可视化模式,既为现场救援提供直观清晰的探测目标信息,又为事后探测过程中波形的变化分析保存了可靠的数据。

⑥ 考虑到该超宽带雷达生命信息探测器的主要用途为煤矿井下人员搜寻,所以其外观尺寸、质量、穿透能力、探测角度、通信方式、连续工作时间、环境工作指标、防护能力等需要达到《煤矿安全规程》中的规定。

(2) 超宽带雷达生命信息探测器设计

超宽带雷达生命信息探测器主要由前端探测雷达主机分系统、终端控制信息分系统、数据链路和相关配件组成。其中前端探测雷达主机分系统包括主控模块、数据采集单元、数据传输模块、电源管理模块以及天线探头等 5 个子模块。

前端探测雷达主机分系统主要负责发射接收的工作以及数据收集;终端控制信息分系统控制雷达的工作及工作模式等,同时接收前端探测雷达主机分系统传回的原始数据,并对原始数据进行相关处理实现对人体特征信号的检测识别并显示相关处理信息;数据链路负责前端探测雷达主机和终端控制信息分系统之间的通信和数据传输任务,具体构成如图 2-6 和图 2-7 所示。

① 主控模块主要实现对所有操作的控制和指令的发出;数据采集单元采集所探测到的

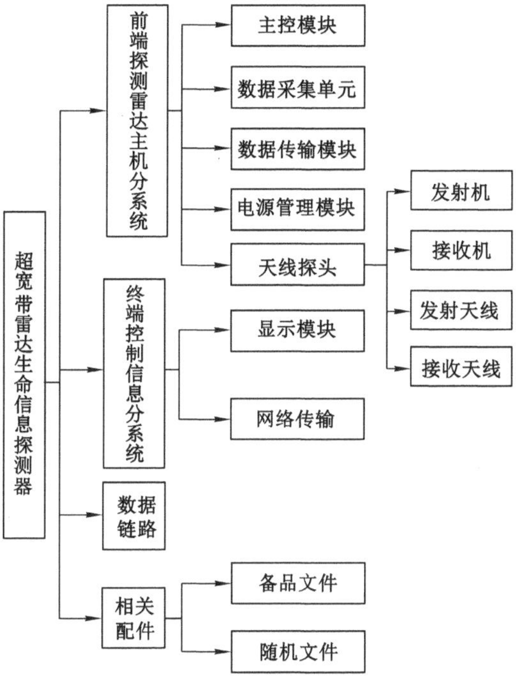

图 2-6　雷达生命信息探测系统

雷达波数据；数据传输模块将采集到的雷达波数据以集成发送的方式传输到后台数据处理中心；电源管理模块是为了满足系统的自主供电而设计的，其主要是调节电能的分配和管理，最大限度地保证系统的运行时间；天线探头负责信号探测与信息发射接收。

② 终端控制信息分系统主要包括显示模块和网络传输模块；终端控制信息分系统为装有控制软件的工业计算机，其与探测前端通过 POE 网线实现信息的传输。将前端的探测信息以扇形区域的形式进行显示，其中雷达波的传输衰减以波形和转换后的波谱形式显示，对最大值和最小值进行初步的分析。

③ 数据链路主要对采集信息进行转换、处理和集中发送，其主要是传输前端探测雷达主机分系统到终端控制信息分系统之间的数据，以有线的方式进行数据传输。

④ 相关配件主要包括备品文件和随机文件，备品文件是为了进行测试所预安装的一些标准文件，在系统调试期间测试系统的可靠性。随机文件是在进行测试过程中所储存的实时文件，以具体的时间命名的文件。

(3) 超宽带雷达生命信息探测器软件功能设计

终端控制信息分系统通过以太网与前端探测雷达主机分系统建立连接，终端控制信息分系统软件如图 2-8 所示。

该软件有菜单选项栏、视图栏和状态提示栏等。其中状态提示栏包含：网络连接状态提示、前端探测雷达主机状态以及接收到的雷达回波数据道数等相关信息，连接到雷达主机时状态提示栏右下角状态会由“正在连接雷达设备”改为“已连接到雷达设备”，并且左下角的雷达状态也由“关闭”更新为“开启”。若雷达未开机或者设置不正确，会一直显示“正在连接雷达设备”，此时需要对雷达主机进行核对和重启。状态提示栏中央为雷达波在探测过程中

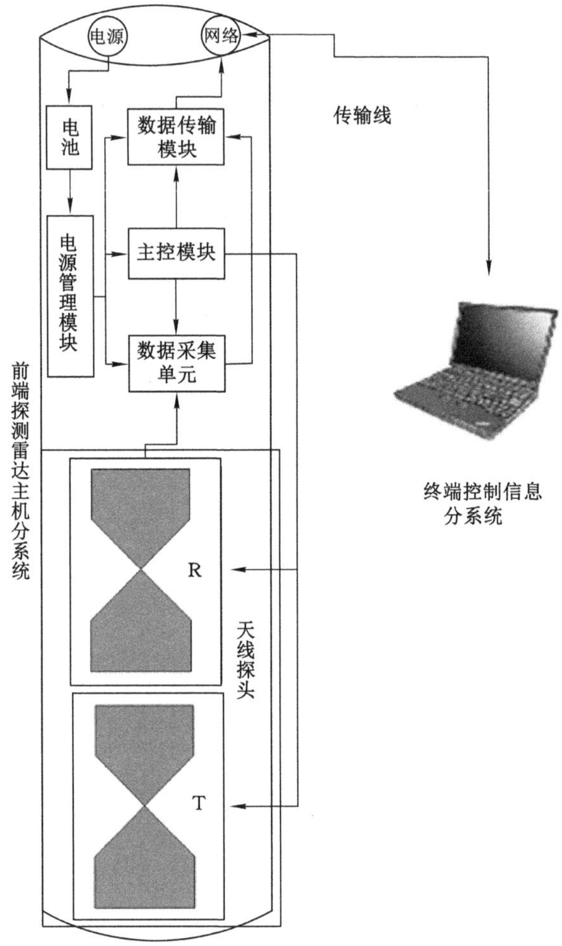

图 2-7　雷达生命信息探测器解剖图

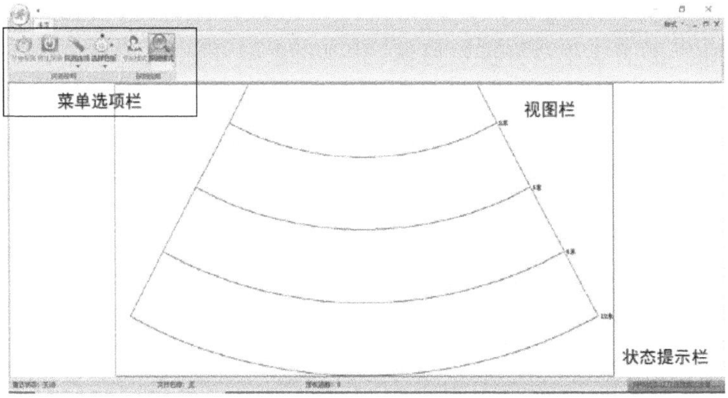

图 2-8　终端控制信息分系统软件显示图

的采集道数，在同一采集距离内，采集道数会不断增大，代表着信号的连续采集；在不同采集范围内，采集道数又重新采集。视图栏：主要根据用户的选择显示不同的视图，可改变探测距离和起始范围，这样会大大缩短探测目标所用的时间，提高救援效率。而且视图栏以 3 m 为划分间隔，呈扇形分布，这与探测角度相一致；探测模式下显示探测区域、中间探测结果和最终探测结果；专家模式下则显示雷达原始回波、雷达预处理后的回波图以及生命特征信息的波形图；菜单选项栏含开始探测、停止探测、探测选项、颜色选择、专家模式以及探测模式这 6 个选项，其中开始探测与停止探测互为一组选项，专家模式和探测模式为一组选项（专家探测模式中显示三组雷达波数据，一组为原始雷达波数据，一组为处理后的雷达波数据，还有一组为单道波数据），探测选项中含有起始距离、探测范围（0～30 m）、探测模式（可分为单目标探测和多目标探测）等选项可供选择。

2.1.4 雷达生命信息数值模拟

2.1.4.1 gprMax 仿真模拟

电磁波在复杂地层结构中传播的数值模拟是雷达在矿山井下进行生命信息探测的理论基础。一般情况下非均匀媒质中的电磁波传播是没有解析的，只有通过用数值模拟的方法来近似表达。正演数值模拟技术可以让抽象空洞的东西变得具体形象，通过正演模拟得到的剖面图和某一时刻电磁波场的分布图，地下介质中各种异常体或目标体的特征一目了然。

目前，主要有两种数值计算方法用于探地雷达的正演数值模拟：几何射线法和波动方程法。以雷达电磁波传播的运动学特征作为主要研究对象的几何射线法的机理是用几何射线理论代替电磁波波动理论，这样复杂的问题简单化处理后具有原理简单易懂，计算方便，显示直观的优点；缺点是电磁波的运动特征因理论简化而缺失，动力学特征不明显，以至于该方法在地下环境非常复杂的情况下不能取得很好的效果。然而对于复杂地质状况模拟，波动方程法可以很好地解决，它根据麦克斯韦方程，完全遵循电磁波的波动性，对介质中会影响电磁波传播的所有信息都没有忽略且全部记录下来，因此其计算机模拟所用的时间要远远高于几何射线法。

目前探地雷达数值计算模拟常用的软件是爱尔兰爱丁堡电子工程学院地下工程与环境研究室的 Dr. Antonis Giannopoulos 开发的 gprMax。该软件是以时域有限差分法（finite-difference time-domain，FDTD）为基础的地质雷达正演模拟工具，具有良好的操作界面、较快的计算速度和完整的图像。FDTD 在笛卡尔坐标系中，将数值模拟的模型采用二阶中心差分格式对 Maxwell 方程进行差分离散，进而电场 E 与磁场 H 的各坐标分量（在无源区）即可用相邻网格点的电场和磁场表示，从而模拟出电子脉冲和理想导体作用的时域响应。FDTD 与有限元法等其他数值计算方法相比，具有简单方便、快速、直接、精确等特点。在随后的研究中，FDTD 越来越多地被用于研究模拟复杂有耗色散等介质中的电磁波的传播过程。

gprMax 在工程检测、环境保护、文物考古、灾害救援、反恐安检、资源勘探和水文水利等科学领域中发挥着其他手段无法替代的重要作用，并且能够实现对超前地质预报进行正演模拟，对隧道掌子面前方地质情况预报起到实质性指导作用；并且 gprMax 能够用于模拟研究混凝土无损检测，继而计算出不同介质分界面处的电磁反射特征、深度及反射强度的具体函数关系；此外该系统能够对地下空间隧道进行三维模型构建以及城市地下管道的精准定位。如上所述，gprMax 在地下管路（走向分布和直径）、古建筑（城堡、桥梁、砖石塔）、军事（地雷探测）、质量检测（水泥灌注、砌墙）及法庭调查（隐秘坟墓探测）等诸多方面均进行了大量的研究，发挥了其他手段不可替代的作用，但 gprMax 在矿山领域的应用还鲜有报道与研究。

2.1.4.2　经验模态分解(EMD)

经验模态分解法是将信号按照时域中固有的尺度进行分解，局部平稳化，可以自适应处理信号，并省去分解时的基函数，然后得到一系列本征模态函数(intrinsici mode function，IMF)，EMD 对信号的分解基于以下三个假设：① 某段待处理信号至少包含两个极值点，一个极大值点和一个极小值点；② 特征时间尺度由极大值点的时间减去极小值点的时间；③ 如果没有极值点但是有拐点，可以通过微分求出极值点。该方法同小波变换以及 FFT 运算有着本质的区别，分解方法如下：

① 寻找原始数据序列 $x(t)$ 也就是采集得到的雷达回波数据的所有极大值点以及极小值点。

② 然后用三次样条插值函数拟合出 $x(t)$ 的上包络线 $x_{\max}(t)$ 和下包络线 $x_{\min}(t)$，使其满足：

$$x_{\min}(t) \leqslant x(t) \leqslant x_{\max}(t), t \in [t_a, t_a] \tag{2-36}$$

③ 求解出上下两个包络线的平均包络线值 $m_1(t)$：

$$m_1(t) = \frac{x_{\min}(t) + x_{\max}(t)}{2} \tag{2-37}$$

④ 提取信号局部细节信息 IMF 分量 $h_1(t)$：

$$h_1(t) = x(t) - m_1(t) \tag{2-38}$$

⑤ 判断 $h_1(t)$ 是否满足局部范围内的极值点数目和过零点数目之差小于 2，或在任意时刻上包络和下包络平均值必须为 0。如果满足，则可以从原始信号中分离出一个 IMF 分量 $C_1(t) = h_1(t)$；如果不满足，则将 $h_1(t)$ 看作新的待分解信号，继续重复以上所述计算过程得到下一个 IMF 分量，直到最后满足退出条件：

$$h_{(k-1)}(t) - m_k(t) = h_k(t) \tag{2-39}$$

通过对呼吸和心跳信号被分解为若干个 IMF 分量以及一个趋势量，可以表示为：

$$s(t) = \sum\nolimits_{i=1}^{n} \mathrm{IMF}(t) + m_n(t) \tag{2-40}$$

$m_1(t)$ 表示残余函数项，代表信号的平均趋势量，$\mathrm{IMF}_i(t)$ 代表信号在不同时间特征尺度占比成分，包含了不同频率成分，分解过程如图 2-9 所示。

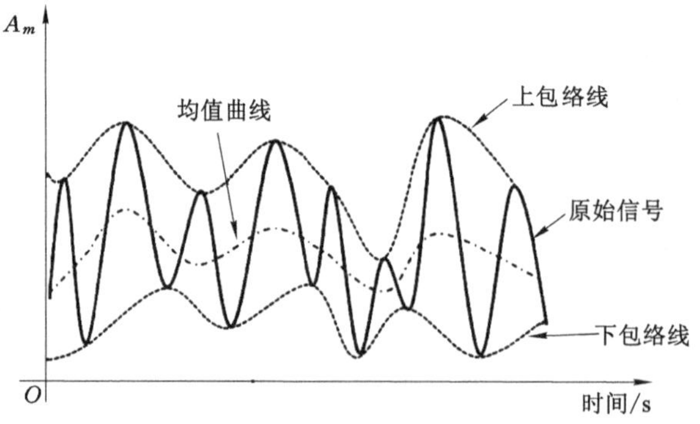

图 2-9　EMD 分解过程示意图

2.1.4.3　聚类经验模式分解(EEMD)

EMD 分解过程在实际应用当中容易出现模态混叠现象，在一个 IMF 当中包含的特征时间尺度会相差很远，或者相邻的两个本征模态函数的时域波形会相互重合、相互影响，所以为了解决此问题引入了 EEMD 变换，EEMD 与 EMD 类似，分解步骤如下：

① 向原始采集雷达回波信号中引入正态分布白噪声组成新的信号。

② 对①中得到的信号做 EMD 分解得到 IMF 分量。

③ 重复①和②的操作，将得到的每个模态下的 IMF 分量求平均值。

由于添加的高斯白噪声是随机无序的，频率会分布在整个频谱上面，所以信号的连续性会在不同尺度上有所体现，最后求得的平均 IMF 分量之后被相互抵消，而最初雷达回波信号不同频谱的分量会被投射到所添加的高斯白噪声所建立起来的平均时频空间上，借此消除模态混叠。为了有效滤除杂波干扰，需要从得到的这些 IMF 分量中提取出主要分量重建呼吸心跳信号。

2.1.4.4　信号重建

上一小节叙述了信号通过 EEMD 的方法被分解成了若干个 IMF 分量，每个 IMF 分量在不同频率尺度具有振荡特性，并且阶数越小，IMF 频率越高，这也证明了 EEMD 的分解方法具有多分频特性，所以根据每个 IMF 分量频率分布特性可以达到滤波、隔直流降低噪声的效果。正常健康成年人的呼吸和心跳频率的范围，以呼吸信号为例，健康成年人的呼吸频率介于 0.2～0.4 Hz，对呼吸信号做完 EEMD 分解之后得到的一系列 IMF 分量当中，我们只关心频率介于 0.2～0.4 Hz 的这些频谱分量，所以需要提取主要分量重构呼吸信号，重构方法如下：

① 利用快速傅立叶变换方法得到每个 IMF 分量对应频谱信息。

② 计算每个 IMF 频谱图中 0.2～0.4 Hz 的积分数值占 0～5 Hz 积分数值的比例值，其他频段的信号可以不用考虑。

③ 对上述积分比例值做归一化处理，然后从中选出最大的几个归一化数值使它们的和等于或超过 0.7，将这些分量作为主要分量。

④ 将上一步计算得到的几个主要 IMF 分量时域信号相加作为重构之后的信号。

上述几个小节描述的信号处理过程如图 2-10 所示。

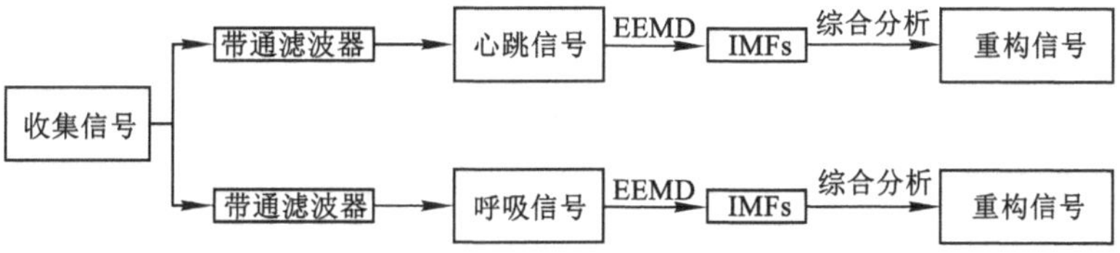

图 2-10　信号重建部分算法处理过程图

2.1.4.5　信号频谱叠加

由于超宽带雷达体积小、功耗低，所以采集得到的雷达回波信号也比较微弱，易受到杂波干扰，与此同时，超宽带频谱比较分散，所以需要将分散的频谱叠加起来。整个运算过程如图 2-11 所示。

考虑到呼吸心跳信号具有一定的周期性，而噪声信号在整个频谱当中均匀分布，所以可

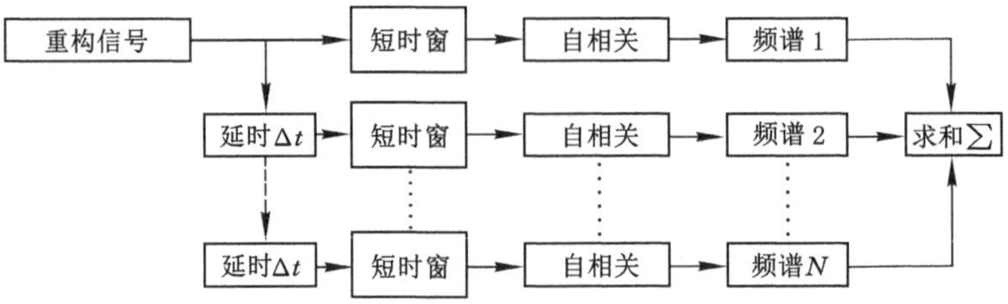

图 2-11　重建信号之后算法处理过程图

以利用自相关降低噪声信号影响，对于功率信号自相关函数定义如下：

$$R(\tau)=\lim_{T\to\infty}\frac{1}{T}\int_{-T/2}^{T/2}f(t)f(t+\tau)\mathrm{d}t \tag{2-41}$$

而对于周期为 T 的信号 $f(t)$，自相关函数定义为：

$$R(\tau)=\frac{1}{T}\int_{-T/2}^{T/2}f(t)f(t+\tau)\mathrm{d}t \tag{2-42}$$

周期信号做完自相关运算之后还是周期信号，而噪声信号自相关运算之后会快速衰减，这样有利于提高信号的信噪比。

为了将超宽带分散频谱叠加起来，首先利用短时窗函数将信号划分成一系列短时平稳信号，这里选取汉宁窗，用它来消除高频干扰。然后通过自相关运算降低这些短时信号的噪声干扰，再做 FFT 运算得到一系列频谱，对应处理公式如下：

$$P_{\mathrm{s}}(w)=\int_{-\infty}^{\infty}\left[\lim_{T\to\infty}\frac{1}{T}\int_{-T/2}^{T/2}f(t)f(t+\tau)\mathrm{d}t\right]\cdot \mathrm{e}^{-\mathrm{j}wt}\mathrm{d}\tau \tag{2-43}$$

通过不断移动窗函数，并且重复上述操作，将得到的频谱图叠加起来，这种算法也可以很好克服 STFT 算法的缺点，最后从频谱图的峰值读取呼吸心跳生命信息，以上算法描述的全部处理过程如下：

$$f(w)=\sum_{i=1}^{n}\int_{-\infty}^{\infty}\lim_{T\to\infty}\frac{1}{T}\int_{-T/2}^{T/2}f(t)h(t-i\cdot\Delta t)\cdot f(t+\tau)h(t+\tau-i\cdot\Delta t)\mathrm{d}t\mathrm{e}^{-\mathrm{j}wt}\mathrm{d}\tau \tag{2-44}$$

在式(2-44)当中，$f(t)$和 n 以及 Δt 分别代表雷达回波信号、汉宁窗函数移动次数以及窗函数的长度。

综上所述，雷达生命信息探测技术已成功应用于地震救援、水灾救援及消防救援等众多地上救援领域，但在矿山灾害应急救援领域鲜有研究报道，因此很多问题亟须解决和完善，主要问题体现在：

① 雷达电磁波在煤体中的传播特性研究较少，电磁波在煤中的传播规律、衰减规律、发射中心频率、激励函数等因素制约着雷达的探测距离与识别精度。

② 现有雷达生命探测仪体积较大，无法适用于矿山钻孔救援探测。而体积的改变，又影响探测距离和精度。

③ 由于矿山灾害事故种类多，且复杂突变性强，煤质、煤温、孔隙率及含水量等都对雷达的探测有影响，而具体影响规律鲜有研究。

因此，本专著拟采用理论分析、实验研究和仿真计算相结合的方法，对电磁波在不同变质程度煤中传播与衰减机制展开研究，确定出各煤种中影响电磁波传播的主要组分和关键结构。研究结果可进一步揭示电磁波穿透探测的实质，为定量表征和评价其穿透探测效果和探测距离提供理论依据。

2.2　光学生命信息探测技术

2.2.1　光学生命信息探测研究现状

光学生命信息探测技术，也称视频生命信息探测技术，是指通过废墟堆积层中的空隙或小直径钻孔将光纤传感器伸到被困人员附近确定其位置和生存状态的技术[55]。探测仪如图 2-12 所示。

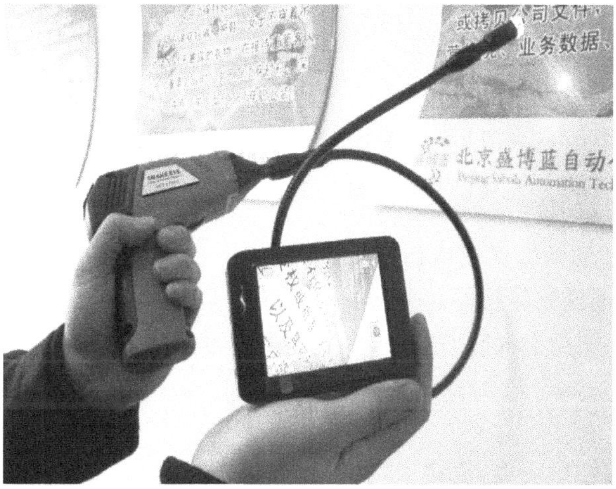

图 2-12　光学生命信息探测仪

该技术主要采用摄像头进行可视性探测，可形象地理解为“胃镜”，其特点是探头可以深入灾害现场细小裂缝，利用可见光，通过 CCD(charge coupled device，电荷耦合器件)传感器摄像传送到显示屏成像，可以直观地发现被困人员[56]。该技术主要应用于对难以到达的地方进行快速的定性检查，广泛应用于矿山、地震、塌方救援中[57]。光学生命信息探测技术在灾害救援中取得了极大的成功，1985 年墨西哥大地震时，美国、法国、日本、瑞士等国的救援队就利用光学生命信息探测仪，探测到被压埋人员并使其获救，其中日本利用光学目视探测定位技术，开发利用一种光纤内窥镜在地震后的瓦砾堆中发现一对幸存夫妇而使其得救。

光学生命信息探测仪的优点在于可以直观看到受害者，操作简单。缺点是光学生命信息探测仪必须要求现场有或大或小的孔洞、裂缝等，才能将探头伸入内部观察其情况，光纤探头容易被泥土等污染而造成图像不清，而且一旦碰到障碍物便无法前行，特别是在煤矿井下救援过程中由于恶劣的井下环境，悬浮的粉尘以及杂物，导致受灾后巷道光照条件较差，使得探测距离有限，可见光探测仪靠自身携带的光源，其有效探测距离不足 20 m。光学生命信息探测仪多与音频生命信息探测仪制成一体，综合使用，一般用于确定已发现幸存者的具体位置情况。比较常见的有日本 YONE 公司、法国雷德尔公司、美国 ZISTOS 公司、加拿大 DELSAR 公司生产的光学生命信息探测仪。

2.2.2 光学生命信息探测系统基本原理及组成

光学生命信息探测系统框图如图 2-13 所示。光学生命信息探测装置井下部分由 CCD 图像传感器、光源、微光探头、耳麦及信号传输模块等集成在一起。其中微光探头由球像面成像物镜、光学校正镜、图像传感器组成，耳机和微型麦克风均集成在探头上，通过可变长杆体内导线把音视频信号传送到监视器。

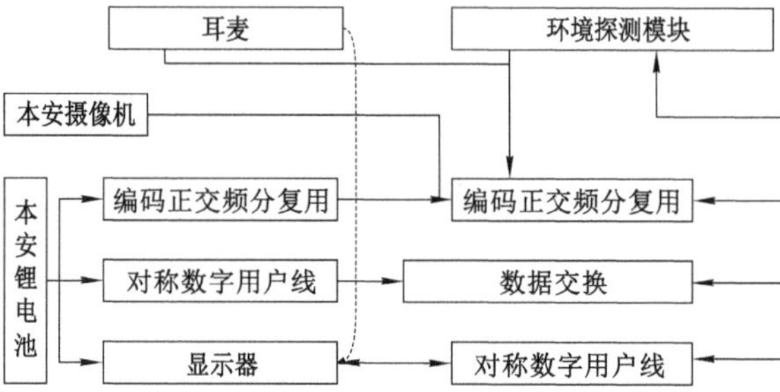

图 2-13　光学生命信息探测系统框图

（1）CCD 图像传感器

CCD 是一种新型的模拟集成成像器件，它使用一种高感光度的半导体材料制成，能把光线转变成电荷，通过模数转换器芯片转换成数字信号，数字信号经过压缩以后由相机内部的闪速存储器或内置硬盘卡保存，把数据传输给计算机，并借助于计算机的处理手段，根据需要修改图像。

（2）微光探头

主要完成图像信号的采集，由成像物镜、光学像转换器、光源组件、成像传感器组成。成像物镜（图 2-14）要根据整个系统的视场角来选择，实现物理成像。

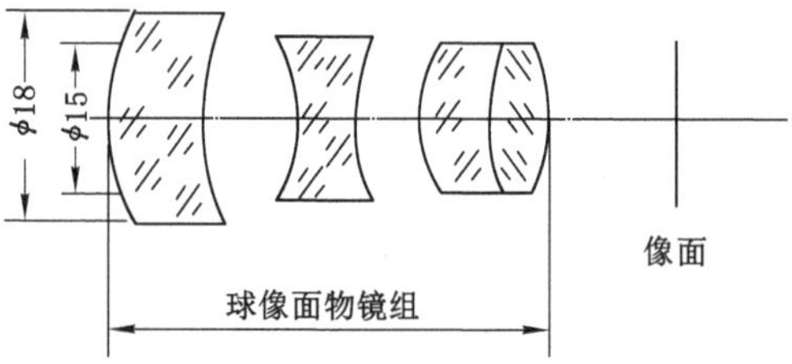

图 2-14　成像物镜结构示意图

（3）光源

为使像面具有一定的照度，采用高亮度发光二极管做光源，单个发光二极管可采用的电压与照射距离及照射面积的关系如表 2-4 所列。

表 2-4　发光二极管照度关系表

电压	3 V		6 V	
距离	2 m	3 m	2 m	3 m
面积	0.5 m^2	1 m^2	1.2 m^2	2 m^2

2.2.3 光学生命信息探测技术的应用

国家矿山救援西安研究中心副主任文虎教授带领科研团队成功研发了基于光学的KTE5型矿山救援可视化指挥装置[56]。KTE5型矿山救援可视化指挥装置采用"即铺即用"的宽带组网技术和视/音频信号的采集、压缩、合成技术，利用一对电话线进行双向对称数字信号传输，提供了一种可实时监视和直接联络井下事故现场的先进技术手段，实现了矿山救援的可视化[42]。该装置由救护队员随身携带，在不影响救护队员正常工作的情况下，将井下事故现场图像实时传输到井下救护基地及地面指挥中心：井下灾区的救护队员、井下救援基地和地面指挥中心之间可实现实时信息沟通；救援全过程的图像、语音资料可完整存储并回放，为今后进行事故原因分析、总结抢险过程的经验教训提供基础资料；通过互联网，应急管理部矿山救援中心及业内专家可直接了解灾区救援情况。经专家组鉴定，该装置达到了国际先进水平，如图2-15所示。该系统成功应用于山东平邑石膏矿坍塌救援、陕西大佛寺煤矿瓦斯爆炸事故救援、内蒙古骆驼山矿井透水事故救援及王家岭煤矿透水事故救援等，救出了数名被困矿工。

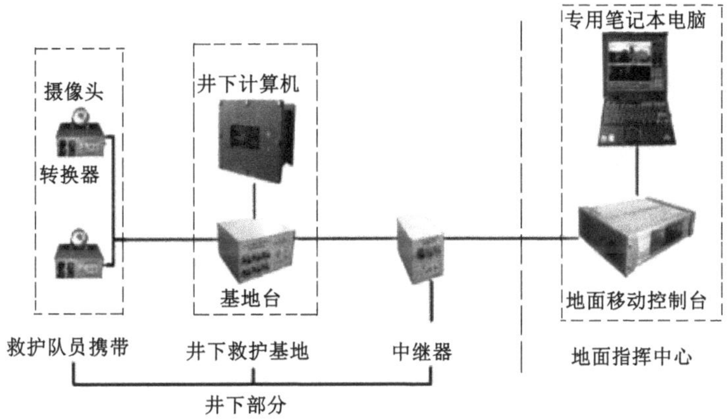

图2-15 KTE5型矿山救援可视化指挥装置组成图

KTE5型矿山救援可视化指挥装置功能：

(1) KTE5型矿山救援可视化指挥装置可将井下事故现场图像、语音实时传输到井下救援基地及地面指挥部；救护队员、基地指挥员及地面指挥人员可实时双向语音通信。

(2) 基地设备与前端设备自成系统，独立运行。基地设备与前端设备独立运行，在第一时间进行抢险救灾。随后从基地向地面铺设线路，连通整个系统，实现实时图像传输及前端、基地和地面三方互相通话。

(3) 事故现场图像、语音资料实时记录。可将事故现场图像、语音资料完整实时记录下来，为今后进行事故原因分析、总结抢险过程的经验和教训提供基础资料。

(4) 事故现场图像多点监视。基地可以同时监视两路图像，地面可以同时监视三路图像、同步发送、接收三路语音信号，全面了解井下救援情况。

(5) 先进的通信功能。先进的网络服务功能实现多方位同步监视及远程网络指挥，使应急管理部矿山救援中心及业内专家实时了解灾区现场救援情况。

2.3 红外生命信息探测技术

2.3.1 红外生命信息探测技术研究现状

红外生命信息探测技术的研究起步比较早。美国德克萨兰仪器公司在第二次世界大战过后，经过近一年的探索，首次研发出了应用于军事领域的红外成像装置——红外巡视系统(FLR)[58]。20 世纪 60 年代早期，瑞典 AGA 公司研制成功第二代红外成像装置，该装置在红外巡视系统的基础上增加了测温的功能，称之为红外热像仪；几经改进，1988 年推出的全功能热像仪，将温度的测量、修改、分析、图像采集、存储合于一体，仪器的功能、精度和可靠性都得到了显著的提高；2004 年，俄罗斯莫斯科国立大学研究成功了一种亚毫米波热成像仪[59]。

目前应用较多的红外生命信息探测仪是美国生产的 M271328 红外生命信息探测仪，方便轻巧实用。既可寻找受伤矿工，又可寻找遇难者，同时由于可远距离精确测温，可直观显示煤层表面温度区域分布[60]。屏幕上完整的数字罗盘显示了可视方向，以便于精确定位遇难者的位置，进行快速营救；360°的视角不仅可以在安全距离外对废墟进行快速扫描，也可以在巷道内进行有效搜索。红外生命信息探测仪不仅可以用来探测震后废墟下幸存者的状况，还可以应用于煤矿的开采方面，在煤矿开采方面可以进行煤层温度的测量。红外生命信息探测仪的主要特点是能够在黑暗的环境中对废墟下的幸存者进行生命探测，而且由于红外生命信息探测仪探测生命采用的是红外成像的方式，能够将被困者的状况进行清晰地显示，这对于生命救援工作具有重大的意义。此外，红外生命信息探测仪探测生命信息的方式是非接触测量，探测范围最高可达几十米，价格较低，是一种较为理想的地震救援设备[56]。

我国自行设计生产的 S-Y-250 红外生命信息探测仪为防爆型。该探测仪是集红外物理学、红外光电子技术、图像处理技术、微型计算机技术及煤矿防爆技术于一体的高性能生命检测仪器[61]，主要用于检测煤矿井下隐形火区分布，非接触检测井下各种开关接头的事故隐患。该仪器能够自动捕捉屏幕显示的最高温度和最低温度，带有半透明菜单显示功能，操作者可以在分析模式下观测整个红外图像[62]。西安科技大学郑学召等研发了本安型红外摄像仪[63]，该摄像仪小巧轻便，具有“四防”功能，可由救护队员随身携带，使用灵活，可固定于救护队员肩头或矿帽，图像传输质量高，摄像头可在全黑环境下自动捕获井下现场图像[64]，它将大幅提高井下应急救援作业的现代化程度和安全系数，同时也是数字矿山新技术的重要组成部分。

2.3.2 红外生命信息探测系统组成

红外生命信息探测仪主要由以下几部分组成：光学系统、红外探测器、扫描机构、信号放大器及信号处理系统、显示输出系统[65]。

红外生命信息探测仪中光学系统的主要作用是尽可能多地收集目标辐射的能量而又使噪声最小。光学系统把目标的红外辐射聚集到红外探测器上，并以光谱和空间滤波方式抑制背景干扰。光学系统的基本结构一般可分为反射式、折射式和折反射式三种，后两种形式需要采用具有良好红外光学性能的材料。

红外探测器的主要作用是吸收目标发出的红外辐射能，并将这种能量转化成可以测量的物理量，如电信号。微弱的电信号经过放大和处理后输送给显示记录装置。

扫描机构的主要功能是将红外光学系统所接收的热图像进行扫描，使探测器能对物体的热图像进行解读，进而增强整个系统的探测效率。

信号处理系统的主要作用是将探测器输送的电信号转化成可输出的信号。

显示输出系统的主要作用是将处理后的信号转化成可视的图像等。通常将目标红外辐射转换成黑白照片和假彩色照片或者电视图像。这种可视图像不像可见光照相机所得的图像那样直观，它反映的是目标的辐射温度分布。

2.3.3　红外生命信息探测原理及特点

任何高于绝对零摄氏度的物体都会有红外能量的辐射。红外辐射也是一种光，只不过是一种不可见的光，它的波长范围是微波到可见光之间的这个区域[66]。它的波长为0.75～1 000 μm。在这个波长范围内通常还可以把红外细分为三个部分：近红外、中红外、远红外，把能通过大气的三个波段划分为：近红外波段1～3 μm、中红外波段3～5 μm、远红外波段8～14 μm。根据光谱划分为：近红外波段1～3 μm、中红外波段3～40 μm、远红外波段40～1 000 μm，详见图2-16。

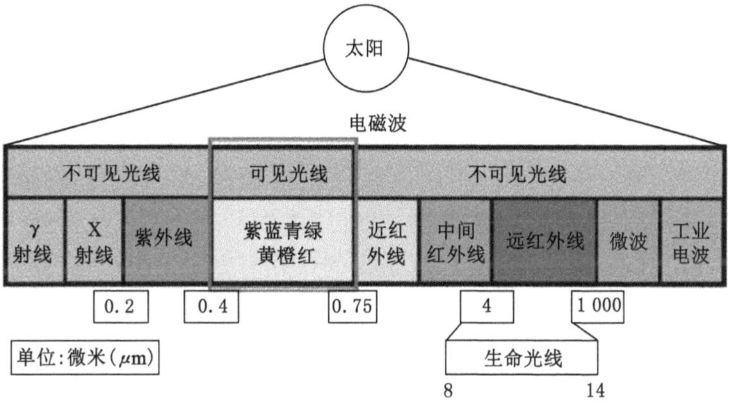

图2-16　光谱图

红外生命信息探测技术是利用红外辐射测量生命体体温，可以不必接触被测生命体，测量距离可近到几厘米，远到几十米。红外测温的时间短，其测温速度主要由红外探测器的响应时间决定，无需像接触式温度计那样与被测生命体达到热平衡。它能在几毫秒甚至几纳秒的时间里测出生命体的温度。红外测温的精度高，有些红外测温仪能够分辨0.05 ℃甚至更小的温度变化[67]。

红外生命信息探测仪的主要技术特点如下：

① 一定要具有大的空间探测范围。

② 一定要有非常高的探测灵敏度。这样可以提高整个仪器的工作效果。

③ 必须使仪器对被探测物体的探测距离达到工作环境要求，一般情况下为10～20 m。

④ 对探测仪的信号处理能力要有很大的提高，这样就可以提高整个仪器的反应速度和反应时间。

⑤ 仪器一定要有很高的探测概率和低的探测虚警概率。

红外生命信息探测仪的优点如下：

红外生命信息探测仪可以完美地帮助搜救队员在灾区或其周围定位遇险者的位置。红外生命信息探测仪能探测并显示出遇险者的体温，帮助搜救人员很快确定遇险者的位置及存活状况并展开适时的救援，它的搜索效率很高。另外红外生命信息探测仪体积小，操作方便，简便易学，只要经过简单的培训就可以应用，可减少新手的训练时间。还有红外生命信息探测仪在各种气候状况下都可以工作，系统维护和整机的保养都比较简单。

2.3.4 红外探测技术分类及特点

红外探测，主要是目标探测。被探测目标与其所处的背景环境由于温度和辐射率不同，所发出的红外辐射强度就不同，红外探测器将这些有差异的红外辐射按照一定规律转换成电信号，以获得背景和环境的信息。红外探测系统按照工作方式可以分为两种：主动探测和被动探测。所谓主动探测，是指系统自身能够向外发出红外辐射，而被动探测是指探测器本身不向外发出任何辐射，只通过接收目标本身发射或反射的红外辐射工作[68]。

主动式红外探测的基本原理是用近红外光束照射目标，将目标反射的近红外辐射转换为可见光图像，从而实现有效的“夜视”。这种探测方式需要近红外照射源，较被动探测所要求的探测距离较近，但是其可以在不受被测物体温度的影响下实现黑暗环境下的目标探测。在第二次世界大战期间，主动式红外夜视仪已开始使用。主动红外夜视仪是先由红外探照灯发出红外光束照射目标，目标反射回来的红外线经过透镜后，在变像管的半透明光电阴极上形成红外线图像。变像管能够使不可见的红外线图像转换成可见光的图像。人们可以使用目镜观察到变像管转换的可见图像，电子在电场作用下获得了能量，荧光屏上显示的图像更加鲜明。

主动式探测器的探测范围是点对点，而非一个面，因此其可靠性相对较高，但如果在一个空间范围内进行探测就需要多个探测器，增加了成本。

主动式探测存在以下缺点：第一，当反射面的位置与方向发生变化，或者红外反射光束和发射光束任意一个被阻挡，接收机就无法接收到反射光束，这样就会出现漏报。第二，主动式光源的光束较窄，要求收发端安装牢固可靠，避免受地面震动影响引起误报。第三，主动红外夜视仪所用的红外探照灯是由普通光源，用滤光片将可见光滤去后才得到红外线，降低了转换效率。

被动式红外探测是根据不同性质的材料在不同温度下辐射特征不同这一自然现象，利用对中、远红外非常敏感的半导体材料做探测器，将不同温度物体热辐射的差别用可见光图像表示出来，从而达到探测的目的。通常也将采用被动方式探测得到的图像称为“红外热像”。其最显著的特征是不需要借助外来辐射源的辐射进行工作。但由于实际被测物的温度分布差异相对较小，因此由这种探测方式获得的图像整体灰度分布较集中，图像对比度低，从而使后续目标识别的难度增大。而且被动探测获得的图像清晰度受环境温度影响较大。

被动式红外报警系统的原理是：室温条件下任何物品均有热辐射。温度越高的物体，红外辐射越强。人是恒温动物，红外辐射也最为稳定。之所以称为被动红外探测器，即探测器本身不发射任何能量只是被动接收和探测来自环境的红外辐射。

被动式红外探测器主要由热光学系统、传感器、报警控制器等部分组成。红外传感器的探测波长范围是 8～14 μm，人体辐射的红外峰值波长约为 10 μm，正好在探测范围内。红外探测器配合光学系统，可以探测到立体防范空间内生命体的热辐射的变化。热释电红外传感器是发明较早的被动探测器元件。其检测原理是：当没有人或动物出现在探测区内，传感器接收到的红外辐射不发生变化，当有红外线辐射进入，光学系统将辐射聚焦，使热释电器件产生突变电信号，触发并产生警报信号。热释电探测器的警戒范围可覆盖以十米为半径的范围。

被动式红外探测器的结构、警戒范围及探测距离有很多种,简单来分可以分为单波束和多波束型两种。曲面反射镜将来自目标的红外辐射汇聚到红外传感器上的是单波束型,它的视场角比较窄,但是作用距离较远,又称为直线远距离控制型被动红外探测器。其优点是性能好、便于防护布置,而且成本低廉,被广泛应用,它的缺点是误报率较高。现在基本都采用菲涅尔透镜作为红外塑料透镜,它是用特别材料一次制作成型的,许多个小透镜排列在一个弧面上。菲涅尔透镜的镜面分为上下多排,上部的透镜较多,下部相对较少。警戒范围在不同方向为单波束状态,组成扇形立体热感应区域。人脸部、膝部、手臂红外辐射较强,上下分布不同,原因之一是人体的下部红外辐射较弱,再者可以防止地面上小动物或物体辐射干扰。由于震后救援现场环境温度变化复杂,若选用被动式红外探测方式,则容易使得采集到的图像对比度低,清晰度差,对操作人员的要求较高,而且被动式红外探测所需的传感器价格较高[69]。

2.3.5 红外探测技术的应用与发展

红外探测技术拥有特别的优点:无形的红外辐射,保密性好;良好的环境适应性;无源接收系统,抗干扰能力强;体积小,质量轻,功耗低;可以揭示伪装的目标;分辨率优于微波。因此,红外探测技术广泛应用于红外夜视、红外探测、红外引导等领域[70]。

(1) 红外侦查、监视

红外侦查、监视主要包括空间、空中、地面的红外侦查与监视,按工作方式来分可划分为主动装置和被动装置。IDRS(红外探测装置)的应用范围非常广:负有监视任务的监视卫星,负有警戒任务的警戒装置,负有救援任务的救援直升机,舰艇配备的监视系统等,都需要安装红外探测装备。

(2) 红外制导

通过目标本身的红外辐射引导导弹自动接近目标,提高命中率。红外制导的常用工作方式有空对空、空对地、地对空、反坦克导弹等,红外焦平面显示制导技术具有较高的识别诱饵能力。基于激光的多波段对抗系统可用来躲避热寻导弹的威胁,保护直升机和攻击机;定向红外对抗系统可保护作战平台免受热寻导弹威胁。

(3) 探测和预报

① 红外探测技术在隧道岩溶探测与预测中的应用。对于隧道的岩溶探测,特别是在隧道的工作面,目前还没有有效的方法。传统的探地雷达方法耗时长,而且探测距离短,精度低。考虑到地质灾害的主要来源是水,在隧道施工中引入了红外探测技术。红外波段的电磁波向外发射时,红外辐射场具有密度、能量、动量、方向等信息。而岩层会向外辐射红外线,岩层内部的地质信息以红外辐射场强度变化的形式传递[71]。

② 在安防领域,红外探测技术得到了深化发展。一旦人进入探测区域内,红外探测器中的热电元件就能检测感知人体的存在或移动,并把热电元件的输入信号转换成电压信号,再通过微处理器处理并发出报警信息。红外探测器可用在需要防护的围墙、草坪、室内和其他空间区域。它使用和安装方便,能够和其他探测器联合使用。它安全性高,可靠性强,经济性好,是目前安防产品的主要选择。

③ 在森林防火领域,红外探测技术得到了长足进步。我国普遍采用加强警示和处罚等“人防”手段,这种做法成本不低,且需耗费大量人力和物力。因而,如何在“人防”手段之外,辅以较为高效、安全的“技防”手段便成了一个不得不思考的问题。在国内景区、森林火灾报

警装置中，火灾探测器是火灾报警系统的重要部件和传感构件。倘若发生火灾，则其特征物理量，如温度、烟雾、气体和热辐射强度，均被转换成电信号，并且报警信号被立即发送到火灾报警控制器[72]。

(4) 红外与声波协同生命探测平台的研究与开发

生命探测是利用传感器技术，采集灾害现场幸存者发出的生理、物理、化学信息，并对生命体进行有效识别与定位。根据传感器类型可分为音频生命探测技术(声波、振动波)、视频生命探测技术(光学、光纤、红外)和雷达生命探测技术(成像、非成像)，上述生命探测技术都是基于单一类型的传感器，而每种传感器又存在着自身缺陷。基于单一类型信息源的生命探测技术因自身缺陷无法完全满足灾后救援的需要。有学者在音频、视频和雷达生命探测技术工作原理的基础上，分析它们各自具有的优势和存在的问题，给出异类多传感器协同探测的优势与现状，设计红外与声波协同生命探测平台，给出平台的结构模型、传感器的选择策略以及相应的性能指标。主要实现红外图像与声波信息的同步采集、分析与处理，兼具音频生命探测和视频生命探测的功能，弥补单一传感器生命探测仪的不足，能得到更全面、更准确的生命体及救援现场信息，更适用于灾害后复杂危险的救援环境。

利用异类多传感器协同探测，经过数据融合处理进行目标综合识别具有以下优点：

① 可以拓宽监视探测的空间覆盖范围；

② 可以发挥各传感器的优势，取长补短以提高目标识别率；

③ 多传感器抗干扰的性能大大优于单个传感器；

④ 提高了系统的可靠性、容错性。

国内外对于多传感器协同探测的研究主要集中在 3 个方面：多传感器集成模型的搭建；多传感器的选择策略和控制结构研究；多传感器信息融合方法研究。

(5) 红外与声波协同生命探测平台的设计

红外与声波传感器都可在光线暗、油污等环境恶劣的条件下工作，并具有结构简单、成本低廉、适应性强、不容易损坏等优点。通过红外传感器可以得到生命体所处环境的图像，利用主、被动式声波传感器可以对生命体发出的微弱求救信号进行探测并对生命体进行更为准确的定位，二者协同工作可为制定救援方案提供更为准确的决策依据，降低救援时间，减小灾害损失。其结构如图 2-17 所示。

首先利用被动式声波探测技术，在废墟外或废墟空洞内进行探测，采集并提取生命体发出的声波信号(被困者呻吟、呼喊、爬动、敲打等产生的音频声波)，以判断生命体存在的疑似区域。在该区域寻找废墟空洞，利用红外视觉探测技术，采集生命体环境图像。同时可针对生命体目标发射主动式超声波，以便对生命体进行较为准确的定位。将上述采集到的有用信息，经过信息融合处理，对生命体进行目标识别和定位，为制定行之有效的救援方案提供决策支持。

传感器选择是多传感器协同的一部分，它可以使多传感器系统从可用的传感器中选择最合适的传感器组合。预选法和实时选择法是目前采用的两种基本方法。预选法是根据具体应用和最优设计标准，事先对传感器进行最优的配置；与预选法相比，实时选择法对传感器的配置是在系统运行过程中进行的，根据系统的变化可以进行实时配置以达到局部最优。前者适于静态环境下的应用，而后者则适于动态环境下的应用。

红外图像与声波信息是完全不同质的信息，即异类信息。一般情况下，异类信息具有很

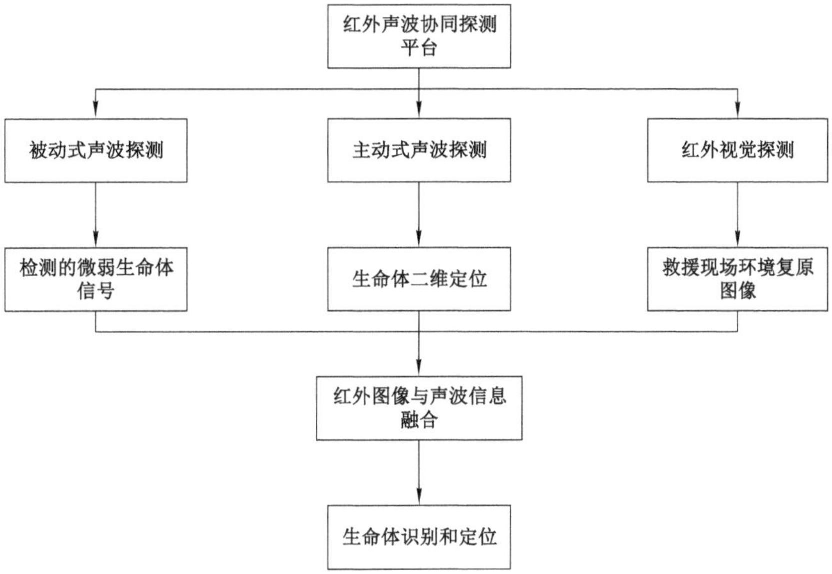

图 2-17　协同生命探测平台的功能模型

强的互补性，因而由其产生的融合信息更具有实用价值。然而，异类传感器信息融合却面临着许多困难，最主要的困难是目前尚没有统一的数学工具与方法来描述和分析多源异类信息特征以及相应的异类信息融合问题。多源信息融合，一般可在不同的层次上进行，如数据层、特征层和决策层。因为异类信息固有的特点，目前在数据层进行融合的难度极大，一般只限于在特征层或决策层进行研究。而决策级融合是在信息表示的最高层上进行的融合处理。因此，红外与声波协同生命探测平台在决策层进行信息融合，图 2-18 给出了红外与声波信息的决策级融合模型。

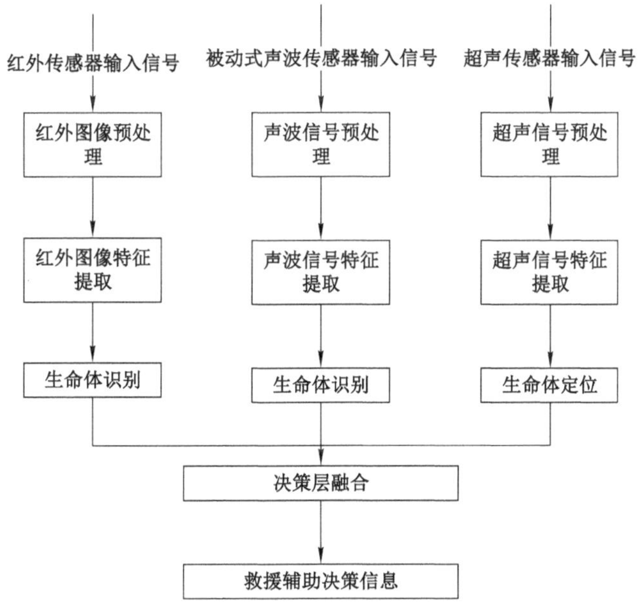

图 2-18　红外与声波信息的决策级融合模型

对红外与主、被动式声波传感器获得信息分别进行处理，即分别进行信息获取、特征提取和目标识别，建立对生命体的初步判决和结论；然后由融合中心进行表决以取得最终的识别结论。可采用 Dempster-Shafter 方法进行决策级融合。

目前对于生命探测仪的研制仍然基于某一类型传感器，而在实际的灾后救援工作中，生命探测救援往往需要结合多方面的信息来完成。红外与声波协同生命探测技术可以弥补单一传感器生命探测的缺陷，更适用于事故后复杂的救援环境，能得到更全面、更准确的生命体及救援现场信息，为制定高效可行的救援方案提供决策依据，降低救援时间，提高救援效率，减小灾害损失。针对灾后救援现场环境复杂、情况多变的特点，红外与声波协同生命探测平台采用实时法来确定红外与主、被动式声波传感器的组合，最大限度地发挥各自的优势，并弥补其不足，使采集到的生命体信息更为准确可靠。灾害环境下传感器数据采集及空间定位研究，多传感器件协同和多传感信息融合的理论和方法研究，是多参数实时动态信息获取的核心内容，红外与声波协同生命探测平台的研制将有利于促进我国突发公共事件的信息获取及分析理论的发展，并为此提供一定的实践依据。

随着红外技术的高速发展，红外探测仪器从单元进展到多个线性阵列，再发展到区域阵列，单元面积越来越小；由信号调制机制进展到扫描机制；从单视场发展到可变视场，从简单信息进展到多信息的融合和处理。这些都将成为今后红外探测技术发展的趋势。

2.4 其他生命信息探测技术

2.4.1 基于 RFID 技术的生命信息探测技术

2.4.1.1 RFID 技术研究现状

射频信号是通过调制并且具有一定发射频率的电磁波。当电磁波的频率低于 100 kHz 时，大部分电磁波均被地表所吸收，不能够形成一个有效的传输路径，而当电磁波频率高于 100 kHz 时，电磁波就能够在空气中进行有效的传播，并且经过大气层外缘的电离层进行反射，从而形成拥有远距离传输能力的电磁波。我们把这种具有远距离传输能力的高频电磁波统称为射频信号。

RFID 是 radio frequency identification 的缩写，即无线射频识别，是在 20 世纪 90 年代才兴起的一种利用电磁波的反射能量进行通信的一种技术。任何新的技术的产生都是从实际的需求中发展而来，RFID 技术也是一样。RFID 系统主要是通过磁场以及电磁场，采用无线射频的方式进行非接触式的通信，从而能够达到数据的识别与交换目的的系统。无线电的信号是通过事先调制好的无线电频率的电磁场，将数据从集成在物品上的射频标签上发送出去，以便于追踪和自动辨别该物品。某些标签在识别时就能够从识别器发出的电磁场中获得能量，因此并不需要电池；另外也有标签自身带有电源，并能够通过已经调制成无线电频率的电磁场自主地发出无线电波。标签内包含有电子存储的信息，数米范围之内都可以进行识别。但是与条形码不同的是，射频标签并不一定要处在识别器视线范围之内，也能被嵌入被追踪物体的内部。

与国内相比，RFID 技术在国外的发展时间比较长且发展速度也比较快，尤其是在欧美和日本等国家都有十分成熟和比较先进的射频识别系统。典型的 RFID 的应用系统主要由读写器和电子标签两部分组成。读写器包括微控制器模块、滤波模块、放大器模块和天线等。电子标签是射频识别系统的数据载体，一般由微电子芯片和天线等组成。根据电子标签有无电源，可以将其分为有源标签和无源标签。

国内因为研究 RFID 技术比发达国家略晚一些。所以，在该领域相对落后于发达国家，但随着 RFID 技术越来越重要，在政策引导和众多研究企业的努力下，中国的 RFID 应用也开始快速发展并且广泛应用，如第二代居民身份证、2008 年奥运会门票和铁路车次自动识别系统等。RFID 传感器等相关技术的开发得益于新的芯片组，既包括 13.56 MHz 的高频（HF）频段（NFC，近场通信），也包括 866 MHz（ETSI，欧洲电信标准协会）或 910 MHz（FCC，联邦通信委员会）左右的超高频（UHF）（RAIN，射频识别）频段，专门支持多种传感器平台。下面对 RFID 的主要应用和发展情况及领域进行简要的介绍，如表 2-5 所列。

表 2-5 RFID 技术应用领域

领域	技术要求	说明
物流和供应链的管理	可以批量而且快速的读取，个性化且可以定制	该应用主要是使用 RFID 标签标识商品，从而就可以用 RFID 来进行商品的表达。同时也可以实现对商品的装载、拆分、运输等过程的跟踪
防伪防盗	标识码唯一	用于标识贵重物品，如汽车防盗等
票务管理	数据安全性高，可以防复制	用 RFID 标签特别是 RFID 卡式标签标识所属物件，RFID 系统在获得标识信息后，可通过与数据库中的数据对比而判断其合法性
门禁保安	自动识别	可有效识别人员身份，进行安全管理及高效收费等
图书馆管理	密集读取	可以同时阅读多个 RFID 标签，大大提高工作效率

2.4.1.2 RFID 的工作原理

少数的 RFID 系统所使用的射频标签都是无源标签。无源标签 RFID 系统的工作原理是：读写器通过天线向外发送一定频率的电磁波，这个电磁波以一个球形波向前传播。由于射频标签或者射频卡内存在有一个 LC 谐振电路，LC 谐振电路的频率与读写器发射的频率是一致的。在射频卡或者附着在物体上的标签进入到读写器天线的有效工作区域时，通过电磁波的激励作用，射频标签内的 LC 谐振电路将会产生共振，从而使得谐振电路中的一个电容产生电荷，并对另外电路中另外一个电容进行充电。当充电所累积的电荷达到一定数量的时候，被充电的电容就能够作为一个电源为其他的电路提供其所需的工作电压，同时完成对射频卡内数据的发送操作或者是读写器数据的接收操作。在读写器接收到从射频标签发出来的数据信号以后，便对接收到的信号进行调解和解码，并进行错误校验来判断数据的有效性。然后将数据传送到后台进行相关处理，并针对不同的设定做出相对应的处理和控制，发出指令信号控制执行模块的工作。在大多数的 RFID 系统中，所采用的射频标签通常都是有源标签，能够主动向读写器发送信息。同时读写器也能够完成对射频标签信息的发送与接收的操作。RFID 系统具有有源标签时的工作原理是：射频标签会主动地发出一定频率的射频信号，在读写器进入到这个射频标签的有效工作区域时，很容易便能接收到该射频标签所发出的信号。然后读写器的接收天线感应并且接收这个从射频标签所发送出来的经过调制的射频信号，再通过天线调节器将射频信号送到读写器中的信号处理模块进行处理，同时信号处理模块也可以通过读写器进行转发再进一步地将射频信号传输给系统终端进行处理。RFID 系统的读写距离对于 RFID 系统来说是十分关键的参数,影响读写距离的因素包括读写器的 RFID 输出功率、天线方向、天线的工作频率、读写器的接收灵敏度以及射频标签的功耗、读写器和射频标签的耦合度、天线以及谐振电路的 Q 值、射频标签本身获得的能量以及发送信息的能量等。一般情况下,系统的读取距离和写入距离是不一样的,写入距离大概是读取距离的 40%～80%。

2.4.1.3 基于 RFID 技术的生命信息探测技术的组成

RFID 是一种非接触式的自动识别技术,它通过射频信号自动识别目标对象并获取相关数据,可工作于各种恶劣环境、识别高速运动物体并同时识别多个标签,操作快捷方便。该技术主要由三个功能单元组成:承载平台(手机)、信号发送单元和信号接收单元,如图 2-19 所示。系统的主要模块功能说明如下。

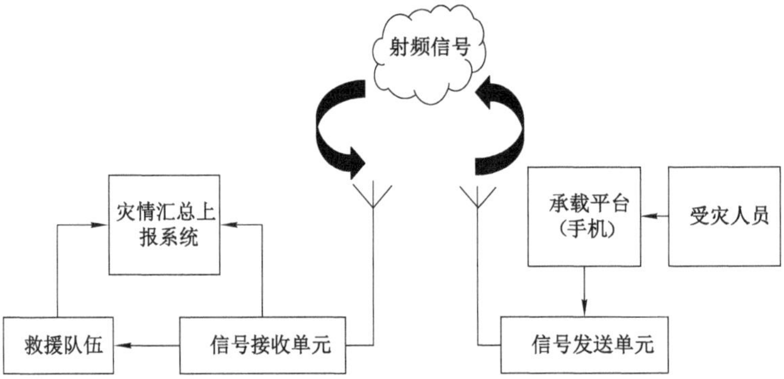

图 2-19 系统的主要功能模块应用示意图

承载平台的主要功能是为 RFID 标签提供电源,因此,可以选择人们最常携带的电子产品,如手机、手表、PDA 等。该技术采用的是手机,将 RFID 的主动式标签集成在手机当中。信号发送单元主要由 RFID 标签集成在手机中构成,当灾害发生时,人们只需按救援键,系统就会发出射频信号。而 RFID 系统可用的频段很多,该技术采用超高频波段作为发射信号,不仅具备一定的绕障能力,而且可以穿透较小的障碍物,因此信号可以通过地震废墟而被信号接收单元识别到。信号接收单元主要由 RFID 读写器构成,由救援人员手持并在地震受灾区域中搜索使用。当信号接收单元进入可以接收的有效区域后,就会获得相应的射频信号,进而获得受灾人员的位置等信息,从而进一步分析如何营救受灾人员并同时将灾情汇总上报等。

2.4.1.4 基于 RFID 技术的生命信息探测技术的工作原理与特点

(1) 工作原理:灾害发生后,一般受灾的区域面积都比较大。因此,先将受灾区域按照一定半径的划分为若干个小的搜索区域,如图 2-20 所示,这样做的目的有利于准确地确定一定半径范围内被压埋人员的数量。救援人员手持信号接收单元在区域 R_1 内进行搜索,而信号接收单元本身也有个覆盖范围,如图 2-20 中 R_2 所示,当被压埋人员 P_1 发射的求援信号被信号接收单元识别到后,就可以通过分析该信号,确定该区域内的被压埋人员,从而实施救援。

受灾人员利用此系统发射信号,救援人员根据此信号来获得被压埋人员信息。系统工作流程图如图 2-21 所示。

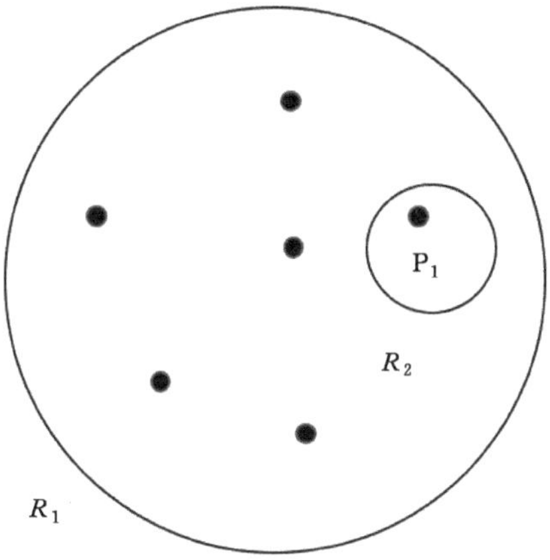

图 2-20　划分为小区域搜索示意图

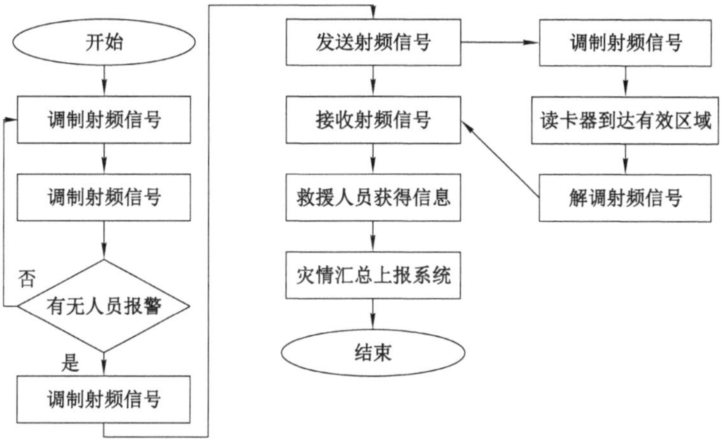

图 2-21　RFID 生命探测系统的工作流程

(2) 特点:

① 现在应用的生命探测系统,都是直接探测人体的,效果有限,如红外探测、呼吸探测等。本系统转换思路,从人们最易携带的产品入手,可探测概率更高,成为地震救援中生命探测的一个新方向。

② 可以承载的平台非常灵活,十分方便。只要是人们最常携带的电子产品,如手机、手表等可以供电的设备就可以。

③ 本系统以 RFID 技术为中心,其承载平台软件和硬件可扩充性好,并且可以和 GPS 等技术结合运用。

2.4.2　基于无线传感器网络的生命信息探测技术

无线传感器网络技术是一种全新的信息获取和处理技术,可广泛应用于工业、农业、医疗、国防等领域,近年来,无线传感器网络在各领域的应用正逐渐增多[73]。

以无线单片机为核心构建无线传感器网络节点,通过体温和脉搏传感器设计制作了生命体征数据采集装置,以采集人体的生命体征信息,并将其与无线传感器网络结合,组成一种生命体征数据采集传输系统。利用 CC2431 无线单片机的硬件定位引擎实现区域定位。

2.4.2.1 基本组成

基于无线传感器网络的生命信息探测技术的总体设计思想是让每个受监测人员携带一枚节点，该节点具有探测模块和无线收发模块，能够实时准确收集生命体征信息，并将数据结果发回基站。通过顶端探测模块，对受监测人员的心率、呼吸、体温等信息进行快速检测，在液晶屏上显示结果并存储。

(1) 生命体征探测节点

探测节点由控制芯片、传感器模块、电源模块构成，无线网络定位系统中主要包括两类节点，定位节点和参考节点。参考节点是一种已知静态节点，其坐标位置(X、Y 值)是固定的，并且不参与定位计算。一个定位区域通常由 8 个参考节点组成。定位节点是一类可移动的节点，可在参考节点包围的区域内任意移动，定位节点通过接收定位区域内所有参考节点的 RSSI 值，经过定位算法来计算其坐标位置。

(2) 探测节点的组网

在探测系统中，节点设备主要分为三类：协调器、路由器和终端设备。网络功能的设置确定了该节点的类型，参数配置和指定值确定了堆栈的模式。在 Zigbee 网络中，每个节点都有指定的配置参数，从而确定其设备类型，不同设备类型，在网络中有着不一样网络任务。其基本组成为协调器、路由器、终端设备、堆栈模式、控制中心。

2.4.2.2 工作原理

基于无线传感器网络的生命信息探测技术主要运用了单片机的无线通信与定位功能，通过节点之间无线通信将传感器探测的信息及节点位置反馈回 PC 机，在 PC 机上进行综合处理。其定位原理是在测试区域四周布置传感器组成简易网络，通过探测人员身上的发信器发射信号到各个节点的衰减情况，就可换算出人员到各个节点的距离。

(1) 无线收发系统各模块组成

该系统硬件上主要由无线收发控制核心、传感器模块、电源模块和串口模块组成，其各模块组成框图如图 2-22 所示。

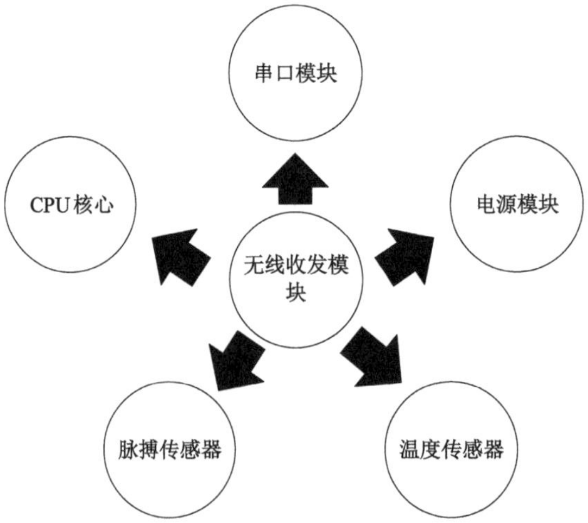

图 2-22 模块组成框图

(2) 无线收发控制模块的选择

控制核心采用无线射频单片机，在单个芯片上整合了 Zigbee 射频(RF)前端、内存和微控制器。在接收和发射模式下，电流损耗分别低于 27 mA 或 25 mA。

(3) 传感器的选择

因节点需要由人员佩戴，所以要求具有体积小、功耗低、牢固性好等优点。当脉搏波动一次时输出一正脉冲，可将其输出信号输入单片机，检测高电平，记录脉搏。

2.4.2.3　生命体征探测系统软件

(1) 通信协议

在 Zigbee 协议中，数据以帧的形式传播，数据帧主要由底部的 PHY 层和 MAC 层构成，在所有的发送模式中，总是首先发送同步发射头使收发双方信号同步，其后是长度为 7 位的帧长度域。FCS 是通过 MAC 协议数据单元(MPDU)计算出来的，也就是说，计算 FCS 不包括长度域。将无线数据包完整发出后，若选择接收节点自动回复，则接收节点将回复应答帧。

无线传感器网络的生命信息探测系统中采用了 Zigbee 协议栈，Zigbee 堆栈是在 IEEE802.15.4 标准基础上建立的，定义了协议的 MAC 和 PHY 层。当路由器从其本地应用层或其他设备接收到一个点对点信息包时，NWK 层将根据以下流程继续处理该数据包。如果目的是路由器相邻节点之一，该信息包将直接传输到目的设备。如果在路由表格中有一个活跃的路由路线到该目的设备，那么该信息包将被转播到下一跳节点地址存储依照路由条目。如果没有活跃的条目发现，那么一个路由发现被启动，并且该信息被缓存直到该过程完成。

(2) 程序设计

节点主程序包含基站中断程序和节点探测程序，其程序结构主要在 ZMain 目录中，它的基本流程图如图 2-23 所示。

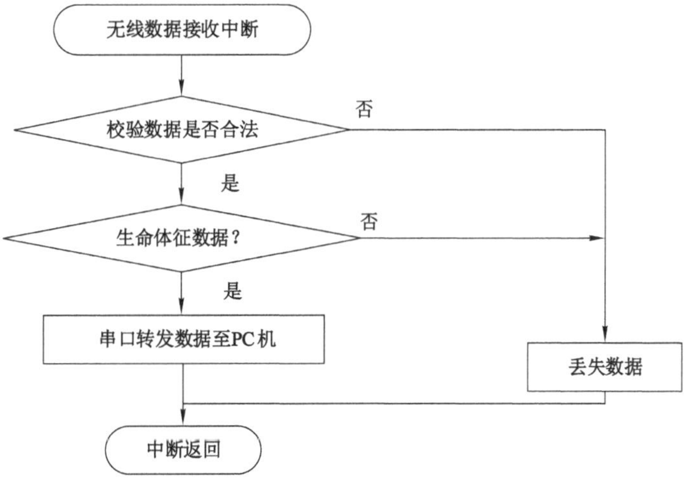

图 2-23　基站无线数据中断流程图

无线传感器网络作为一项较新颖的技术，在生命信息探测中可以起到关键作用，它融合了传感器技术、通信技术和计算机技术。这三大技术作为现代信息技术的三大支柱，正推动着现代信息技术向集成化、微型化和智能化的方向发展。可以预见，基于无线传感器网络的生命信息探测技术将在未来的应急救援和生命探测领域获得广泛的应用。

2.4.3 基于生物雷达技术非接触生命信息探测技术

以发射微波对未知场景中生命体信息进行检测的技术称为生物雷达技术。与激光、红外及超声波探测技术相比，生物雷达技术具有不易受环境温度、热源影响，能有效穿透介质的特点，能较好地解决激光、红外及超声探测技术缺陷问题，具有更加广泛的应用前景，已成为近些年来国内外研究人员研究的热点。CW(continue wave，单频连续波)信号稳定，可获得较高信噪比，故生物雷达技术非接触生命信息探测系统探测生命体的有效性和可行性较高[74]。

CW生物雷达的主要工作原理：雷达向未知区域连续发射电磁波，根据多普勒原理，回波信号将被探测区域物体所调制，其频率、相位等参数将发生改变；利用天线采集到回波信号后，再选择合适的技术即可从这些变化中提取出探测区域物体信息。其工作原理框图如图2-24所示。

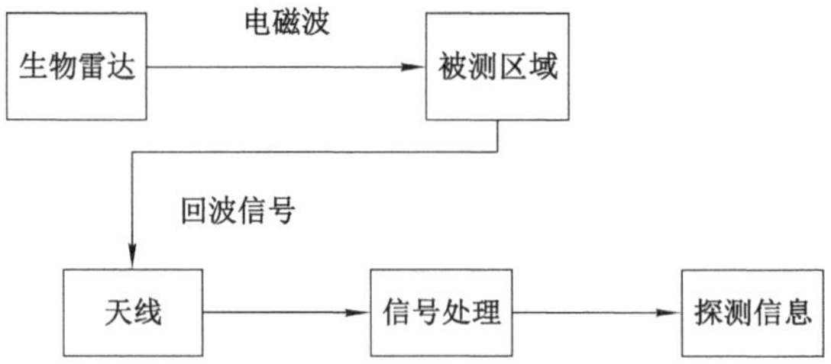

图2-24　连续波生物雷达探测区域生命信息工作原理框图

基于生物雷达非接触检测技术从提出到实现每一步都依赖于生物雷达技术的革新及更有效的信号处理技术的出现。虽然CW生物雷达系统探测生命信息是可行的，但只能探测到被测区域是否存在生命体，并不能分辨出生命体是人还是动物，而成像是解决该问题的有效途径。

2.4.4 声波生命信息探测技术

声波生命信息探测技术探测生命信息主要是通过探测被困幸存者的呼救、心跳等声音信号对幸存者进行定位。在探测时声音传感器将声音信号转换为电信号，电信号经过前放、陷波、滤波处理后将信号放大送入监听耳机，然后通过营救人员监听被困者发出的各种声音。营救人员通过监听到被困者发出的声音对被困者进行定位，进而采取相应的营救措施对其进行营救。

声波生命信息探测技术起源于法国的一种振动耳机，这种耳机是利用测声定位技术生产，后来英国救援人员在1985年墨西哥地震中应用这种生命探测器进行探测救援，取得了很好的效果。声波振动生命探测器在国内研究起步较晚。在“十五”期间，成都理工大学相关的研究人员成功研制了声波振动生命探测器，并将其应用在抗震救灾中，取得了较好的表现。目前常用的声波振动生命探测器如图2-25所示。

声波生命信息探测技术能有效地探测出废墟中幸存者的位置，为救援工作提供更多的时间。多道动态显示，实时地监测异常振动信号是声波振动生命探测器的主要特点。声波振动生命探测器探测幸存者信息可实现快速搜索，而且这种生命探测装置结构轻便、价格低廉。

声波探测通常可以满足以下几个需求：

图 2-25　声波振动生命探测器

（1）在幸存者与手机非接触条件下实现监测，并且是非交互式的。

（2）获取幸存者生命体征相关音频数据，提取出其生命状况信息。这种场景下，系统利用音频分析技术来识别幸存者生命活动相关的事件，从而记录其生命活动状况，即使手机被放置在一旁也可以实现对幸存者的监测。

在声波振动生命探测系统设计所面对场景下，一般考虑以下几种声波的产生：

（1）幸存者休息时每隔一段时间可能会移动胳膊、挪动身体等，这种行为将产生较低声音。

（2）由于灾后空气变差或者幸存者不适等造成其休息时咳嗽，会发出咳嗽声。

（3）如果幸存者睡着，则可能会出现打呼噜声音。

（4）存在其他探测之外的噪声。声波振动生命探测系统将通过相应算法识别出这四类活动，从而实现对幸存者生命活动的监测。其探测流程如图 2-26 所示。

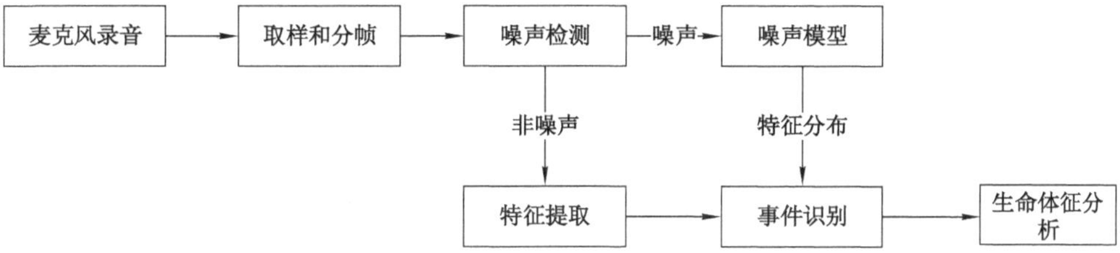

图 2-26　声波生命信息探测流程图

2.4.5　气体生命信息探测技术

气体生命信息探测技术是将气体探测技术应用在生命探测方面。根据人和动物呼出二氧化碳的原理，当搜索现场一定空间内的二氧化碳浓度上升到 0.11% 以上时，气敏生命探测仪就可以探测到人或者动物的存在信号。该探测仪适合于地下室、货柜、密闭空间等地方，无须开掘地下或者打开货柜、门窗等方法，就可以进行生命目标的搜寻，操作简便。探测仪使用了碱性 AA 电池，成本低，电池工作时长达 12 h。在汶川地震期间，日本派到我国的救援队中就携带了这样的仪器。由于矿山灾害事故复杂，环境气体多变，因此该技术不适用于矿山救援。地震灾害发生后，被掩埋在废墟下的幸存者所处的空间非常狭小，而且与外界空气之间的流动交换比较慢，造成在该空间内人体新陈代谢释放出来的二氧化碳不易散发出去，造成二氧化碳在空间内的富集，影响空间内气体浓度的比例。空间内气体浓度的变化与人体的新陈代谢密切相关，因而，通过探测该空间内气体的浓度信息就可以从中推断出在该空间内幸存者的信息。这种生命探测仪探测生命信息时是探测气体的浓度信息，并对探测到的信息进行分析判断，就可以得出废墟下幸存者的状况。

气体生命信息探测技术集合了气体传感技术和光纤传感技术，是光纤技术在气体探测方面的重要应用[75]。这种生命探测仪测量灵敏度高、气体鉴别能力强、响应快，而且对温度、湿度等环境干扰的抵抗能力强。

2.4.6 音频生命探测技术

井下生命信息探测技术主要以探测被困人员的心跳、体温、脉搏、呼吸、体动信号等生命特征信号来反映人员是否存活。音频生命探测仪应用的是音频声波的基本原理，主要是通过探测被困人员的呼救声、心脏跳动声、敲击井下金属所发出的声音等来对被困人员进行搜寻定位。在救援行动中，音频生命探测仪利用过滤元件将噪声和环境信息等杂波过滤掉，只有目标的有效波被救援人员所探测放大，被困者呻吟、呼喊、爬动、敲打等发出音频声波或震动波，被高敏感度的传感器探头接收、过滤、放大，可以直接被救援者收听[65]。

声波（音频）探测技术最早来源于一款振动耳机的设计，后来经过不断地优化完善，逐渐被应用在地震、泥石流、塌方等灾后救援中。声波探测技术虽然实现了既可以接收声波又可以接受振动波的功能，进一步提高了救援效率，但是由于其探测距离短、以传感器信号振幅值来反映生命信息等缺点，所以在矿山灾害救援过程中的应用并不是很广泛。

目前，音频生命探测仪现已发展到第四代。目前已有美国、英国、法国、日本、新加坡、以色列等 10 多个国家的救援人员正在使用音频生命探测仪搜寻被困人员。如美国的 80M287612 迷你型音频生命探测仪，探测频率为 1～3 000 Hz，可同时接收两个传感器信息，同时波谱显示两个传感器信息，并且配备了小型对讲机，能与被困者直接对话。在市场上较多使用的是法国产的音频生命探测仪。该仪器通过两个极灵敏的音频震动探测仪，能够识别在空气或固体中传播的微小震动，适合搜寻被困在混凝土、瓦砾或者其他固体下的幸存者，并可通过音频传输系统与被掩埋的人员建立联系。仪器使用两个音频滤波器，可以将周围的背景噪声做过滤处理，能够有效屏蔽来自救援现场的重型卡车或者其他重型机械所产生的噪声。

由于音频生命探测仪是一种被动接收音频声波的仪器，因此，该类型探测仪存在一定的局限性，因为音频探测仪是通过传感器采集声音信号来探测被困人员的位置，需要被困人员能发出声响，而声音在煤岩介质中衰减过快，当遇水和泥土阻挡会失效，所以只能在相当有限的救援行动中使用。

2.4.7 超低频电磁生命探测技术

超低频电磁生命探测仪，利用人体心肌跳动产生的超低频电磁能，来进行生命探测。该生命探测系统，采用被动工作方式，工作时不发出声音，不仅不会被对方发现，而且还可以穿过金属、墙壁和深水等确定人的准确位置。系统中的偏振滤波器可以滤掉到达这种装置的其他杂乱信号，能有效区分人和其他动物所产生的超低频信号[76]。

美国的 DKL 生命探测仪，结合尖端的生化、电介质、超低频传导及 DNA 技术研发而成。心脏的每次跳动产生一个微弱的电场信号，这些信号构成了在人体周围 360°扩展的超低频非均匀电场。人体的每一个部分都对该电场产生影响，但心脏周围的电场行为是主要的电场产生地。该探测器的滤波电路允许只有人体非均匀电场才能对生命探测器中的特殊电介质材料进行极化。当生命探测仪穿过人体电场时，电介质材料被极化，正电荷和负电荷分离，并且分别被收集到设备的两端。生命探测天线就指向非均匀电场的最强部分。DKL 配备特殊电波过滤器，可将其他异于人类的动物频率加以过滤去除，使 DKL 生命探测器只会感应到人类所发出的频率。该探测器开放空间侦测距离可达 500 m，水面达 1 km 以上。但因其体积大，探测具有定向性等限制，因此无法适用于钻孔救援。

2.4.8　静电场生命探测技术

美军为特种部队研制的静电场隔墙探测仪，利用人体能够产生静电场以及两个极性相反的静电场之间存在吸引力原理设计而成。这种仪器在风速小于 9 m/s 时可以正常使用，能够探测到墙后 120～140 m 范围内的目标[68]。该系统重 0.45 kg，用 9 V 电池供电，可使用 3～4 d。探测仪主要由一个模块化的天线阵列构成，其中包括角反射器、引向器和放大器。使用时，只需手持该装备指向可疑方向，或对四周进行扫描，当扫描到人体信号时，探测仪的静电场与人体的静电场产生引力，将天线拉向静电场最强的方向，这个方向就是敌人隐藏的方向。实验表明，该系统的探测距离与遮蔽物性质和操作者的变动有关。实验结果显示，当被探测人员在遮蔽物（如墙壁）后面时，探测距离仅比无遮蔽物时降低 10%～20%。但是，由于操作方向的不同，以及每个人的静电场不同，探测效果的差距比较大。

参 考 文 献

[1] CARO C G，BLOICE J A. Contactless apnoea detector based on radar[J]. Lancet，1971，2(7731)：959-961.

[2] FRANKS C I，BROWN B H，JOHNSTON D M. Contactless respiration monitoring of infants[J]. Medical and biological engineering，1976，14(3)：306-312.

[3] FRANKS C I，WATSON J B，BROWN B H，et al. Respiratory patterns and risk of sudden unexpected death in infancy[J]. Archives of disease in childhood，1980，55(8)：595-599.

[4] MISRA D，CHEN K M. Responses of electric-field probes near a cylindrical model of the human body[J]. IEEE transactions on microwave theory and techniques，1985，33(6)：447-452.

[5] CHEN K M，CHUANG H R. Measurement of heart and breathing signals of human subjects through barriers with microwave life-detection systems[C]//Proceedings of the Annual International Conference of the IEEE Engineering in Medicine and Biology Society，November 4-7，1988，New Orleans，LA，USA. [S. l.]：IEEE，1988：1279-1280.

[6] CHUANG H，CHEN Y，CHEN K. Microprocessor-controlled automatic clutter-cancellation circuits for microwave systems to sense physiological movements remotely through the rubble[C]//7th IEEE Conference on Instrumentation and Measurement Technology，February 13-15，1990，San Jose，CA，USA. New York：IEEE，2002：177-181.

[7] CHUANG H R，CHEN Y F，CHEN K M. Automatic clutter-canceler for microwave life-detection systems[J]. IEEE transactions on instrumentation and measurement，

1991,40(4):747-750.

[8] GRENEKER E F. Radar flashlight for through-the-wall detection of humans[C]//Targets and Backgrounds:Characterization and Representation IV. New York:SPIE, 1998,3375:280-285.

[9] GRENEKER E F. Radar sensing of heartbeat and respiration at a distance with applications of the technology[C]//Radar 97 (Conf Publ No 449). New York:IEEE, 1997:150-154.

[10] YAMAGUCHI Y, SENGOKU M, ABE T, et al. FM-CW radar applied to the detection of buried objects in snowpack[C]//International Symposium on Antennas and Propagation Society,Merging Technologies for the 90's. May 7-11,1990,Dallas, TX,USA. New York:IEEE,1990:738-741.

[11] LEE J, LAI A. FDTD analysis of indoor radio propagation [C]//Antennas & Propagation Society International Symposium. IEEE,1998.

[12] BOREK S E,CLARKE B J,COSTIANES P J. Through-the-wall surveillance for homeland security and law enforcement [C]//Sensors, and Command, Control, Communications,and Intelligence (C3I) Technologies for Homeland Security and Homeland Defense IV,Orlando,Florida,USA. [S. l.]:SPIE,2005:175-185.

[13] FERRIS D, CURRIE N C. Survey of current technologies for through-the-wall surveillance (TWS) [J]. Proceedings of SPIE-the international society for optical engineering,1999,3577:62-72.

[14] BUCHHAUSER D A. Design, construction, and testing of a microprocessor controlled tracking and scanning solar spectroradiometer[D]. Tucson:The University of Arizona,1987.

[15] CHANG C. Localization and object-tracking in an ultra wide band sensor network [M]. [S. l. :s. n.],2004.

[16] WANG Y Z,FATHY A E. Three-dimensional through wall imaging using an UWB SAR[C]//2010 IEEE Antennas and Propagation Society International Symposium, July 11-17,2010,Toronto,ON,Canada. New York:IEEE,2010:1-4.

[17] YUAN F,HE J. Human height measurement in surveillance video based on vision technology[J]. International core journal of engineering,2020,6(5):198-208.

[18] WANG G,ZHANG L,LI J,et al. Precise aperture-dependent motion compensation for high-resolution synthetic aperture radar imaging [J]. IET radar, sonar & navigation,2017,11(1):204-211.

[19] CORBETT B, ANDRE D, FINNIS M. Through-wall detection and imaging of a vibrating target using synthetic aperture radar[J]. Electronics letters,2017,53(15): 991-995.

[20] PHAM C T,LUONG V S,NGUYEN D K,et al. Convolutional neural network for people counting using UWB impulse radar[J]. Journal of instrumentation,2021,16 (8):P08031.

[21] FALCONER D G, STEADMAN K N, WATTERS D G. Through-the-wall differential radar[C]//Command, Control, Communications, and Intelligence Systems for Law Enforcement, Boston, MA. [S. l.]: SPIE, 1997: 147-151.

[22] BARANOSKI E J. Through-wall imaging: Historical perspective and future directions [J]. Journal of the Franklin Institute, 2008, 345(6): 556-569.

[23] BUGAEV A S, CHAPURSKY V V, IVASHOV S I, et al. Through wall sensing of human breathing and heart beating by monochromatic radar[C]//Proceedings of the Tenth International Conference on Grounds Penetrating Radar, 2004, GPR 2004, June 21-24, 2004, Delft, Netherlands. New York: IEEE, 2004: 291-294.

[24] WANG J Q, ZHENG C X, LU G H, et al. A new method for identifying the life parameters via radar[J]. EURASIP journal on advances in signal processing, 2007, 2007(1): 031415.

[25] WANG J Q, ZHENG C X, JING X J, et al. Study on a non-contact life parameter detection system using millimeter wave[J]. Space medicine and medical engineering. 2004, 17(3): 157-161.

[26] LV H, LU G H, JING X J, et al. A new ultra-wideband radar for detecting survivors buried under earthquake rubbles[J]. Microwave and optical technology letters, 2010, 52(11): 2621-2624.

[27] JIAO M K, LU G H, JING X J, et al. A novel radar sensor for the non-contact detection of speech signals[J]. Sensors, 2010, 10(5): 4622-4633.

[28] LU G H, YANG F, TIAN Y, et al. Contact-free measurement of heart rate variability via a microwave sensor[J]. Sensors, 2009, 9(12): 9572-9581.

[29] LI S, WANG J Q, NIU M, et al. Millimeter wave conduct speech enhancement based on auditory masking properties[J]. Microwave and optical technology letters, 2008, 50 (8): 2109-2114.

[30] LI S, WANG J Q, NIU M, et al. The enhancement of millimeter wave conduct speech based on perceptual weighting[J]. Progress in electromagnetics research B, 2008, 9: 199-214.

[31] 王宏,NARAYANAN R M,周正欧,等.基于改进 EEMD 的穿墙雷达动目标微多普勒特性分析[J].电子与信息学报,2010,32(6):1355-1360.

[32] 李晋,皮亦鸣,杨晓波.太赫兹频段目标微多普勒信号特征分析[J].电子测量与仪器学报,2009,23(10):25-30.

[33] 张翼,朱玉鹏,刘峥,等.基于微多普勒特征的人体上肢运动参数估计[J].宇航计测技术,2009,29(3):20-25.

[34] 张翼,邱兆坤,朱玉鹏,等.基于微多普勒特征的人体步态参数估计[J].信号处理,2010,26(6):917-922.

[35] 黄琼,陈洁,孟升卫,等.一种快速超宽带穿墙雷达成像算法[J].电子与信息学报,2009,31(8):2001-2005.

[36] 张锋,梁步阁,容睿智,等.UWB 雷达生命探测仪系统设计与试验[J].消防科学与技

术,2016,35(7):967-969.
[37] 张冉乔,苏中,刘宁. UWB人员运动定位的小波阈值去噪方法研究[J]. 现代电子技术,2020,43(17):34-38.
[38] 李杰,王健琪,荆西京,等. 非接触生命参数检测系统扫描探测技术的研究[J]. 医疗卫生装备,2005,26(9):7-8.
[39] 于丹洋,王健琪. PDA在雷达生命探测仪中的应用研究[J]. 医疗卫生装备,2007,28(9):87-88.
[40] 路国华,杨国胜. 雷达式生命探测仪中人体数量识别技术的研究[J]. 北京生物医学工程,2005,24(1):29-32.
[41] FERRIS D D, CURRIE N C. Microwave and millimeter-wave systems for wall penetration[C]//Proceedings of the SPIE. [S. l. :s. n.],1998:269-279.
[42] 张兰相. 生命探测仪的技术原理与应用改进措施[J]. 武警学院学报,2017,33(4):36-39.
[43] 王越,刘欣悦,刘欣然,等. 地外生命探测数字全息技术发展现状及趋势[J]. 光学精密工程,2021,29(12):2774-2782.
[44] 吴刚. 基于二维频域有限差分方法的传输和散射研究[D]. 合肥:安徽大学,2019.
[45] BRUDER J A. IEEE Radar standards and the radar systems panel[J]. IEEE aerospace and electronic systems magazine,2013,28(7):19-22.
[46] SHI D Y,WANG R. Unconditional superconvergence analysis of a two-grid finite element method for nonlinear wave equations[J]. Applied numerical mathematics,2020,150:38-50.
[47] TAYLOR J. Ultra-wideband radar receivers[M]//Ultra-wideband radar technology. Boca Raton:CRC Press,2000.
[48] 陈唯实,李敬. 基于空域特性的低空空域雷达目标检测[J]. 航空学报,2015,36(9):3060-3068.
[49] ARAKAWA T,TSUJIKAWA M. Noise suppression system,method and program:US20060489594[P]. 2007-02-01.
[50] BOROVKOVA O,KALISH A,KNYAZEV G,et al. An amplification of the magneto-optical effects in the magneto-plasmonic structures with gain[C]//2016 10th International Congress on Advanced Electromagnetic Materials in Microwaves and Optics (Metamaterials),September 19-22,2016,Chania,Greece. [S. l.]:IEEE,2016:70-72.
[51] CHANG L. Non-contract estimation of respiration and heartbeat rate using ultra-wideband signals[D]. Virginia, US: Virginia Polytechnic Institute and State University,2008.
[52] 王君超,费翔宇,郭福强,等. 穿墙侦察雷达人体目标的定位与跟踪[J]. 现代雷达,2011,33(11):10-13.
[53] 郭士礼,冀孟恩,朱培民,等. 多相离散随机介质模型及其探地雷达波场特征研究[J]. 地球物理学报,2015,58(8):2779-2791.
[54] GALLAGHER K A, MAZZARO G J, MARTONE A F, et al. Derivation and

validation of the nonlinear radar range equation[C]//Radar Sensor Technology XX, Baltimore, Maryland, USA. [S. l.]: SPIE, 2016.
[55] 谷雨，刘俊，沈宏海，等. 基于改进多尺度分形特征的红外图像弱小目标检测[J]. 光学精密工程，2020，28(6)：1375-1386.
[56] 文虎，张铎，郑学召. 矿山钻孔救援生命探测技术研究进展及趋势[J]. 煤矿安全，2017，48(9)：85-88.
[57] 王彩霞，叶倩，田杨萌，等. 一种遥控式生命探测装置及其探测方法[J]. 物联网技术，2021，11(5)：4.
[58] 刘良刚，詹碧燕，俞飞鹏. 红外生命探测仪的研制及试验[J]. 大地测量与地球动力学，1999，19(3)：82-86.
[59] 郑德忠，孙黎明. 红外生命探测仪用光学系统的设计[J]. 红外，2011，32(11)：5-9.
[60] 高寒飞. 地震面前与死神争分夺秒的计量探测仪器[J]. 中国计量，2017(9)：25.
[61] 郑学召，李诚康，文虎，等. 矿井灾害救援生命信息探测技术及装备综述[J]. 煤矿安全，2017，48(12)：116-119.
[62] 赵明，吴刚，王丽萍. 生命探测仪及其技术原理[J]. 辽宁师专学报(自然科学版)，2012，14(2)：96-98.
[63] 郑学召，罗振敏，邓军，等. 本安型红外摄像仪在矿井救援中的应用[J]. 煤炭科学技术，2009，37(7)：80-82.
[64] 张涛，王建平，高杨，等. 微波成像生命探测仪地震模拟环境测试方法研究[J]. 震灾防御技术，2021，16(3)：589-596.
[65] 王钊，谷雨，孙纪亮. 雷达生命探测仪配合追踪犬在刑侦现场应用的可行性分析[J]. 中国工作犬业，2020(1)：40-42.
[66] 孙黎明. 基于红外成像的生命探测仪设计与研究[D]. 秦皇岛：燕山大学，2012.
[67] 李宁. 红外光谱吸收式生命探测系统的研究[D]. 秦皇岛：燕山大学，2015.
[68] 詹秋磊. 主动式矿用生命探测仪的研究与设计[D]. 重庆：重庆大学，2014.
[69] 杨敬松，姚振静，宋燕星，等. 红外与声波协同生命探测平台研发[J]. 中国测试，2013，39(5)：72-75.
[70] 姚振静，高韬，张军，等. 震后生命探测技术研究综述[J]. 传感器与微系统，2011，30(12)：8-10.
[71] 袁博. 红外生命探测仪的设计研究[D]. 长春：长春理工大学，2010.
[72] 马超. 基于 RFID 技术的生命探测系统设计及关键技术研究[D]. 成都：成都理工大学，2012.
[73] 葛杨. 基于无线传感器网络的移动目标探测技术研究[D]. 南京：东南大学，2010.
[74] 周永军，庞令阳，张辉，等. 基于生物雷达技术非接触生命探测实验研究[J]. 科技视界，2019(5)：181-182.
[75] 侯培国，李宁，宋涛. 生命探测技术研究现状与发展[J]. 传感器与微系统，2014，33(7)：1-3，8.
[76] 游林儒，吴庆家，文小琴. 基于超低频电磁波的穿墙生命探测技术[J]. 传感器与微系统，2008(6)：30-32，36.

第 3 章　基于视音频和环境参数的生命信息同步采集技术

在矿山救援生命信息探测过程中，同步采集井下视音频和环境参数并传输到地面指挥中心是核心环节之一。随着信息技术的不断发展，人们将计算机技术引入视频采集、制作领域，传统的视频领域正面临着模拟化向数字化的变革，过去需要用大量的人力和昂贵的设备去处理视频图像，如今已经发展为在家用计算机上就能够处理。用计算机处理视频信息和用数字传输视频信号在很多领域有着广泛的应用前景。

实时视音频数据采集和网络传输系统应用广泛，如视频会议、远程教育、实时视频监控、视频通话等。多媒体技术的发展过程中产生了各种各样的文件格式和数据压缩格式，实时视音频数据采集和传输技术的发展历程与多媒体技术的发展历程类似，也有各种不同的采集技术和传输技术可供选择，根据实际问题的需要，选择合适的技术设计视音频数据实时采集和传输系统是十分重要的。在 Windows 环境下，实时视音频采集可以使用采集设备（如采集卡）自带的 SDK 进行，此类方法的优点是使用方便，缺点是硬件相关性强，不够灵活，不能适应复杂应用场合的需要。更常用的是使用微软公司提供的 VFW（video for Windows）、Direct Show 和 Windows Media。

3.1　视频采集与处理

首先对视频信号有一个大致的分类[1]，视频信号按照不同的分类方法，有许多种不同的格式。按照电视制式分为 PAL 制和 NTSC 制：中国和欧洲采用的电视制式是 PAL 制（逐行倒相制），一个 PAL 信号是 25 fb/s 的帧频率；美国和日本采用的 NTSC 制，一个 NTSC 信号是 30 fb/s 的帧频率。按照信号质量分为复合视频（Composite）、S-Video、YUV。复合视频是把亮度、色差和同步信号复合到一个信号中，当把复合信号分离时，滤波器会降低图像的清晰度，亮度滤波时的带宽是有限的，否则就会无法分离亮度和色差，这样亮度的分离受到限制，对色差来讲也是如此；S-Video 是利用 2 个信号表现视频信号，即利用 Y 表现亮度同步，C 信号是编码后的色差信号[2]，现在很多家用电器（电视机、VCD、DVD）上的 S 端子，是在信号的传输中，采用了 Y/C 独立传输的技术，避免滤波带来的信号损失，因此图像质量较好；YUV 视频信号是 3 个信号 Y、U、V 组成的，Y 是亮度和同步信号，U 和 V 是色差信号，由于无需滤波、编码和解码因而图像质量极好，主要应用于专业视频领域。按照信号的种类分为模拟信号和数字信号[3]。模拟视频信号携带了由电磁信号变化而建立的图像信息，可用电压值的不同来表示，比如黑白信号，0 V 表示黑，1 V 表示白，其他灰度介于两者之间；数字视频信号是通过把视频核的每个像素表现为不连续的颜色值来传送图像资料，并且由计算机使用二进制数据格式来传送和储存像素值。数字视频信号没有噪声[4]，用

0 和 1 表示，不会产生混淆，数字视频信号可以长距离传输而不产生损失，可以通过网络线、光纤等介质传输，很方便地实现资源共享。

3.1.1 视频采集

视频素材有模拟信号和数字信号两种，将模拟信号转变为计算机能识别的数字信号，多采用视频采集卡来完成。视频采集卡是将模拟摄像机、录像机、电视机输出的视频信号或者视音频的混合信号输入电脑，并转换成电脑可辨别的数字数据存储在电脑中，成为可编辑处理的视频数据文件。如果视频素材源已经是数字信号，此时视频采集卡的功能主要是将视频信息采集成计算机能直接调用的视频文件[5]。如现在普遍使用数字摄像机拍摄成的数字化视频素材，但视频信息是保存在 DV 磁带中的，计算机无法直接调用。这就需要相应设备（数字视频采集卡）将其转换成能直接保存在计算机硬盘里的计算机视频数据文件。通过压缩减少图像所要求的数据量，节省存储空间，提高存取速度。视频压缩技术[6]除了利用空间冗余、频谱冗余和心理视觉冗余对视频图像进行帧内压缩外，还利用相邻图像帧之间的相似性而产生的时间冗余对视频图像进行帧间压缩，进一步提高压缩效率。

目前的视频采集卡是视频采集和压缩同步进行的，采集卡都是把获取的视频序列先进行压缩处理，然后再存入硬盘，视频序列的获取和压缩是在一起完成的，免除了再次进行压缩处理的不便。视频流在进入电脑的同时就被压缩成 MPG 或其他格式文件，这个过程就要求电脑有高速的 CPU、足够大的内存、高速的硬盘、通畅的系统总线，所以电脑的配置应尽可能高些。以采集 DV 视频为例，采集过程如图 3-1 所示。

图 3-1　视频采集过程示意图

（1）使用 IEEE1394 将 DV 设备（摄像机或录像机）与计算机连接起来。DV 设备的连接点可能已使用了 DV IN/OUT 或 IEEE1394 作为标记。

（2）打开摄像机电源，并将其设为 VTR 模式。

（3）运行采集卡配套采集软件，进行采集的参数设置。

（4）为采集的视频素材指定存储临时磁盘。

（5）进行视频采集。

本书中所使用的新型本质安全型红外摄像仪与救护队专用正压呼吸器配接使用，在肩头固定，遇到需要进行精确摄像时可将摄像仪从肩头取下，拿在手里探查，捕获井下灾区现场视频图像，进行灾区周围环境视频信息采集。

本质安全型红外摄像仪主要是以现有的高灵敏彩色红外夜视摄像头为基础，依据《爆炸性环境 第 4 部分：由本质安全型“i”保护的设备》(GB/T 3836.4—2021)进行设计改造，增加特殊机壳保护、镜头保护、防水防尘保护和本安型电路。

设备中摄像头的功能是把景物光像转变为电信号。其结构由三部分组成，它们分别是：光学系统部分（主要指镜头部分）、光电转换部分(CCD)以及电路部分（主要指视频处理和控制电路）。从能量转换的角度来看，光-电-光的转换过程是摄像头的工作原理。本质安全型红外摄像仪原理框图如图 3-2 所示。

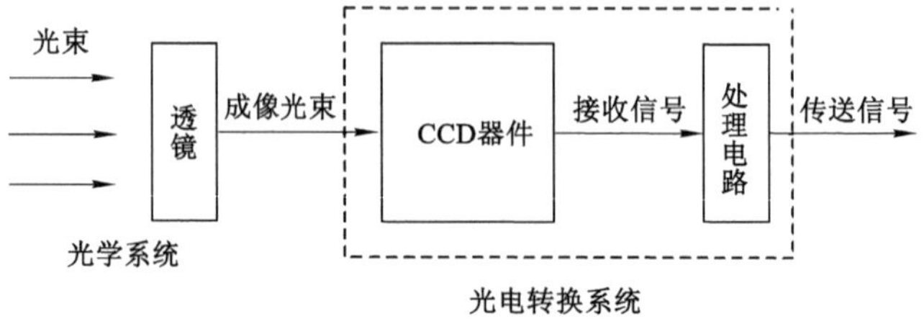

图 3-2 本质安全型红外摄像仪原理框图

3.1.2 视频处理

目前矿山多媒体通信终端主要为有线装置，平时有线线缆在矿山的潮湿环境中受腐蚀严重，维护困难，突发灾害时，可能出现信号中断的情况，再铺设线缆缓慢，延误救援时间；此外，视频图像质量不好，对光感应度差，不能适用于全黑环境，且音频质量差，不能真实反映井下实际情况，影响救援进度。

资料查询和现场调研表明，由于煤矿井下环境特殊，将多媒体通信用于矿山方面还处在一个新的研究领域。目前，对井下多功能视频采集平台的研究少，对基于嵌入式构架的井下多功能视频采集平台的研究更少，主要存在以下问题：

(1) 图像质量不好。目前国内大部分视频压缩率不高，图像质量不好，普通录像机 DVD 级别的图像居多，少数高清晰度录像产品价格十分昂贵。

(2) 光照度适应范围小。在适应光照范围方面，就低光照度或全黑环境下没有专门技术方面的研究，适应光照度范围十分小。在救援通信中有很多光线微弱甚至全黑的外部环境，就不能准确反映矿山井下巷道的实际情况，影响井下监控、救援工作。

(3) 传输方式多为有线传输。井下采煤作业的实际环境十分特殊，地面潮湿、温度高、巷道结构十分复杂，通信信号不稳定，电缆线受腐蚀严重，一旦矿难事故发生，井下通信马上就中断了。而且，在一些特殊环境中，建立有线通信电缆，后期电缆维护都十分困难，当突发事件发生以后，井下通信恢复速度缓慢，影响救援效率，延迟救援时间。

(4) 多采用 MPEG-4 图像压缩编码方式[7]。现有救援通信设备中的视频处理技术多采用 MPEG-4 图像压缩编码方式，使用基于 IP 的网络视频解码端设备，实现端到端的视频数据传输。在要求较高分辨率(如 768×576) 图像的通信，或者同时需要对多路灾区视频进行压缩编码时，采用 MPEG-4 压缩编码就不能满足要求。

针对以上的矿山救援背景和现状，设计了一种专门应用于矿山救援通信系统的视频处理系统——灾区双码流网络视频系统。该系统选用海思半导体公司的 Hi3512 芯片为处理器，其功能主要有网络传输、系统控制、H. 265 视频压缩编码、音频信号处理等。处理器 Hi3512 控制着双码流网络视频系统工作，通过 Hi3512 的相应通信接口完成视频输入、输出、音频编码采集、网络处理连接、时钟控制等初始化配置工作。

Hi3512 芯片采用 ARM926EJ-S、数字信号处理(digital signal processing，DSP)双处理器内核以及硬件加速引擎的多核高集成度的系统级芯片(system on chip，SoC)构架，具备强大的视频处理功能。独立的 16 kB 指令高速缓冲存储器和 16 kB 数据高速缓冲存储器，内嵌 16 kB 指令紧耦合存储器和 8 kB 数据紧耦合存储器，具有 DSP 增强结构，内嵌 32×16

MAC 和 JAVA 硬件加速器，内置内存管理单元(memory management unit，MMU)，支持多种开放式操作系统，最高工作主频可达 240 MIPS。同时其内嵌的 DSP 内核具有 3 个算术逻辑单元(arithmetic-logic unit，ALU)，支持 MPEG-4、H.264/AVC 等多种协议，满足系统实时性能的要求。

Hi3512 的工作原理：红外视频输入单元通过 RBT.656 接口接收，然后由 VADC 输出数字视频信息，通过总线把接收到的原始图像写入外存(SDRAM)中；图像被视频编解码器从外存中读取，进行帧间预测、帧内预测、离散余弦变换、量化、熵编码、IDCT 变换、反量化、运动补偿等操作，最后将符合 H.265 协议的裸码流和编码重构帧写入外存中；视频输出单元从外存中读取图像并通过 ITU-RBT.656 接口送给 VDAC 进行显示；ARM 对视频编码器输出的码流进行协议的封装。

3.2　音频采集与处理

音频技术用于实现计算机对声音的处理。音频技术包括音频采集[8](模拟音频信号转换为计算机可识别的数字信号)、语音解码/编码[9]、文字-声音的转换、音乐合成、语音识别与理解、音频数据传输、音频视频同步、音频效果与编辑等。通常实现计算机语音输出有两种方法，分别是录音/重放和文字-声音转换。音频数据的采集，常见方法有 3 种：直接获取已有音频、利用音频处理软件捕获截取声音、用麦克风录制声音。

嵌入式音频采集系统[10]是把嵌入式系统与数字音频技术结合起来的新型技术。它受环境噪声和电源噪声的影响较大，对声音的控制比较复杂，所以设计系统时除了将音频系统成功地融入嵌入式音频采集系统设计中外，还要尽可能确保音频产品表现出最佳的音响效果。嵌入式音频采集系统有以下特点：

① 资源受限，嵌入式环境的硬件资源一般很有限。要在有限的资源条件下达到产品所需的性能，系统设计需要一些特殊处理措施。

② 与网络相关，网络带宽以及网络环境会对产品性能产生影响，不稳定的网络环境会导致声音失真，嵌入式音频系统需要尽可能减少这种失真概率。

③ 同步要求，很多产品如网络视频电话既要传输声音，又要传输图像数据，这就需要声音与图像数据同步。

考虑到以上音频采集的特点和应用限制，本书中采集音频使用与矿用呼吸器配套使用的矿用本安耳麦，采集灾区现场救护队员的语音信息，上传至各级指挥中心，同时接收各级指挥中心的命令和安排。系统通过本安型麦克风输入、音频编码芯片完成采集音频信号。音频编码芯片为一款高性能、内置耳机输出放大器的 TLV320AIC23 立体声编解码音频芯片。

TLV320AIC23 芯片与 Hi3512 芯片的串行输入输出接口 SIO(Serial Input/outPut)连接。TLV320AIC23 工作在 12C 主模式，Hi3512 工作在 12S 从模式，并通过 12C 总线对 TLV320AIC23 内部的音频编码器进行初始化和配置。SIO 接口支持 8 kHz、16 kHz、22.05 kHz、24 kHz、44.1 kHz 和 48 kHz 的采样率。TLV320AIC23 模块电路如图 3-3 所示。

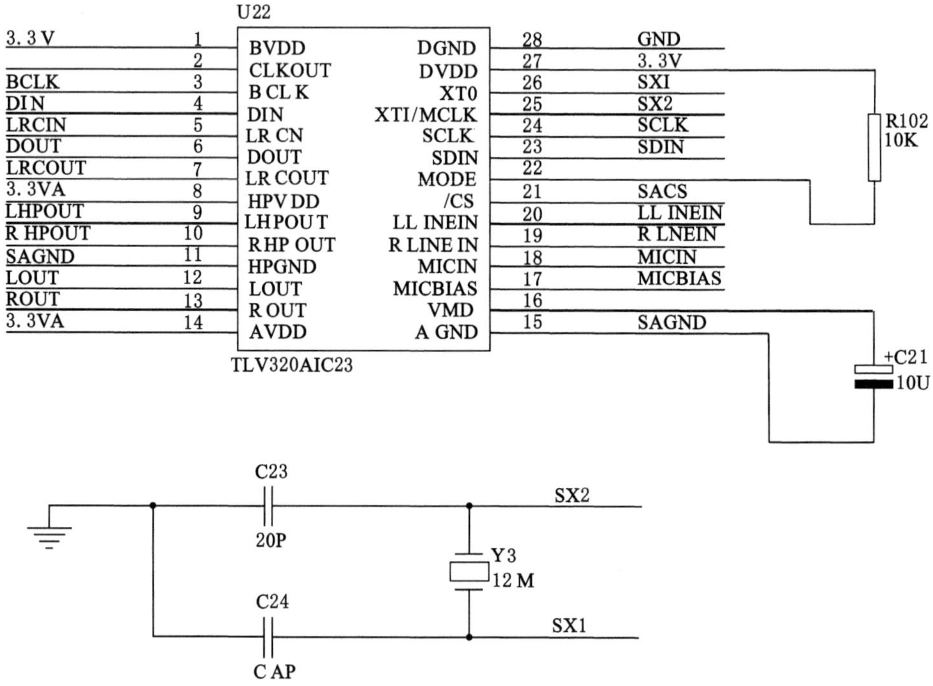

图 3-3　TLV320AIC23 模块电路

3.3　视音频通信同步方法

通信计算机网络的快速发展，越来越多的多媒体传输要求实时同步，网络传输中的不稳定因素带来的同步丧失无法用单机多媒体同步方法来解决。为此本书结合前人研究，概述了三种主要应用的视音频同步方法。

3.3.1　时间戳同步法

该法是在发送端给每一个多媒体数据单元流中都添加一致的时间戳(时间码)[10]，在接收端具有相同时间戳多媒体单元同时播放，以达到媒体单元间同步[11]。绝对时间戳同步和相对时间戳同步是时间戳同步法的两种方法。使用绝对时间标志称为绝对时间戳同步法。使用全局时间和局部时间标志为相对时间戳同步法，时间戳同步技术既可以用于视音频通信，又可以用于视音频数据的存取，而且对于多点通信也适应，也就是说，不同信源发往同一接收地或是同一信源发往不同目的地。该方法之所以能被广泛应用，主要是它具有数据流不需改变和不需要附加同步信道的特征。其不足之处是确定时间戳操作和选择相对时标比较复杂。

3.3.2　反馈同步方法

反馈同步方法主要应用于视音频传输网络环境下。在接收端进行失调检测获得信息是这种方法最大的特点。在接收端进行同步控制或在发送端进行同步控制是反馈同步方法两种实现机制。

在接收端同步控制，主要使用失调信息在接收端进行再同步接收信息。根据接收端网络最大延迟设置一个缓存区，缓存区中先存入发送端发送的媒体数据，然后根据网络的负载情况使用同步调速器控制回放速度，当网络畅通，接收端的播放速度加快；当网络拥塞，则减慢播放速度，实现媒体间的同步。端到端的通信延迟大是在接收端同步控制的最大缺点，视音频实时通信较差。

在发送端同步控制，根据接收到的失调信息在发送端进行同步调节。将一个一定容量缓冲区设置在信道和信源之间，通信网络发生拥塞时，发送的视音频信息被发送端先存进缓冲区，在通信网络正常时进行视音频数据传输。发送端依据通信网络的负载情况来控制视音频数据的发送频率，会造成视频质量的下降，同时反馈控制的需求，对数据发送有较大影响，滞后性较大。

3.3.3　多路复用同步法

此法是将多个视音频流数据复用到一个数据流中，并在视音频传输中保持着媒体间的相互关系，从而达到媒体间同步。比如，在常用的分组交换网多媒体会议系统中，给每个会议建一个多媒体虚电路，所有媒体流多路被发送者复用到多媒体虚电路上，复合成一条分组报文流，该报文流有一定的顺序组织，媒体间的同步得到了保证。提交给用户进程之前，在接收端从多媒体虚电路将各种媒体流解复用出来。虚电路多路复用同步方法之所以简单，是因为该方法在接收端不需要重新同步、全同步时钟网和附加同步信道。实现起来简单，开销较小，传输实时有保证，存取数据适用好是该方法的优点；但该方法也存在无法满足不同层次的同步需求、较差的灵活性、相对不需要的报文也必须保留、来自不同信源的媒体流难以处理、数据结构发生了变化、直接连接困难等缺点。

3.4　视音频同步模型

在一些重特大突发灾害事故的处理现场，尤其是在一些区域性灾害的处理过程中，由于情况特别复杂，需要在抢险救灾现场与后方指挥中心之间建立一个全方位的信息沟通平台，以便后方能在最短的时间内给予最为科学的技术支持和物资支援。而这种全方位的信息沟通仅仅依靠语音和数据通信是不够的，还需要信息量更大的实时图像、图形、数据传输，使指挥中心的指挥员能及时获得现场信息，从而提高决策的准确性和及时性。在地面，灾害现场与指挥中心的信息传输只能依靠电台和移动电话进行，这些通信方式存在通信死角、易受环境干扰、有距离限制等缺点，而海事卫星 BGAN(Broadband Global Area Network)宽带系统和 YJ-NET 矿山应急救援车载视频通信系统可以实现广范围的双向语音视频通信。在井下，临时铺设的应急救援视音频指挥系统可以实现救援小队、井下指挥基站、井上指挥基站三方的语音视频通信。

3.4.1　三级指挥流程

矿山应急救援指挥可以采用三级指挥机制。本书按三级指挥流程和信息传输模型，设计矿山应急救援指挥通信装置，解决应急救援中的信息传输问题。矿山应急救援指挥通信装置的系统构成包括救援终端、井下指挥基站、井上指挥基站和远程指挥站 4 个部分，如图 3-4 所示。救援终端由语音、图像和多参数传感器组成，实现现场信息的采集、编码、调制功能并将信息传输到通信网络中。井下指挥基站、井上指挥基站和远程指挥站三方可以观测现场的图像、环境数据和互相通话，井下指挥基站和井上指挥基站可以双向视频。远程指挥站可以通过办公局域网、因特网或者卫星视频系统传输信息。

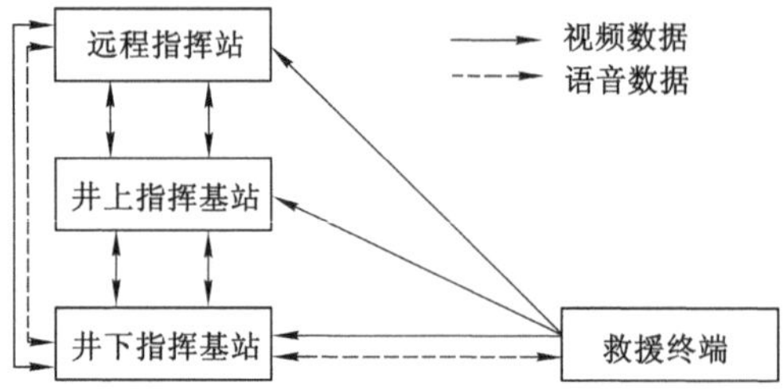

图 3-4　矿山应急救援指挥通信装置的系统构成

任何一种技术最重要的是针对一种应用。目前多媒体的传输都采用流化技术，普遍采用 UDP/RTCP 协议[12]。基于此本书提出了一种视音频同步模型。该模型采用分层同步法和时间戳同步法相结合。其中视音频信息和环境参数利用各自的采集模块进行信息采集与整理，然后进行编码并保存到相应的缓存内存，最后利用 RTP 协议对三种不同种类的信息进行打包发送，通过无连接的 UDP 和持久性分发 RTCP 协议对三类信息进行解压比较，最终反馈给接收端，被接收端播放，具体的设计方案如图 3-5 所示。

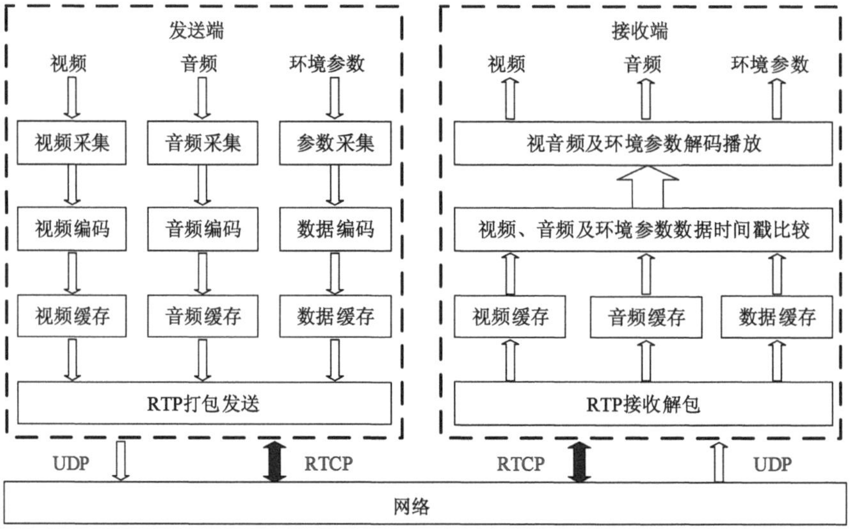

图 3-5　系统同步软件设计方案

与系统设计软件相对应的硬件在上述已经介绍过，主要是对视音频信息利用相应的摄像头和拾音器进行采集，利用八合一传感器（温度、CO 浓度、CO_2 浓度、CH_4 浓度、O_2 浓度等八种物理量）集中采集井下环境参数，结合处理器 Hi3512 对采集到的所有信息进行有机融合和多元化处理，利用现场可编程逻辑门阵列（FPGA）及 DM6467 视频编码器对多源信息进行压缩编码，使其作为电子编码可被 IP 终端接收，最后利用解码播放模块对多源信息进行分类解码，得到各自的原始信息，具体流程如图 3-6 所示。

多输入多输出正交频分复用技术（MIMO-OFDM）作为大容量信息的可靠传输技术，利用多天线来抑制信道衰落。信道的容量随着天线数量的增多而线性增大，即可以利用 MIMO 信道成倍地提高无线信道容量，在不增加带宽和天线发送功率的情况下，频谱利用

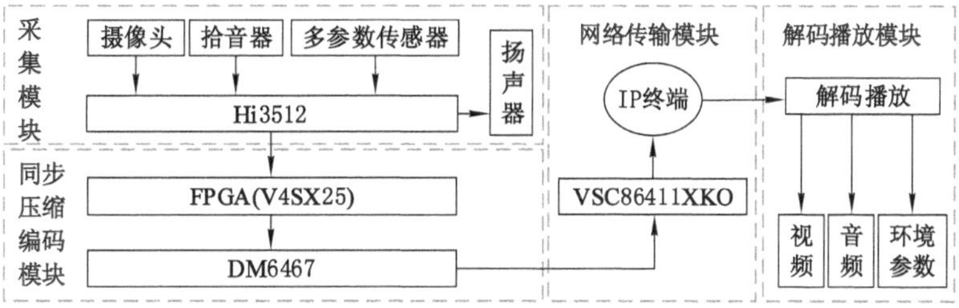

图 3-6　同步采集硬件设计方案

率可以成倍地提高。利用 MIMO 技术可以提高信道的容量,同时也可以提高信道的可靠性,降低误码率。前者是利用 MIMO 信道提供的空间复用增益,后者是利用 MIMO 信道提供的空间分集增益。实现空间复用增益的算法主要有贝尔实验室的 BLAST 算法、ZF 算法、MMSE 算法、ML 算法。ML 算法具有很好的译码性能,但是复杂度比较大,对于实时性要求较高的无线通信不能满足要求。ZF 算法简单容易实现,但是对信道的信噪比要求较高。性能和复杂度最优的就是 BLAST 算法。该算法实际上是使用 ZF 算法加上干扰删除技术得出的。MIMO 技术领域另一个研究热点就是空时编码。常见的空时码有空时块码、空时格码。空时码的主要思想是利用空间和时间上的编码实现一定的空间分集和时间分集,从而降低信道误码率。OFDM(正交频分复用)技术是 MCM(multi-carrier modulation,多载波调制)的一种。其主要思想是:将信道分成若干正交子信道,将高速数据信号转换成并行的低速子数据流,调制到在每个子信道上进行传输。正交信号可以通过在接收端采用相关技术来分开,这样可以减少子信道之间的相互干扰。每个子信道上的信号带宽小于信道的相关带宽,因此每个子信道上的带宽可以看成平坦性衰落,从而可以消除信号间干扰。而且由于每个子信道的带宽仅仅是原信道带宽的一部分,信道均衡变得相对容易。MIMO 系统在一定程度上可以利用传播中多径分量,也就是说 MIMO 系统可以抗多径衰落,但是对于频率选择性衰落,MIMO 系统依然是无能为力的。解决 MIMO 系统中的频率选择性衰落的方案一般是利用均衡技术,还有一种是利用 OFDM 技术。大多数研究人员认为 OFDM 技术是 4G 的核心技术,4G 是需要极高频谱利用率的技术,而 OFDM 技术提高频谱利用率的作用毕竟是有限的,在 OFDM 技术的基础上合理开发空间资源,也就是 MIMO＋OFDM,可以提供更高的数据传输速率。另外,OFDM 技术由于码率低和加入了时间保护间隔而具有极强的抗多径干扰能力。由于多径时延小于保护间隔,所以系统不受码间干扰的困扰,这就允许单频网络(SFN)可以用于宽带 OFDM 系统,依靠多天线来实现,即采用由大量低功率发射机组成的发射机阵列消除阴影效应,来实现完全覆盖。

结合现在较成熟的高强度光纤传输技术,以无线＋有线的传输方式进一步保证传输过程中信息的容错率和可靠性,并且在传输过程中实现无线和有线的无缝切换,动态补偿,有效地解决了多源、大容量信息远距离传输所带来的信息堵塞延时、信息遗漏和迟缓等现象,以模块化的方式来精简系统设计,保证各模块既可以统一协作,又可以独立运行,具体传输示意图如图 3-7 所示,模型结构如图 3-8 所示。

3.4.2　层次同步模型

在层次同步模型中,采用两个主要的同步操作符:动作间的顺序同步和并行同步。一个动作可以是原子动作或是组合动作[13]。原子动作与某一媒体对象的表现相关联;而组合动

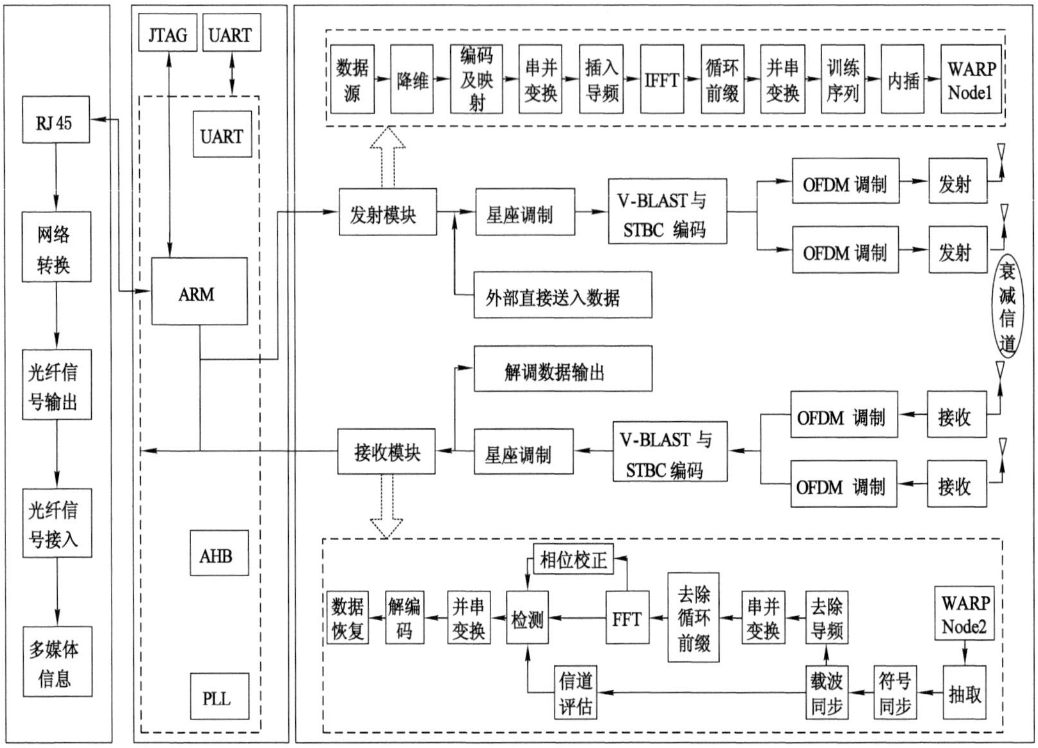

图 3-7　多方式智能动态补偿远距离传输示意图

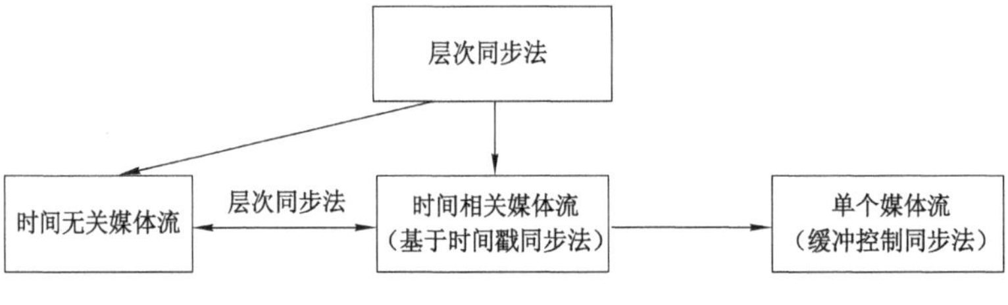

图 3-8　视音频同步模型结构

作由原子动作与联结它们的同步操作符的集合组成。

如图 3-9 所示，运用层次同步模型的多媒体表现可看作是一棵树，其叶子是原子动作(或表现对象)，而其节点是同步操作符。组合动作可以看作是该树的某一个子树。层次同步模型的主要缺点是同步只允许发生在动作的开始点或结束点。

对于视音频通信系统来说，同步机制分散在传输层之上的各个模块之中，而不是作为一个独立的部分存在，因此必须通过层次化分析来理解各种相关的因素，并据它研究同步控制机制。使用较为广泛的是媒体同步四层参考模型(图 3-10)。

对同步机制进行分层，并对分层后每层所应完成的任务进行描述。建立四层参考模型主要为了实现两个目标。在四层参考模型中，同步规划是实现同步的前提，第一步，由同步机制按照同步描述数据来确定生成调度方案，负责何时对其中的哪个媒体对象或哪个逻辑数据单元者进行处理是调度方案的主要任务，它与要进行的视音频数据处理有密切的关系；第二步，根据视音频数据的特点，同步机制进行必要资源申请；第三步，调度方案的执行过程

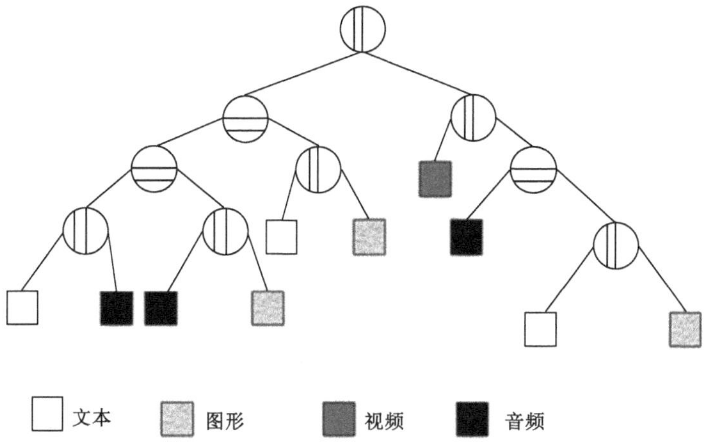

图 3-9　层次同步模型

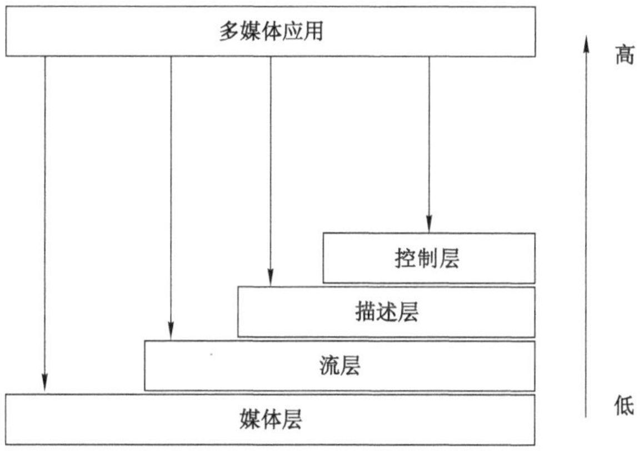

图 3-10　媒体同步四层参考模型

中，该模型需要充分考虑视音频对象之间的时态关系，同时偏差控制同步容限对媒体对象之间规定的偏移范围。

3.4.3　时间轴同步模型

视音频内容在播放时，视音频不同步是最大的难点[14]。经研究分析认为，从技术上来说，时间戳法是解决视音频同步问题的最佳方案。

第一步，选择一个时间是线性递增的参考时钟；

第二步，在生成数据流时依据参考时钟上的时间给每个数据块都打上包括开始时间和结束时间的时间戳；

第三步，在播放时参考当前参考时钟上的时间来安排播放读取数据块上的时间戳。

根据时间的相关性，将多媒体对象分为与时间相关媒体和与时间无关媒体。其中图片、表格、文本等为与时间无关媒体，音频、视频等为与时间相关媒体。媒体的同步分为两种，即时间无关媒体和时间相关媒体的同步。

所有媒体对象都是相互独立地依赖在同一个时间轴就是时间轴同步模型，从图 3-11 的时间轴同步模型中，我们可以看到，其媒体对象之间相互独立，每一个媒体对象的时态特性都不受其他媒体对象操作所影响。

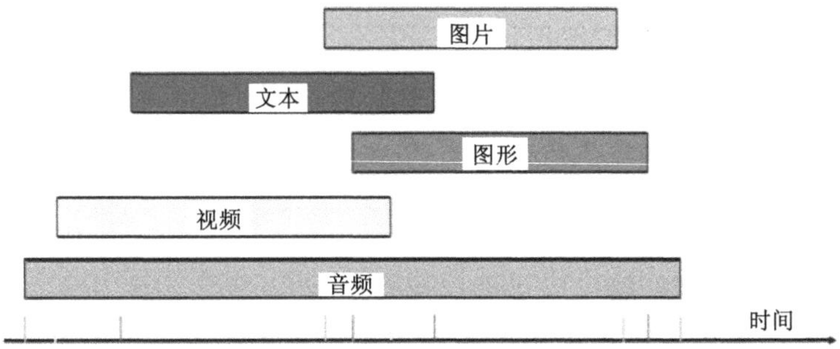

图 3-11　时间轴同步模型

时间相关媒体流之间的同步必须是细粒度的同步，就是要在中间过程以及开始点和结束点都要保持同步。流技术在视音频通信中应用，同步基于相关协议 RTP/RTCP 进行。视音频时间戳同步如图 3-12 所示。

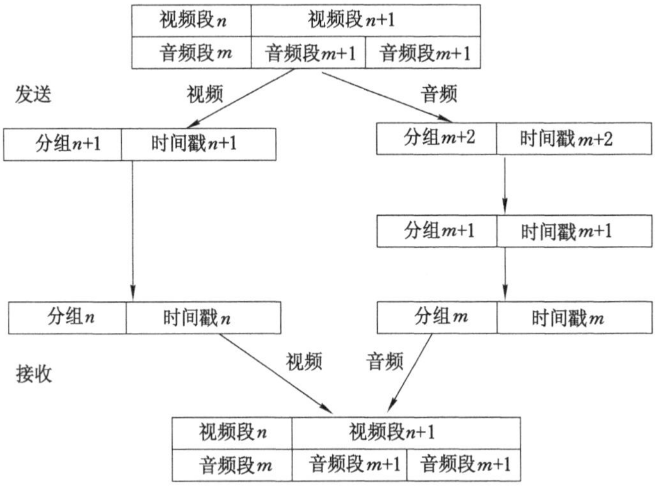

图 3-12　视音频时间戳同步示意图

3.5　环境参数采集与传输的分析

矿山生产中时常发生灾害事故，由于井下灾区条件与环境的险恶性、复杂性和矿山救援通信技术及装备发展缓慢，致使抢险救援过程中救护队员不能与井下救护基地和地面各级救援指挥中心进行准确、实时的联系，不能有效地反映灾区现场情况，在一定程度上影响了救灾抢险指挥决策。鉴于此，本书提出了一种采用灾区现场到井下救援基地以无线通信方式传输数据，基地到地面指挥中心采用有线通信方式传输数据的应急救援数据采集方案，完成对井下灾区环境参数的实时采集与传输。该传输方案既能保证数据传输的准确、实时，又能给救援带来极大的方便，使井下救援基地和地面指挥中心能准确了解灾区情况，为救援节省时间，便于开展救援。

系统从整体上分为两部分：设置在灾区现场的数据采集子系统、井下救援基地到地面指挥中心的数据有线传输子系统。现场数据采集子系统用于采集现场各种参数（温度、CO浓度、CO_2浓度、CH_4浓度、O_2浓度等八种物理量）并且进行数据处理，然后以无线传输方式传输到井下救援基地，有线传输子系统用于将现场传来的各种参数通过电缆传输到地面指挥中心。系统整体方案如图 3-13 所示。

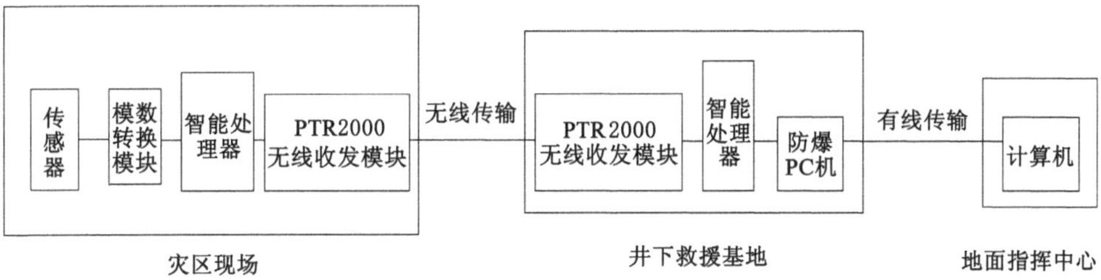

图 3-13　矿山灾区环境参数无线采集系统方案

数据采集就是使用各种传感元件将被测对象的各种参量通过适当的转换后，再经信号调理、取样、量化、编码、传输等步骤，最后送到控制器进行数据处理的过程。本书采用的方案是将超小型高精度气体和温度传感器测量的微量模拟信号在 A/D 转换成数字信号前进行前期调理，然后将数字信号压缩；压缩后的数字信号通过系统装备提供的特定协议打包并上传，主要是通过系统专用网络服务器的 RS485 通信接口上传。此功能的设计在 KTW185 煤矿救灾无线多媒体通信装置上完成，主要工作是在前端转换器上设计增加一块具有环境参数信息采集、信号 A/D 转换、信号放大、信号调制与压缩打包，以及能够实现本安型设计的电路板来完成。该电路板不改变双码流网络服务器的结构和功能。环境参数数据采集原理如图 3-14 所示。

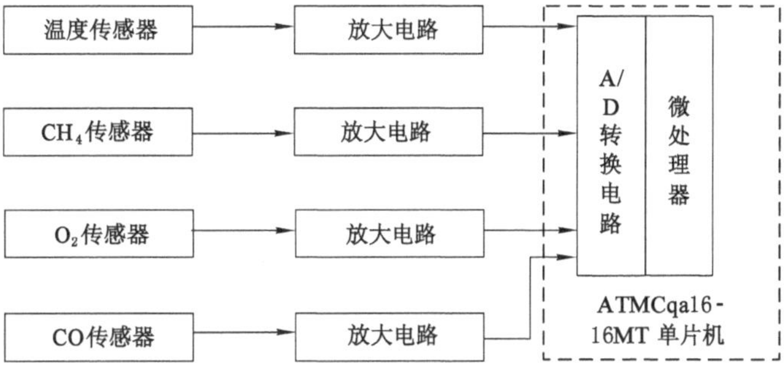

图 3-14　环境参数数据采集原理图

3.5.1　传感器的特性

传感器是一种能够感受规定的被测量并按照一定规律转换成可用输出信号的器件或装置。它的输入量是某一被测量，可能是生物量，也可能是物理量或化学量；它的输出量是某种物理量，这种量可以是光、电、气等量。由于电量易于传送、转换、处理等，传感器的输出量一般为电量，它包括电压、电阻、电流、电容等形式。

传感器通常由敏感元件、转换元件和信号转换电路组成。敏感元件可以直接感受或响应被测量并输出与被测量成确定关系的某一物理量；转换元件可以将敏感元件感受或响应的被测量转换成电信号;信号转换电路可以将非适合电量转换成适合电量。传感器只完成被测量至电量的基本转换,然后输入到测控电路,进行信号的放大、运算、处理等进一步转换。它在现代通信技术和监控监测技术中主要用于信息的采集、控制、储存、调节等工作。在整个测量工作中,测试工作的成败起着决定性作用。能否真实地把被测对象的状态感应并准确地传递十分重要。因此,选择或设计制造出符合测试要求的传感器的前提是对传感器的基本原理、性能以及被测对象的属性有深入的理解。其基本特性主要有静态特性和动态特性:

3.5.1.1 传感器的静态特性

它是指在相对稳定的条件下,需要测量的信号输入与输出之间的关系[15]。为准确分析传感器的静态特性,它的输入参数量值 x 与输出参数量值 y 的相互关系一般可以采用公式(3-1)来描述:

$$y = a_0 + a_1 x + a_2 x^2 + a_3 x^3 + \cdots + a_n x^n \tag{3-1}$$

式中 a_0——x 为 0 时输出量值;

$a_1, a_2, \cdots, a_n$——非线性系数。

传感器的静态特性可用灵敏度、重复性、漂移和线性度等性能指标表述。

3.5.1.2 传感器的动态特性

它指输入量值的变化和时间具有相关性的响应特性[16]。传感器动态性好,其输出量变化的规律和输入量紧密相关,它们的时间函数是相同的。一般用在工业监测系统上的传感器,由于制造精度和成本原因,它们的输出信号与输入信号的时间函数具有动态差异性,这个动态差异性称为信号输入与信号输出的动态误差。

目前各类新型传感器不断出现,但总的工作原理都是相似的,因此它们工作的动态特性通常都可以用公式(3-2)来描述:

$$a_n \frac{\mathrm{d}^n y}{\mathrm{d}t^n} + a_{n-1} \frac{\mathrm{d}^{n-1} y}{\mathrm{d}t^{n-1}} + \cdots + a_1 \frac{\mathrm{d}y}{\mathrm{d}t} + a_0 y = b_m \frac{\mathrm{d}^m x}{\mathrm{d}t^m} + b_{m-1} \frac{\mathrm{d}^{m-1} x}{\mathrm{d}t^{m-1}} + \cdots + b_1 \frac{\mathrm{d}x}{\mathrm{d}t} + b_0 x \tag{3-2}$$

式中 $a_0, a_1, \cdots, a_n, b_0, b_1, \cdots, b_m$——传感器的结构特性有关常系数;

x, y——时间 t 的函数。

3.5.2 选用传感器的原则

(1) 线性度

传感器的线性度是传感器的一个重要特性参数,它指传感器输出和输入之间的线性程度。输出与输入关系可分成线性和非线性。在实际应用中,线性关系好的传感器具有很好的应用效果,但完全具有线性关系的输入和输出仅是一种理想状态,目前使用的传感器还是以非线性居多。

在工程应用和电路设计中,为了方便标定和处理数据,需要得到线性关系,因此引入多种非线性补偿环节。例如常用非线性补偿电路或计算机软件进行线性处理,使传感器的输出与输入关系为线性或接近线性。

确切地说,全量程范围内实际特性曲线与拟合直线之间的最大偏差值 $\Delta L_{\max}$ 与满量程输出值 Y_{FS} 之比为传感器的线性度。线性度也称非线性误差,用 γ_L 表示,即:

$$\gamma_L = \pm \frac{\Delta L_{\max}}{Y_{FS}} \tag{3-3}$$

式中　ΔL_{max}——最大非线性绝对误差；

Y_{FS}——满量程输出值。

(2) 灵敏度

灵敏度是传感器静态特性的一个重要指标，在实际测量中，传感器的灵敏度越高越灵敏。灵敏度高，意味着传感器所能感知的变化量就精确，即被输入量稍有变化，输出量就有明显变化。灵敏度是输出增量 Δy 与引起输出增量的相应输入增量 Δx 之比，用式(3-4)表示。

$$S = \frac{\Delta y}{\Delta x} \tag{3-4}$$

当灵敏度越高时与测量信号无关的外部噪声也容易混入，同时放大系统也会放大噪声。这时必须考虑控制噪声，检测出微小量值。为保证此点，控制传感器本身噪声，提高装置的信噪比，防止外部干扰信号进入。

(3) 频率响应特性

频率响应特性是指传感器对不同频率成分的正弦输入信号的响应特性[17]。正弦信号作用在一个传感器输出端时，其输出响应同样是正弦信号且同频率，仅仅是输出端与输入端的正弦信号的幅值和相位不同。

(4) 抗干扰能力

传感器的工作经常受到外界干扰，特别是在煤矿井下灾区环境，存在着高温、浓烟、电磁场、机械引起的振动、电源电压变化等干扰因素，使传感器不能严格按转换函数关系工作，因而产生误差。干扰严重时，测量无法进行，故传感器的抗干扰能力是非常重要的，同时要对传感器进行适当的保护。

(5) 稳定性

稳定性是指测量仪器保持其计量特性随时间恒定的能力，对于传感器而言，要求它经过规定时间使用以后，其输出特性不发生变化[18]。环境参数测试一般在复杂环境条件下进行，制约环境传感器稳定性的因素较多，传感器的使用必须认真考虑环境因素特点，合理选择。

(6) 精确度

传感器的精确度表示传感器的输出与被测量环境数据的准确程度[19]。由于测试时，将传感器放置在测试系统的输入端，因此，测量值能否被传感器真实地反映，对整个测试系统至关重要。但传感器的精确度越高，价格越昂贵，应根据实际情况，选择性价比高的传感器。传感器的精确度是指传感器在其量程范围内，它的基本误差(包括随机误差和系统误差)与满量程输出的百分比值，即：

$$P = \pm (S_L + 3S)/Y_{FS} \times 100\% \tag{3-5}$$

式中　S_L——传感器的系统误差限，在数值上取传感器的正、反行程校准曲线与工作直线间的最大差值(绝对值)；

S——计算重复性用到的标准偏差；

Y_{FS}——传感器满量程输出值。

(7) 重复性

重复性是指传感器在相同的工作条件下，输入按同一方向做全测量范围连续变动多次时，特性曲线的不一致性。在数值上用各校准点上正、反行程校准数据标准偏差平均值的3倍对满量程输出的百分比值来表示，即：

$$\delta_R = \frac{3S}{Y_{FS}} \tag{3-6}$$

假设正、反行程的测量过程是等精度的，即正行程的子样标准偏差和反行程的子样标准偏差具有相等的数学期望。极差是指某一测量点校准数据的最大值与最小值之差，计算时，先求出各校准点正、反行程校准数据的极差，再计算出总的平均极差。

传感器的选择除考虑以上因素外，还应该考虑使用要求、使用环境、生产加工难度；兼顾质量轻、体积小、结构简单、价格便宜和易于维护等因素。

3.5.3 井下灾区环境参数传感器选型

目前现有煤矿气体检测设备质量和体积大，组成及技术原理复杂，如煤矿束管监测系统包括采样器、束管、抽气泵、气路控制装置及分析仪器等分体式部件，集成化程度低；专用气体分析仪可分析的气体品种有限、准确度较低。一般的气相色谱仪，虽然克服了专用气体分析仪的缺点，但分析耗时长。而利用多个检测器分别对不同浓度组分的混合气体检验，无法达到定量的程度；设计上不满足煤矿灾区防爆要求，无法深入事故现场进行气体采集、化验、爆炸危险性预测等一体化操作。近年来，国内工业色谱仪的防爆系统主要是以隔爆型防爆结构为主，结合正压型防爆结构的复合防爆型式。按照这种型式，一方面仪器的设计上防爆等级不易提高；另一方面，也给仪器的生产带来不便，如隔爆零件加工要求高、难度大。虽然目前国外工业色谱仪的防爆系统也有正压型为主体的复合防爆型式，但由于国内外防爆标准的差异，国外防爆系统的设计方法不符合我国防爆标准的要求。市场上出现的矿山气体检测用气相色谱仪，如安捷伦公司的490Micro GC便携式气相色谱仪和英福康公司的3000Micro GC微型气相色谱仪，体积小巧、检测速度快、精准度高。但是，两者都不能达到煤矿防爆要求，这也是亟待解决的问题。

目前，井下多参数传感器品种很多，主要包括可燃气体、有毒气体和温度传感器等，环境参数采集单元选型关键在于检测所测环境指标气体浓度和温度的精度、采集转换输出信号类型及所使用的工业标准。

参考文献

[1] 李宁孝，王国栋，王岩杰，等. 基于三维挤压激励模块的视频分类[J]. 激光与光电子学进展，2019，56(12)：81-88.

[2] 郝赞. 模拟音视频信号采集系统设计及实现[D]. 西安：西安电子科技大学，2017.

[3] 席霞. 模拟和数字音频信源的自动识别及处理方法[J]. 中国新通信，2020，22(24)：30-31.

[4] 贾懋珅，王琪. 基于音视频信号处理实例开展"数字信号处理"教学[J]. 中国信息技术教育，2020(增刊2)：163-165.

[5] 王航. 基于芯片TMS320DM6467的视频采集卡的研究[D]. 西安：西安电子科技大学，2018.

[6] 高兴鹏. 音视频信号采集压缩及传输系统的设计与实现[D]. 西安：西安电子科技大

学，2019.
[7] 包明飞. 基于 TMS320DM270 嵌入式系统的 MPEG-4 图像压缩编码的研究[D]. 北京：中国农业大学，2005.
[8] 张先贺. 多阵列音频信号的同步采集及定位算法研究及实现[D]. 南京：南京邮电大学，2020.
[9] 张道杰，张馨文. 语音编码在自动化互动模型中的应用研究[J]. 电力系统保护与控制，2020，48(12)：147-153.
[10] 龚俊怡，朱蕴璞，宋成桥. 嵌入式无线音频采集系统设计[J]. 国外电子测量技术，2019，38(4)：74-78.
[11] 方子涵，李旦，蒋鹏，等. 无线传感器网络中延迟补偿的分布式时钟同步算法[J]. 仪器仪表学报，2021，42(12)：92-100.
[12] 高素萍，邢远. 基于互联网协议音频实时传输技术在现场报道中的应用[J]. 广播与电视技术，2011，38(12)：49-53.
[13] SUBITHA D, VANI R. Analysis of linear precoding techniques for massive MIMO-OFDM systems under various scenarios[J]. IOP conference series: materials science and engineering, 2021, 1084(1): 012053.
[14] YILDIZ B S. The mine blast algorithm for the structural optimization of electrical vehicle components[J]. Materials testing, 2020, 62(5): 497-502.
[15] 魏瑾. 基于混合 OFDM 的矿井下通信信号调制识别[J]. 通信技术，2021，54(3)：550-556.
[16] 张俊，王杨，李坤豪，等. 基于流形学习的多源传感器体域网数据融合模型[J]. 计算机科学，2020，47(8)：323-328.
[17] 刘永泓，黄云，辛学刚，等. 开端同轴探头法测量组织介电特性的感应范围[J]. 南方医科大学学报，2020，40(7)：1036-1043.
[18] 夏德芬. 稳定性定量表达中有关问题的讨论[J]. 中国计量，2000(10)：36-37.
[19] BEYER S. 浅谈湿度计的选择与校验：严格的校验可以保障传感器长时间提供准确的检测数据[J]. 流程工业，2010(13)：68-69.

第4章　多源信息融合传输技术研究

数据融合，也称信息融合，是一个数据或者信息综合过程，用于估计和预测实体状态。矿山救援中，需要将视音频信息、雷达探测信息等多源信息进行融合传输，而这些信息融合的基本目标，就是通过组合获得比任何单个输入数据更准确的信息。多源信息融合从20世纪70年代末由一门新兴学科迅速发展起来。随着信息技术的进步，各种应用系统背景越来越复杂，因而多源信息系统大量出现，对不同信息源的信息进行有效融合已成为迫切的需求。同时，各种关于信息融合的新理论、新方法和新技术层出不穷，多源信息融合技术的应用领域也越来越广泛。信息融合的JDL模型是目前应用最广泛、认知度最高的经典功能模型，它将融合级别分为四层即目标位置/身份估计、态势评估、威胁估计、过程优化。随着技术的发展，应用环境日渐复杂，传感器种类和功能也越来越多，融合系统需要处理的信息量剧增，智能算法的更新速度加快，对信息融合的发展提出了更高的要求。

4.1　多源信息融合技术发展与研究现状

信息融合在生物世界中广泛存在，工程领域中的信息融合本质上是用数学和机器对生物体信息融合功能的模仿和抽象[1]。20世纪70年代初，首先在军事领域产生了"数据融合"概念，即把多种传感器获得的数据进行"融合处理"，从而得到比单一传感器更加准确和有用的信息。之后，基于多源信息综合意义的"融合"一词出现于各类技术文献中。逐渐这一概念不断扩展，被处理的对象不仅包含多平台、多传感器、多源信号和数据，还包括符号，甚至知识和经验等多种信息[2]。目前信息融合的一般定义为：利用计算机技术，对按时序获得的若干传感器（含软传感）的观测信息在一定准则下加以自动分析、优化综合以完成所需的决策和估计任务而进行的信息处理过程。从定义中看到，各种传感器是信息融合的基础，多源信息是信息融合-加工的对象，协调优化和综合处理是信息融合的核心[3]。信息融合是一种形式框架，其过程是用数学方法和技术工具综合不同多源信息，目的是得到高品质的有用信息[4]。与单一信源独立处理相比，信息融合的优势包括：提高可探测性和可信度，扩大时空感知范围；降低推理模糊程度，改进探测精度等性能；增加目标特征维数，提高空间分辨率；增强系统容错能力和自适应性，从而提高全系统性能[5]。信息融合的研究对象和应用领域不仅深入到国防、工业、农业、交通等传统行业，还拓展到气象预报、地球科学、社会经济等交叉领域，"信息融合"作为一种共识的概念逐渐被接受。具有信息融合功能的系统广泛服务于军事、遥感、交通、医疗、农业、经济等关系到国家安全和国计民生的众多领域中[6]。

4.1.1　国外的发展与研究现状

目前信息融合技术的应用主要是在军事领域。现代战争广泛应用各种高科技，是基于陆、海、空、天立体化的高技术战争。美国是信息融合技术起步最早、发展最快的国家，20世纪 70 年代初，美国研究机构发现，利用计算机技术对多个独立的连续声呐信号进行融合后，可以自动检测出敌方潜艇的位置，使得信息融合作为一门新兴的学科首先在军事应用研究领域受到青睐[7]。1988 年，美国国防部将信息融合技术列为 20 世纪 90 年代重点开发的 20 项关键技术之一，开发了一系列 C4ISR(computer、control、communications、command、intelligence、surveillance & reconnaissance)系统及 IW(intelligence weapon)系统。20 世纪 80 年代后期开始，SPIE、IEEE 等著名学术组织均定期举办信息融合学术会议。美国三军政府组织——实验室联合理事会(JDL)专门成立了信息融合专家组(DFS)，专门负责组织和指导信息融合技术研发工作。1998 年，学术界成立了国际信息融合学会(ISIF)，每年举办一次国际学术会议，以促进学术交流、推动信息融合技术的发展。一些 IEEE 期刊、IEE 会刊等经常发表有关信息融合及目标跟踪的论文；*Journal of Information Fusion*、*Journal of Advances in Information Fusion* 等专业学术期刊分别于 2000 年和 2006 年创刊。信息融合概念形成以来，Y. Bar-Shalom，R. Singer，W. D. Blair，D B. Reid，S. Blackman，T. Kirubarajan，K. C. Chang 等为代表的科学家在机动目标跟踪和数据关联方面做出了杰出的贡献，提出了一系列经典算法，包括联合概率数据关联、多假设跟踪、多维分配算法、交互多模型滤波、基于随机集理论的融合算法、序贯 Monte Carlo 抽样滤波、D-S 证据理论等[8]。美国的林肯实验室是从事军事武器装备预先研究的重要机构，把多声呐综合信息系统、波束形成对信号特征的影响作为研究的重点，将信息融合作为水中目标识别研究的一个重要发展方向。俄罗斯的 GMG516 水下分类系统，也是利用综合声呐系统上的多信息综合处理提取分类特征，其提取特征包括声频、声源级和声场分布特征等，在水中目标识别研究过程中也是利用多种丰富特征进行综合判别，且其对特征的研究较为精细，找出了声信号特征随跃变层不同的变化规律。同时俄罗斯水下警戒系统中还利用矢量波导特征识别出水上、水下目标[9]。

除美国外，其他西方国家也普遍重视信息融合技术的研究，英国陆军开发了诸如炮兵智能信息融合系统(AIDD)、机动和控制系统(WAVELL)等，并于 1982 年提出研制“海军知识库作战指挥系统”[10]。1987 年又与西德等欧洲五国制定了联合开展具有“决策控制的传感器信号与知识综合系统”的研究计划。此外，法、德等北约国家在这方面的研究工作也十分活跃。如汤姆逊公司已将信息融合技术应用于 MARTHA 防空指挥控制系统中。德国在“豹 2”坦克的改进计划中采用信息融合技术的发展历程[11]。直到 1990 年，随着电子信息技术、计算机科学技术、通信技术以及自动化技术的飞速发展，多传感器系统的不断涌现，信息融合技术真正出现在人们的视野。信息融合技术已逐步向多领域进行渗透，如智能机器人与智能车辆领域、医学图像处理与诊断、气象预报、地球科学、农业应用领域、现代制造领域和经济商业领域等。此外，信息融合技术还被用于火车定位、鱼类识别、车辆通过的检测等。信息融合技术的应用范围日益广泛，在一些实际应用中也取得了相应的成效[12]。

4.1.2　国内的发展与研究现状

国内关于信息融合理论和技术的研究起步相对较晚，20 世纪 80 年代，人们开始进行多目标追踪理论研究，开始出现有关多源信息融合研究的报道[13]。2009 年，中国航空学会信息融合分会成立，每年举办一次专业学术会议，各著名高校与研究所积极参加，促进了国内信息融合技术学术交流、加速了国内信息融合技术发展。

在军事应用方面，国内已具备开发第一级融合功能完整的信息融合系统的能力，包括传感器偏差校准、多源异类数据相关、合成和目标综合识别等功能，已研制出一批具备多平台多传感器信息融合能力的作战指控系统和情报综合处理信息系统，提供雷达、声呐、红外、电子战等实时情报与侦查、计划、图像等非实时情报的信息融合功能，应用在海军各型舰艇指控系统、海上编队指挥系统、岸基指挥自动化系统、协同防空系统以及其他军兵种的各种组网雷达数据处理等领域[14]。就公开的资料看，在高级信息融合方面，2010 年之后国内少数人开展了海战和空战态势评估与预测研究，在军事应用的促进下，传感器探测特征挖掘技术、小目标联合检测技术、方差非独立的分布式信息融合、联合粒子滤波技术等仍然是研究热点。其中，水下信息融合领域，针对复杂水下环境目标识别困难的问题，开展基于全局信息的水声信息目标印证识别技术，针对全局历史、当前信息进行水声信息融合验证，利用 LOFAR&DEMON 谱结构以及运动速度、航向、距离、加速度等目标特征信息，运用模糊数学理论分析特征信息的模糊度，进行模糊相似度匹配目标识别。同时综合利用全局历史多源信息与当前信息进行不断印证，提高复杂环境下水声目标识别能力，优化异类信息关联不确定度评定技术[15]。复杂多变的战场环境，如未知的传感器误差，电磁干扰与环境杂波，时刻变化的目标分布与机动状态，性能波动的通信网络等，使得信息在收集和传播过程中引入了极大的不确定性，并且其不确定性随时间变化，变化机理也难以描述。对大范围天基图像、电子战、舰载雷达、红外、光电等不同类型信源信息单个数据关联算法始终无法给出最优关联结果，需要系统客观评定多种数据关联算法对数据的适应程度，根据不确定度和信源特征自动选择最优关联算法，以适应信源和环境的变化。基于环境信息的波导和欺骗干扰目标融合技术，信源在受到电子干扰后，其探测威力、准确性和精度通常都会下降，一方面，不能及时发现进入探测区域的目标，另一方面，持续输出现实中不存在目标的虚假航迹。非波导体制雷达也容易受海面蒸发波导的影响，使得超视距目标的距离信息不正确。单雷达无法完全分辨出受波导影响目标和欺骗干扰目标，需要综合无线电、红外、可见光等多波段探测信息，以正常水平的虚情率和漏情率为参照，从融合态势中辨别出这些目标，并相应地优化融合规则和流程[16]。

总体而言，我国在信息融合领域的技术研究与美、俄等军事强国之间仍存在一定差距，需要加大相关技术科研力度，以满足未来需要。

4.2　多源信息融合的概念和模型

4.2.1　多源信息融合的概念

多源信息融合是综合处理多种信息的关键步骤，是对传感器探测结果的进一步加工处理。近几十年信息融合在军事应用的引领下迅速发展[17]，多源信息融合是一个多学科交叉的研究领域，为各学科的研究者提供了互相合作与借鉴的机会，已广泛应用于侦查、监测、可视化和路径规划等领域。

美国科学家 W. A. Sander 把数据融合定义为：信息融合是从多种数据源如传感器、数据库、知识库等获取有关信息，并进行滤波、相关和集成，从而形成一个表示构架，这种构架适合于获得有关决策，如对信息的解释，达到系统目标[18]。

目前，多源信息融合比较确切的定义是：指组合和合并多个来源的信息或数据，以便形成一个统一结果的技术，其过程是用技术工具和数据方法来综合处理不同来源的信息，通过对信息的优化组合，得到高品质的有效信息。简而言之，即信息融合是为综合信息系统的用户提供多个数据源的统一视图的过程。多源信息融合的目的主要有两个方面：一方面，针对多源信息的冗余性，消除输入信息中的噪声和异常值；另一方面，针对多源信息的互补性，获取与实际应用相关的有价信息，最大限度地获取所观察对象的完整信息描述。

4.2.2　多源信息融合的模型

信息融合是综合处理多种信息的关键，也是对传感器探测结果的进一步加工。多源信息融合模型可分为功能模型、结构模型、过程模型和数学模型等类别。前 3 类可以统称为信息融合模型，而数学模型多指各种信息融合方法。

到目前为止，人们已提出了多种信息融合模型，如 JDL 模型、OO-DA 模型、Omnibus 模型、STDF 模型等。其中，应用最广泛的是 JDL 模型及其演化版本。最初的 JDL 模型根据信息融合的结果可分为 3 级：第一级是位置估计与目标身份识别；第二级是态势评估；第三级是威胁估计。后期的四级融合模型在三级模型的基础上增加了第四级“精细处理”，而五级融合模型与三级模型相比，将位置级融合与目标识别级融合分开，并且增加了“检测级融合”。使 JDL 模型从军事应用成功推广到民用领域的模型改进主要是将第三级“威胁评估”改为“影响评估”。

4.3　多源信息融合技术研究

井下多源信息种类繁多、信息量大、传输机制复杂，难以制定统一的适用标准来规范信息的传输，所以需要研究传输速率快、衰减慢、集中融合传输技术，实现对多源信息的融合传输，最大化传输距离和传输速率[19]。要提高一个井下信息传输系统的时效性，必须考虑对其所传输的多源信息实现有机融合，需研究不同融合方式下的融合机理。常用的多传感器信息融合方法比较如表 4-1 所列。通常，使用何种多传感器信息融合方法要根据具体的应用而定，并且，由于各种方法之间存在着的互补性，实际上，常将两种或两种以上的方法组合起来使用。

表 4-1　常用的多传感器信息融合方法比较

融合方法	运行环境	信息类型	信息表示	不确定性	融合技术	适用范围
加权平均	动态	冗余	原始读数值		加权平均	低层信息融合
卡尔曼滤波	动态	冗余	概率分布	高斯噪声	系统模型滤波	低层信息融合
贝叶斯估计	静态	冗余	概率分布	高斯噪声	贝叶斯估计	高层信息融合
统计决策理论	静态	冗余	概率分布	高斯噪声	极值决策	高层信息融合
论据理论	静态	冗余互补	命题		逻辑推理	高层信息融合
模糊推理	静态	冗余互补	命题	隶属度	逻辑推理	高层信息融合
神经元网络	动/静态	冗余互补	神经元输入	学习误差	神经元网络	低/高层信息融合
产生式规则	动/静态	冗余互补	命题	置信因子	逻辑推理	高层信息融合

信息融合理论的一个重要研究内容就是多传感器检测融合，将来自多个不同传感器的观测数据或判决结果进行综合分析，从而形成一个关于同一环境或事件的更完全、更准确的判决；多传感器检测融合系统由融合中心及多传感器构成，融合系统的融合方式则可分为集

中式和分布式两种方式。在集中式融合方式下，各个传感器将观测数据直接传输到融合中心，融合中心根据所有的传感器的观测数据进行假设检验，从而形成最终的判决。在分布式融合方式下，各个传感器首先基于自己的观测进行判决，然后将判决结果传输到融合中心，融合中心根据所有传感器的判决进行假设检验，并形成最终的判决。集中式检测融合问题本质上是一个经典的假设检验问题。因此，检测融合理论的主要研究内容是分布式多传感器融合。

分布式检测融合理论的开创性工作是由 Tenney 和 Sandell 于 1981 年发表的[20]。他们研究了由融合中心以及两个传感器构成的检测融合系统，并在融合规则固定的条件下，给出了使系统检测性能达到最优的传感器判决规则。所得研究结果的重要意义在于，它指出了在多传感器检测系统中，为了提高系统性能需要对各个传感器的判决规则进行联合最优化。这一结果是在多传感器条件下对经典检测理论的一个重要推广。

采用检测融合方法的主要目的，就是通过对多个传感器检测结果的融合，获得任意单个传感器所无法达到的检测性能。因此，融合系统检测性能优于单个传感器检测性能的充分必要条件，就成为检测理论关注的一个重要问题。在 n 个传感器融合系统中，如果至少存在两个传感器观测质量较好，则融合系统检测性能就可明显优于单个传感器，融合系统的检测性能不会得到明显提高。实际上，这一规律指出了融合方法最有可能表现其优越性的一种应用环境，即对观测质量相近的传感器进行融合。在融合系统设计过程中，经常需要采用异质传感器构造融合系统，从而有效利用不同类型传感器的观测互补性。到那时，不同类型的传感器通常具有不同的作用域，而在其共同作用域内，其观测质量可能会有较大差异。因此，在采油异质传感器构造检测融合系统时，首先需要对其在共同作用域内的观测质量进行分析。并据此选择相应的检测手段或检测设备进行融合。

在实际应用中，提高融合系统检测能力的一个有效途径是采用软决策融合方法。在分布式检测融合系统中，各个传感器的输出可以是一个明确的判决结果(即硬决策)，也可以是硬决策融合系统。软决策融合系统的检测性能可明显优于硬决策系统，软决策融合问题本质上是一个量化检测融合问题。通过采用量化检测融合方法，可大幅度提高对微弱信号的检测能力。

在一定条件下，多传感器检测系统中各个传感器的观测量可以认为是相互独立的。传感器观测量的独立性假设可以大大简化系统性能优化问题的复杂度。可以证明，在传感器观测独立的条件下，最优传感器判决规则为似然比判决规则，而在传感器观测相关的条件下，最优传感器判决规则就无法简化为简单的似然比门限判决。

由于相关条件下检测融合问题的复杂性，检测融合算法经常采用的一个假设是各种传感器观测独立。假设各个传感器观测独立的主要依据是：① 在多传感器检测系统中，当各个传感器之间的间距较大时，传感器观测量的独立性假设近似成立；② 即使各个传感器的观测量是相关的，在弱相关条件下采用独立观测模型对系统的性能进行优化，同样可以获得明显优于单个传感器的检测性能。事实上，这种传感器观测量的独立性假设在模式识别领域的分类器融合中已被广泛采用，并已证明可有效提高融合系统的分类性能。

实际上，融合系统的性能优化问题是与融合系统的配置结构密切相关的。分布式检测融合系统可以采用多种不同的系统配置结构，如并行结构、串行结构、树形结构、网格结构以及带反馈的融合结构等。在分布式融合系统的设计过程中，处理上面列举的各种融合系统配置结构，任何其他合理的系统配置结构都是可以接受的。关键问题在于，该系统结构是否有利于提高融合系统的检测能力，以及是否便于对系统性能进行优化设计及分析。

4.3.1　信息融合层次及级别

多源信息融合技术与其他经典的信号处理以及数据的本质区别是其可以将不同的信息在不同级别、不同层次进行有效地融合多源同构或异构信息。数据融合的区别可以分为数据抽象和信息抽象。

从信息抽象角度，可以将多源信息融合的过程分为 5 级：判断级融合、识别级融合、位置级融合以及态势的威胁评估。如图 4-1 所示，反映了多源信息融合的基本过程。

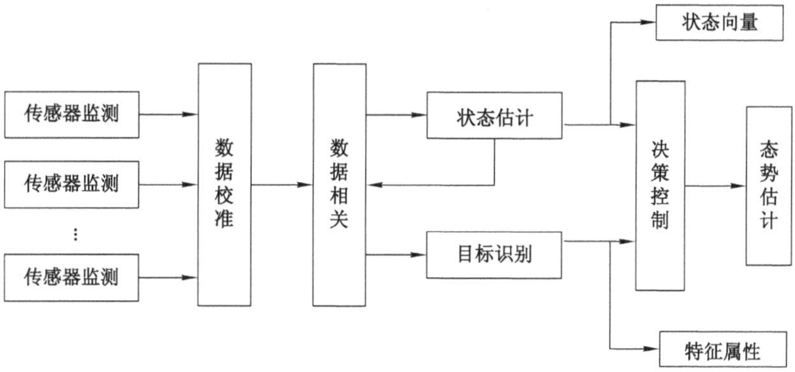

图 4-1　多源信息融合系统的功能模型

① 监测级融合：是指在多个传感器合作下，对系统的监测以及决策或者信号层上的直接的数据融合。监测级融合是通过对多个传感器进行监测和决策，并将监测目标的信息报告给融合过程。

② 数据校准：数据校准可以将多个传感器在时间以及空间节点进行统一。若系统各个传感器在时间和空间上是异步的，则在数据融合之前，要将传感器在时间和空间上进行统一，从而形成数据融合需要的时间和空间参考点。

③ 数据相关：其作用在不同的时间及不同的空间上，利用多个传感器监测多个目标时，判断其数据是否来自同一个目标。

④ 状态估计：将传感器每次监测到的新数据与原有数据进行融合，根据传感器监测目标所得到参数，利用这些参数预估下一次目标的状态。这些参数将会被采集，以便进行相关处理。

⑤ 模式识别：是根据将传感器监测对象得到的特征，形成一个 N 维向量，向量中的每一维都对应着对象的每一个特征。若已经了解到对象存在 N 个特征，即可以将实时监测向量的特征与已知的向量进行比较，从而达到确认目标类别的目的。

⑥ 决策控制：决策控制是指在得到被控对象的状态估计与确定出所属的模式类型后，对结果进行决策层融合，给出相应的控制策略。

多源信息融合按照数据抽象层次可以分为三个层次的融合：数据层融合、特征层融合、决策层融合。

数据层融合：它是可以将监测对象所得到的数据全部融合，然后对识别出的特征向量进行判决（图 4-2）。当传感器监测的数据是同性质时，可以直接将原始数据直接融合，其融合过程是面向传感器数据的低层次融合过程。

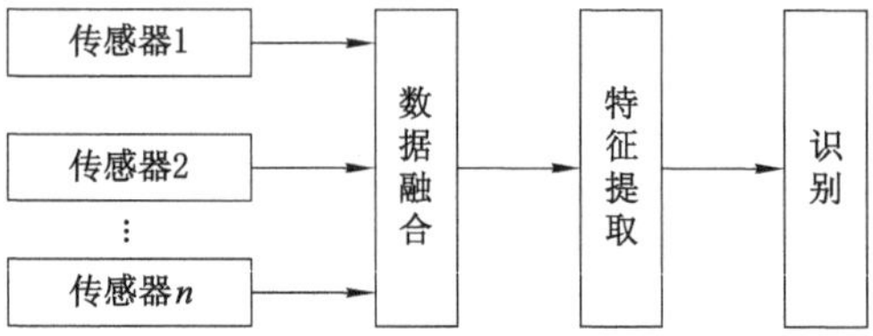

图 4-2　数据层融合

特征层融合:是指将各个传感器所收集到的原始数据运用模式识别的方法提取相应的特征,再融合成单个向量来判别对象身份(图 4-3)。特征层的融合属于第二层级的融合,主要研究对象的性能或行为特征。特征层融合提取对象的特征值与决策分析有关,并且特征层融合对于传感器数据特征的提取降低了研究对象的空间维度,实现了对传感器数据的信息压缩。目前特征级融合多采用神经网络等方法。

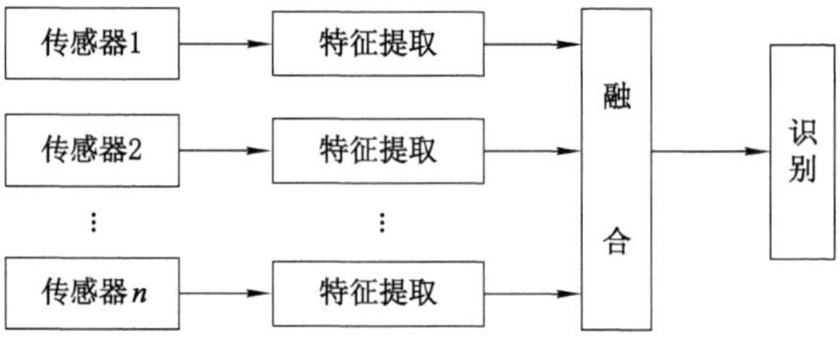

图 4-3　特征层融合

决策层融合:是指对每个传感器的对象进行识别后,再融合所有传感器的识别结果的过程(图 4-4),决策层融合属于高层次融合,融合结果为具体问题的最终决策提供依据,处理结果直接影响到决策水平。决策层融合具有很强的灵活性、容错性和抗干扰性。决策层融合的主要方法有经典推理理论和加权决策方法等。

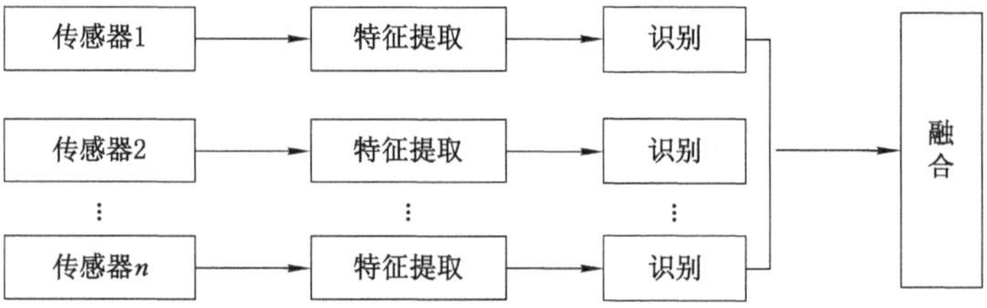

图 4-4　决策层融合

4.3.2　多源信息融合结构及系统设计

4.3.2.1　信息融合的结构

多源信息融合有多种融合结构,不同的融合结构,就会体现不同的性能。根据传感器不同的排列方式以及不同的控制关系,可以将多源信息融合系统结构分为 4 类:集中式、串联式、分布式以及混合式。

集中式结构:是指将所有传感器监测到的信息统一送到融合中心进行融合处理,如图 4-5 所示,融合中心处理了所有传感器监测到的信息,因此不会出现信息丢失的问题,所以集中式结构的处理结果是最优的,但是存在处理信息较多,需要的带宽较高等缺点。

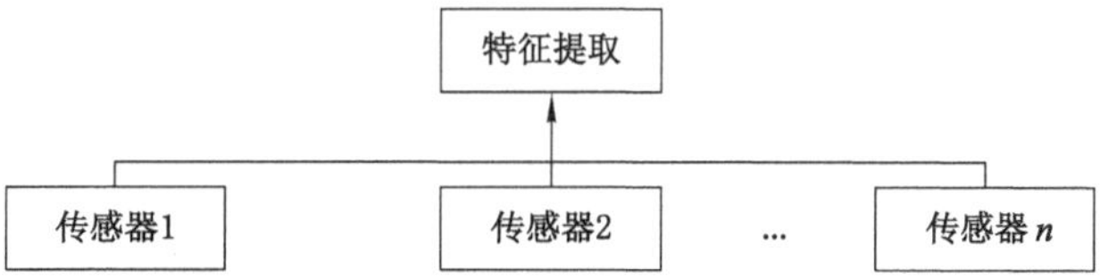

图 4-5　集中式结构

串联式结构：是指每个传感器都具有信息采集与融合的功能，前一个传感器会将自己采集的信息融合并传送到下一个传感器，最后一个传感器会收集到前面所有的传感器的输出信息(图 4-6)。串联式融合系统中最后一个传感器所输出的结果就是整个系统的最后结果。串联式结构的缺点也比较明显，其上一级的传感器对于下一级的传感器的影响比较大。

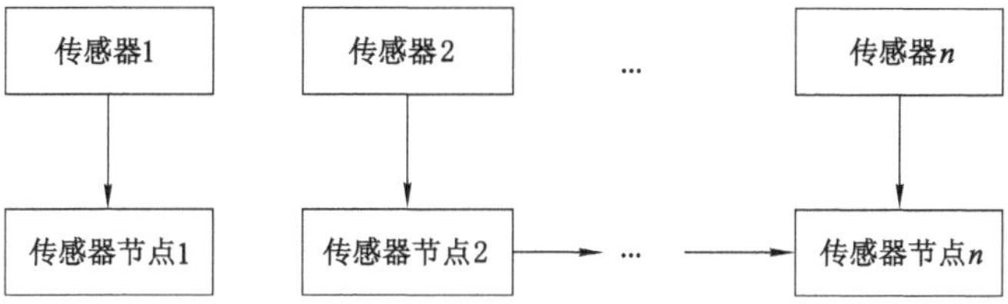

图 4-6　串联式结构

分布式结构：是指每个传感器都有相应的处理器进行预处理功能，然后将预处理结构送到中心节点进行融合(图 4-7)。分布式结构对于通信带宽要求较低，处理速度快，可靠性较高，在工程上比较容易实现而备受关注。分布式融合结构由于信息是经过预处理的，所以其在性能上有所丢失。

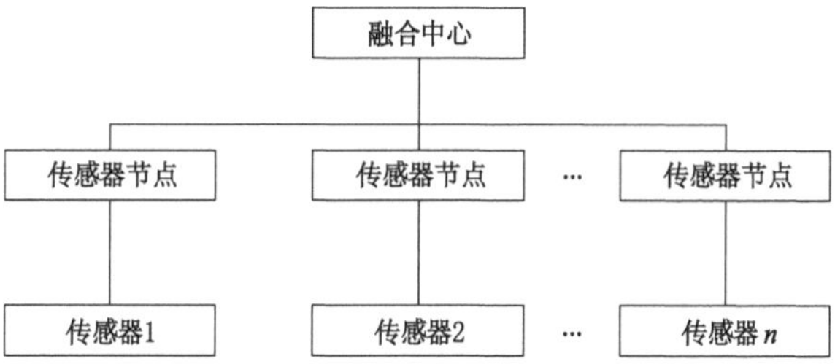

图 4-7　分布式结构

混合式结构：综合了融合式结构以及分布式结构的特点，它在通信带宽、处理速度和可靠性等制约因素取了一个平衡，以达到最优的融合效果(图 4-8)。

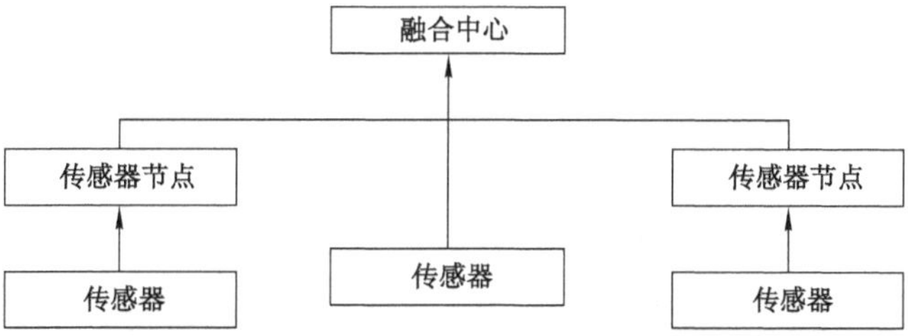

图 4-8　混合式结构

4.3.2.2 多源信息融合系统设计

在并行结构融合系统中，各个传感器对同一目标或现象进行独立观测与判决，并将判决结果直接传送至融合中心。融合中心对各个传感器的判决进行融合，并给出系统的最终判决。本节多源信息融合系统主要采用并行结构进行融合，主要研究系统性能优化问题，以及融合规则和传感器判决规则的优化准则，使得融合系统最终判决的 Bayes 风险达到最小。

假设分布式并行检测融合系统由融合中心及 n 个传感器构成，如图 4-9 所示。用 H_0 表示零假设，用 H_1 表示备选假设。第 k 个传感器根据其观测 y_k 独立进行判决，并将判决结果 u_k 送至融合中心。$u_k=0$ 表示传感器判决 H_0 为真，$u_k=1$ 表示该传感器判决 H_1 为真。融合中心对各传感器的判决进行融合，并给出系统的最终判决为 0 或者 1。

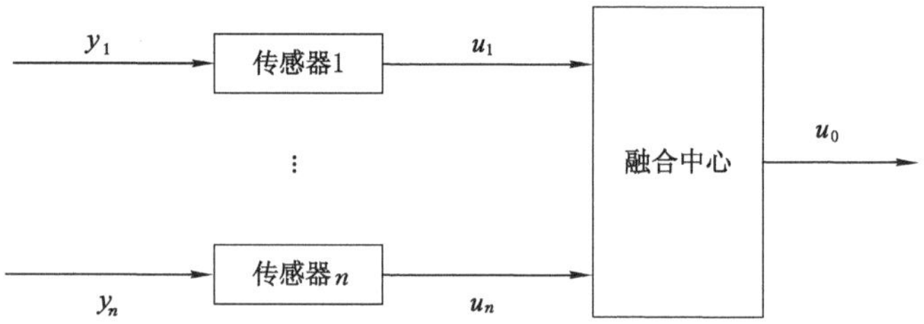

图 4-9　分布式并行检测融合系统

本书采用矿用环境多参数智能检测融合装置建立灾害救援过程中监测预警系统的目的是及时发现井下环境情况及危险程度，力求以最优的投入保证矿井高效救援。矿用环境多参数智能检测融合装置会在持续的间隔时间采集到危险区域信息就可实现对危险的有效监测预警。在监测过程中主要对 CO、CO_2、CH_4 等指标性气体进行监测，提早预防各种灾害的爆发。矿用环境多参数智能检测融合装置对井下灾害救援、人员搜寻、人员提升和钻孔施工等救援过程中的隐患的辨识及防控决策具有重要应用价值。

矿用环境多参数智能检测融合装置集传感器、无线感知网络、485 通信、嵌入式 web、Internet、计算机、数据库、云网络、App 等技术于一体，搭建了一种基于云网络的大面积救援过程中灾害监测预警与管控平台[21]。矿用环境多参数智能检测融合装置主要由矿用本安型多参数传感器、矿用钻孔及监测软件三部分构成。矿用本安型多参数传感器通过无线自组网或 485 总线网络的形式将采集的煤自燃多参数信息发送到矿用监测基站，通过其内置的嵌入式处理器进行处理以及协议的封装，然后再通过矿井以太环网发送到监控中心服务器，监控中心服务器再与 Internet 外网相连，让每一个 Internet 网络上的授权用户都可以访问它，同时利用手机 App 访问服务器的信息，实现了对救援过程中特征信息的远程网络化实时动态监测预警，解决了目前现场救援盲区大、实时资料匮乏、人员侦测不明、井下环境未知、时效性低等问题。

针对煤矿安全监控与矿用环境多参数智能检测融合装置主要由感知层、网络层和应用层三部分组成。

感知层是由特征信息无线感知网络监测和多源信息无线感知网络构成。

网络层主要包括无线感知网络（WSN）、RS485 总线、矿井工业以太环网，以煤矿现有的工业以太环网为主干，多种通信网络为分支，无线传感器网络和 485 总线网络为末梢，形成一体式的异构网络平台。

应用层采用云网络技术实现决策分析和信息分享功能。通过云网络的方式实现多源信息大数据的整合与交互；利用集群大数据云计算进行数据分析、状态识别、预警、定位、智能管理和趋势预测，结合专家系统和现场经验，挖掘致灾因素和危险源的异常特征信息，实现整个系统的动态分析和决策；采用云网络技术的分享功能，实现监控中心、相关部门、各级领导对煤矿火灾的动态感知、协调管控和应急反应[22]。

4.4　多源信息融合的分类

由于考虑问题的出发点不同，所以信息融合的分类方法也很多。例如按照融合方法，可以分为统计方法、人工智能等；按照信号处理的域可以分为时域、空域和频域等。在多种分类方法中，人们普遍接受的是根据信息抽象的层次来分类，即把信息融合分为三级：数据级融合、特征级融合和决策级融合[23]。

4.4.1　数据级融合

数据级融合是指对传感器接收到的数据不做预处理，直接对观测数据进行融合。这是最低层次的融合，它的主要优点是能够尽可能多地保持原始数据，提供其他融合层次所不能提供的细节信息，由于没有信息损失，所以具有很高的融合性能。但是这种融合结构也具有很明显的局限性：首先它所要处理的数据量太大，所以处理代价高、时间长、实时性差；其次这种融合是在信息的最低层次进行的，传感器原始信息具有不确定性、不完全性和不稳定性，这就要求融合系统具有较高的纠错处理能力；再次要求各传感器信息间有像素级的校准精度，故要求各信息来自同质传感器。此外，数据级融合数据通信量较大，抗干扰能力较差。

图 4-10 是数据级融合的简单框图，图中关联是指将隶属于同一数据源的数据组合在一起，主要用于多个数据源的处理，如多目标定位等。

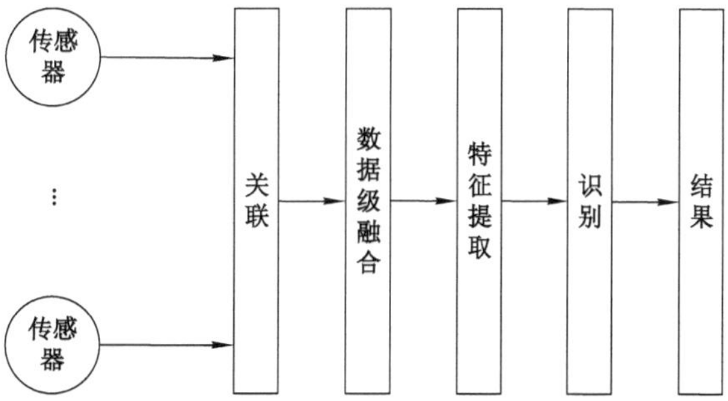

图 4-10　数据级融合

数据级融合通常用于：多源图像复合、图像分析和理解；同类（同质）雷达波形的直接合成；多传感器数据融合的卡尔曼滤波等。

4.4.2　特征级融合

特征级融合属于中间层次，它先对来自各传感器的原始信息进行特征提取，然后对提取出来的特征信息进行融合处理。一般来说，提取的特征信息应是数据信息的充分表示量或充分统计量，按照特征信息对多传感器数据进行分类、汇集和综合。目前大多数 C3I 系统的信息融合研究都是在该层次上展开的。相对于数据级融合，特征级融合由于预先对信息进行处理，会造成部分信息的损失，所以融合精度有所降低。图 4-11 是特征级融合的简单框图。

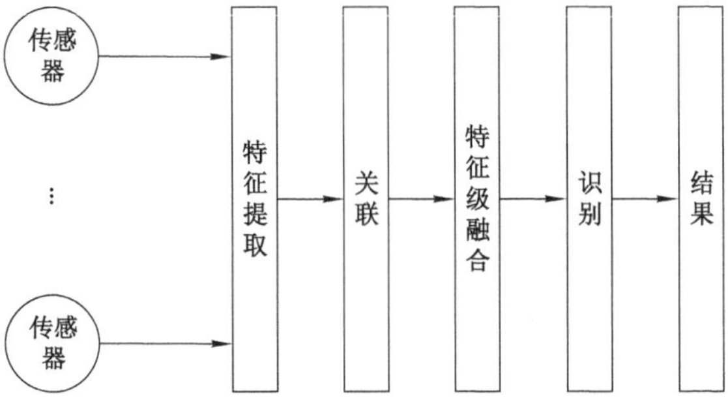

图 4-11　特征级融合

4.4.3　决策级融合

决策级融合是一种高层次融合，先利用来自各个传感器的信息对目标属性进行独立处理，即基于各传感器自己的数据做出决策，然后在融合中心对各传感器的处理结果即局部决策进行融合处理。这种融合是直接针对具体决策的，融合结果直接影响决策水平。因此，决策级融合必须从具体决策问题的需求出发，充分利用测量对象的各类特征信息，采用适当的融合技术实现。图 4-12 是决策级融合的简单框图。

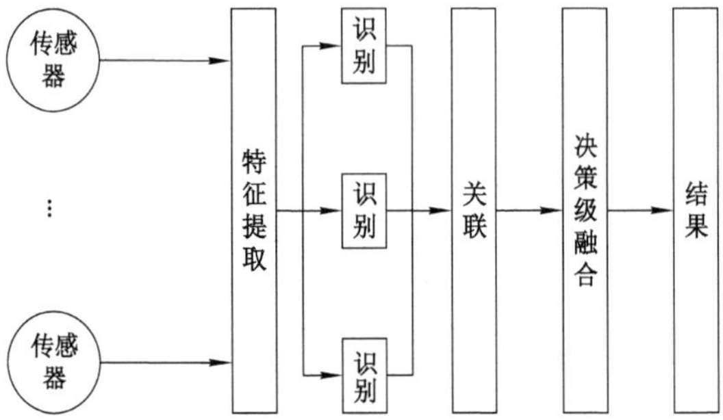

图 4-12　决策级融合

决策级融合的主要优点有：系统对信息传输带宽要求较低，融合中心处理代价低，运算量小，实时性强；当一个或几个传感器出现错误时，通过适当的融合策略，系统仍然能获得正确的决策结果，所以具有很强的容错性；通信量小，抗干扰能力强；对传感器的依赖小，传感器可以是同质的，也可以是异质的。但是，决策级融合首先需要对传感器的观测信息进行预处理以获得各自的判决结果，所以预处理代价比较高。

基于多源信息融合的生命信息识别与定位研究，集视音频探测，环境参数探测，雷达探测于一体，对井下生命信息进行探测。视音频对井下实物、声音进行探测，直接观测或者通过声音判断是否有生命迹象；环境参数探测是对井下环境包括一氧化碳、甲烷、乙烯等指标气体的数据采集，判断灾后井下是否具有人员生存的条件；雷达探测是波通过不同介质时其反射的波长及频率的不同，以及通过有生命迹象的人体时特定的波段，反映井下的环境情况，其优点在于当出现塌方等情况，视音频及环境参数探测无法正常进行时，雷达可穿透煤岩体对无法直接观测到的区域进行探测，判断井下是否具有生命迹象。

单一的判别依据往往存在局限，不足以证明井下某一区域有无生命迹象，集视音频、环境参数及雷达探测于一体的多源信息融合的生命信息识别与定位方法可增加信息的可靠性，是矿山救援效果突出的新技术。

4.5　多源信息融合方法

多源信息融合技术的机理与人脑的综合处理信息的能力类似，其目的是根据多传感器分离的监测信息，通过对得到的监测结果分析以及综合处理，得到更加有用的信息；而其最终的目的是通过各个传感器的联动作用，去除单个传感器的局限性，从而提高整个系统时效性、准确性以及科学性。

多源信息融合的功能，可概括为以下几点：

① 增加时间和空间的搜索范围，加快信息处理速度，提高信息处理的时效性。

② 提高系统的准确性及科学性。

③ 减少系统的冗余，提高系统的决策能力，从而大大提高系统的性能。

信息融合作为对多源信息的综合处理过程，具有本质的复杂性。穿透的估计理论和识别算法为信息融合技术奠定了不可或缺的理论基础。但是，同时也看到，近年来出现的一些基于统计推断、人工智能以及信息论的新方法，正成为推动信息融合技术向前发展的重要力量。为了能全面分析灾害事故时井下的环境信息和被困人员的情况，救援人员需要掌握第一手的救援资料，而获取井下环境信息是其中关键的一步。只有对井下的实际情况实时掌握，救援方案才能快速制定，也有利于救护队员的下一步行动。目前关于多源信息的融合方式主要有以下几种；

① 信号处理与估计理论方法：包括用于图像增强与处理的小波变换技术、加权平均、最小二乘法、Kalman 滤波等线性估计方法，以及扩展 Kalman 滤波(EKF)、Gauss 滤波(GSF)粒子滤波和 Markov 链 Monte Carlo(MCMC)等非线性估计技术的研究，并取得了很多有价值的研究成果[24]。期望极大化算法(EM)为求解在具有不完全观测数据的情况下的参数估计和融合问题，提供了一个全新的思路。另外，通过建立一定的优化指标，可以借助最优化方法来获得参数的最优估计，典型算法有极小化风险法和极小化能量法等。

② 统计推断方法：包括经典推理、Bayes 推理、证据推理，以及随机集理论和支持向量机理论等。

③ 信息论方法：运用优化信息度量的手段融合多源数据，从而获得问题的有效解决。典型的算法有熵方法、最小描述长度方法(MDL)等。

④ 决策论方法：决策论方法往往应用于高级别的决策融合。Fitzgerald 在 *Sensor fusion for intelligent alarm analysis* 中，借助决策论方法融合可见光、红外以及毫米波雷达数据用于报警分析。

⑤ 人工智能方法(artificial intelligence method)：包括模糊逻辑、神经网络、遗传算法、基于规则的推理以及专家系统、逻辑模板法、品质因数法(FOM)等，在信息融合领域的运算

也取得了一定的成果。

⑥ 几何方法:通过充分探讨环境以及传感器模型的几何属性来达到多传感器信息融合的目的。有文献通过对不确定椭球体体积进行最小化的几何方法完成对多传感器数据融合处理,利用多边形逼近方法在传感器数据和存储的模板数据之间进行模式匹配,从而融合了多传感器的互补信息以实现对重叠和遮挡目标的识别。

在信息融合过程中要解决的几个关键问题如下:

① 数据配准:在多传感器信息融合系统中,每个传感器提供的观测数据都是在各自的参考框架之内。在对这些信息进行组合之前,必须首先将它们变换到同一个参考框架中去。但要注意的是,多传感时空配准引起的舍入误差必须得到补偿。

② 同类或异类数据:多传感器提供的数据在属性上可以是同类也可以是异类的,而且异类多传感器较之同类传感器,其提供的信息具有更强的多样性和互补性;但同时由于异类数据在时间上的不同步,数据率不一致以及测量维数不匹配等特点,使得对这些信息的融合处理更加困难。

③ 传感器观测数据的不确定性:传感器工作环境的不确定性,导致观测数据包含有噪声成分,在融合处理中需要对多源观测数据进行分析验证,并综合评判,从而在较大程度上降低数据的不确定性。

④ 不完整、不一致及虚假数据:在多传感信息融合系统中,对传感器接收到的量测数据有时会存在多种解释,称之为数据的不完整性;多传感数据往往也会对观测环境做出不一致或相互矛盾的解释。另外,由于噪声及干扰因素的存在,往往存在一些虚假的量测数据。信息融合系统需要能够对这些不完整数据、不一致数据以及虚假数据进行有效的融合处理。

⑤ 数据关联:数据关联问题广泛存在,需要解决单传感时间域上的关联问题,以及多传感空间域上的关联问题,从而能确定来源于同一目标源的数据。

⑥ 粒度:主要问题是多传感器提供的数据可能是在不同粒度级别上。这些数据可以是稀疏的,也可以是稠密的;它们也可能分别处于数据级、特征级,或是不同抽象级别上,所以一个可行的融合方案应该可工作在各种不同粒度级别上。

⑦ 态势数据库:它为各个级别上的融合处理提供实时和非实时数据。这些数据包括多传感器观测数据、融合的中间结果数据、有关目标和环境的辅助信息以及进行融合处理所需的历史信息等。对整个信息融合系统中态势数据库的要求是容量要大、搜索要快、开放互联性要好,并具有良好的人机接口。因此,要开发更有效的数据模型、新的有效查找和搜索机制,以及分布式多媒体数据库管理系统等。虽然信息融合近年来取得了很多进展,单平台、底层融合理论与方法已日趋成熟。但还远未达到人脑所能实现的融合能力,仍存在很多挑战,而这些也正是信息融合的发展方向,例如:一体化融合处理、以人为中心的信息融合、信息获取与融合的联合优化、复杂传感器信息融合系统体系结构设计、信息融合系统仿真与性能评估等。多传感器信息融合近十几年来已受到广泛的关注,它的理论和方法已被应用到许多研究领域。从目前军事领域的发展来看,趋向于采用多信息融合技术来进行信息综合处理。本书基于近年的研究成果,就上述信息融合模型、算法、方法等新成果、新动向展开了讨论,并对信息融合研究的未来发展趋势进行了评述。

4.6　多源信息融合的算法

数据融合作为一种数据综合和处理的一门新技术，它是传统学科和新技术的集成和应用，体现了多学科的交叉、综合和延拓。多传感器信息、融合技术是对来自不同传感器的数据信息进行综合分析和处理，以产生对被测信息的最优估计，因而可以使信息在准确性、可靠性及完备性等方面较单一传感器有明显提高。信息融合中数学工具的功能具备基础性以及多重性，它将所有的输入数据在一个公共空间内得以有效描述，同时它对这些数据进行适当综合，最后以适当的形式输出和表现这些数据。在信息融合领域使用的主要数学工具或方法有概率论、推理网络、模糊理论和神经网络等，其中使用较多的是概率论、模糊理论、推理网络等。表 4-2 为三种信号融合层的常用算法。

表 4-2　三种信息融合层的常用算法

融合层	常用方法
数据层	卡尔曼滤波、贝叶斯估计法、最小二乘法、最大似然估计法
特征层	统计法、表决法、模糊集合理论、模糊数学法、神经网络
决策层	遗传算法、蚁群算法、模糊集合理论

4.6.1　概率论、推理网络与模糊理论

在融合技术中最早应用的就是概率论。在一个公共空间根据概率或似然函数对输入数据建模，在一定的先验概率情况下，根据贝叶斯规则合并这些概率以获得每个输出假设的概率，这样可以处理不确定性问题。贝叶斯方法的主要难点在于对概率分布的描述，特别是当数据是由低层级传感器给出时，就显得更为困难。另外，在进行计算时，常常简单地假定信息源是独立的，这个假设在大多数情况下受较多限制。卡尔曼滤波方法则根据早先估计和最新观测，递推地提供对观测特性的估计。另外，概率论和模糊集理论的综合应用给解决多源数据的融合问题提供了工具。

推理网络的构建和应用有着很长的历史，可以追溯到 1913 年由一位名叫 John H. Wigmore 的美国学者所做的研究工作[25]。近年来，许多对于分析复杂推理网络的理论往往基于贝叶斯规则的推论，并且都被归类于贝叶斯网络。目前，大多数贝叶斯网络的研究都包括了对于概率有效传播的算法拓展，同时它在整个网络中也充当了新证据的角色。同时贝叶斯网络在 AI 任务里已作为对于不确定推理的标准化有效方法。贝叶斯网络的优点是简洁、易于处理相关事件。缺点是不能区分不知道和不确定事件，并且要求处理的对象具有相关性。在实际运用中一般不知道先验概率，当假定的先验概率与实际相矛盾时，推理结果很差，特别是在处理多假设和多条件问题时显得相当复杂。

模糊集理论是基于分类的局部理论，因此，从产生起就有许多模糊分类技术得以发展隶属函数可以表达词语的意思，这在数字表达和符号表达之间建立了一个便利的交互接口。在信息融合的应用中主要是通过与特征相连的规则对专家知识进行建模。另外，可以采用模糊集理论来对数字化信息进行严格地折中或是宽松地建模。模糊集理论的另一个方面是可以处理非精确描述问题，还能够自适应地归并信息。对估计过程的模糊拓展可以解决信

息或决策冲突问题，应用于传感器融合、专家意见综合以及数据库融合，特别是在信息很少，又只是定性信息的情况下效果较好[26]。

4.6.2 人工神经网络算法

4.6.2.1 人工神经网络的背景

人工神经网络(artificial neural networks，ANN)系统是 20 世纪 40 年代后出现的。它是由众多的神经元可调的连接权值连接而成，具有大规模并行处理、分布式信息存储、良好的自组织自学习能力等特点[27]。它是基于现代神经生物学和认知科学在信息处理领域应用的研究成果。神经网络应用于信息融合的历史并不长，它具有大规模并行模拟处理、连续时间动力学和网络全局作用等特点，有很强的自适应学习能力，从而可以替代复杂耗时的传统算法，使信号处理过程更接近人类思维活动。利用神经网络分布式信息存储和并行处理的特点，可以避开模式识别方法中建模和特征提取的过程，从而消除由于模型不符和特征选择不当带来的影响，并实现实时识别，以提高识别系统的性能[28]。为了获取概率、可能性或证据分布数据，也可将神经网络技术与前述理论结合使用。比如在处理冲突信息问题中，与基于迭代优化的神经网络方法相比，聚类法计算复杂性较低，但性能也略逊一些。因此文献将 Potts spin 理论和证据推理相结合，提出了快速神经网络聚类法 BP(back propagation)算法又称为误差反向传播算法，是人工神经网络中的一种监督式的学习算法。BP 神经网络算法在理论上可以逼近任意函数，基本的结构由非线性变化单元组成，具有很强的非线性映射能力。而且网络的中间层数、各层的处理单元数以及网络的学习系数等参数可根据具体情况设定，灵活性很大，在优化、信号处理与模式识别、智能控制、故障诊断等许多领域都有着广泛的应用前景。

1943 年，心理学家 W. S. McCulloch 和数理逻辑学家 W. Pitts 建立了神经网络和数学模型，称为 MP 模型[1]。他们通过 MP 模型提出了神经元的形式化数学描述和网络结构方法，证明了单个神经元能执行逻辑功能，从而开创了人工神经网络研究的时代。1949 年，心理学家提出了突触联系强度可变的设想[29]。20 世纪 60 年代，人工神经网络得到了进一步发展，更完善的神经网络模型被提出，其中包括感知器和自适应线性元件等。M. Minsky 等仔细分析了以感知器为代表的神经网络系统的功能及局限后，于 1969 年出版了 *Perceptron* 一书，指出感知器不能解决高阶谓词问题。他们的论点极大地影响了神经网络的研究，加之当时串行计算机和人工智能所取得的成就，掩盖了发展新型计算机和人工智能新途径的必要性和迫切性，使人工神经网络的研究处于低潮[29]。在此期间，一些人工神经网络的研究者仍然致力于这一研究，提出了适应谐振理论(ART 网)、自组织映射、认知机网络，同时进行了神经网络数学理论的研究。以上研究为神经网络的研究和发展奠定了基础。1982 年，美国加州工学院物理学家 J. J. Hopfield 提出了 Hopfield 神经网格模型，引入了“计算能量”概念，给出了网络稳定性判断。1984 年，他又提出了连续时间 Hopfield 神经网络模型，为神经计算机的研究做了开拓性的工作，开创了神经网络用于联想记忆和优化计算的新途径，有力地推动了神经网络的研究[30]。1985 年，又有学者提出了玻尔兹曼模型，在学习中采用统计热力学模拟退火技术，保证整个系统趋于全局稳定点[31]。1986 年，学者们进行认知微观结构的研究，提出了并行分布处理的理论。1986 年，Rumelhart，Hinton，Williams 发展了 BP 算法。Rumelhart 和 McClelland 出版了 *Parallel distribution processing：explorations in the microstructures of cognition*。迄今，BP 算法已被用于解决大量实际问题。1988 年，

Linsker 对感知机网络提出了新的自组织理论，并在 Shanon 信息论的基础上形成了最大互信息理论，从而点燃了基于 NN 的信息应用理论的光芒。1988 年，Broomhead 和 Lowe 用径向基函数(radial basis function，RBF)提出分层网络的设计方法，从而将 NN 的设计与数值分析和线性适应滤波相挂钩。20 世纪 90 年代初，Vapnik 等提出了支持向量机(support vector machines，SVM)和 VC(Vapnik-Chervonenkis)维数的概念。人工神经网络的研究受到了各个发达国家的重视，美国国会通过决议将 1990 年 1 月 5 日开始的十年定为“脑的十年”，国际研究组织号召它的成员国将“脑的十年”变为全球行为。在日本的“真实世界计算(RWC)”项目中，人工智能的研究成了一个重要的组成部分。

4.6.2.2　人工神经网络算法的原理

人工神经网络算法原理是将相当数目的基础神经单元按一定方式彼此相连形成的一种非线性的自适应算法。尽管单个神经元的结构和能力相对较弱，但当多个神经元结合而成一个完整网络时，其处理能力得到了极大提升。如图 4-13 为神经网络示意图。

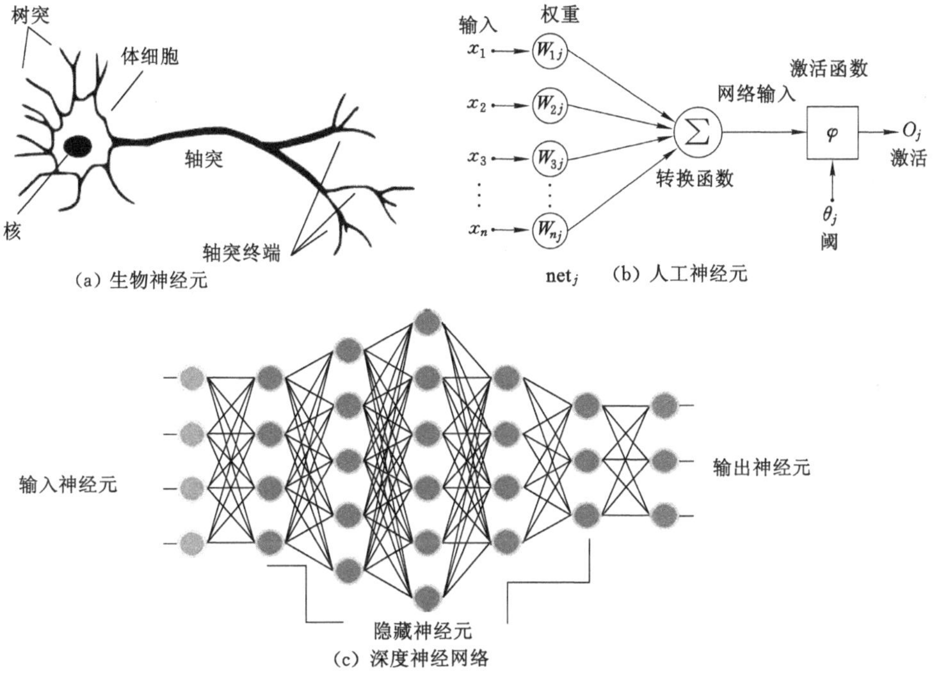

图 4-13　神经网络示意图

首先，输入层神经元得到刺激，并沿着树突 W 一定的兴奋度的方式将刺激传递给下一层的神经元，隐层单元类似中枢神经，对输入进行一定的分析运算，最后将刺激传递给输出层。本质上，神经网络是一个 R^I 到 R^K 的非线性映射，即 $f_{NN}: R^I \sim R^K$。

其中，I 和 K 分别是输入空间和期望空间的维数。函数一般是由多个非线性函数组成的，每一个都与神经网络中的一个神经元相对应。

一个神经元，一般表示从 R^I 在[0,1]或[−1,1] 内的一个非线性映射，选择不同的传递函数有不同的映射区间。即 $f_{AN}: R^I \rightarrow [0,1]$ 或 $f_{AN}: R^I \rightarrow [-1,1]$。

其中，I 为一个神经元的输入个数。$Z = (z_1, z_2, z_3, \cdots, z_i)$ 为该神经元输入，$V = (v_1,$

$v_2, v_3, \cdots, v_i$）为每个输入对应的连接权值，$f()$ 为该神经元传递活函数，φ 为该神经元节点的阈值，O 为该神经元的输出。

一个人工神经元的输入一般为所有输入值的加权和，如：$net = \sum_{i=1}^{I} z_i v_i$，开始时神经网络权值随机分配；$\varphi$ 为该神经元元阈值，只有在该节点的输入大于阈值时，神经元才会做出兴奋或抑制反应。

函数 f_{AN} 为神经元网络的输入，通过这个函数能够计算出神经元各节点的输出。这个函数被称为激活函数，也称为传递函数。神经元网络可以使用多种类型的激活函数。

人工神经网络的特点和优越性，主要表现在以下三个方面：

① 具有自学习功能。例如实现图像识别时，只要先把许多不同的图像样板和对应的应识别的结果输入人工神经网络，网络就会通过自学习功能，慢慢学会识别类似的图像。自学习功能对于预测有特别重要的意义。预计未来的人工神经网络计算机将为人类提供经济预测、市场预测、效益预测，其应用前途是很远大的。

② 具有联想存储功能。用人工神经网络的反馈网络就可以实现这种联想。

③ 具有高速寻找优化解的能力。寻找一个复杂问题的优化解，往往需要很大的计算量，利用一个针对某问题而设计的反馈型人工神经网络，发挥计算机的高速运算能力，可能很快找到优化解。

4.6.2.3 人工神经网络的理论算法

① BP 网络。1986 年由 Rumelhart 和 Mcclelland 为首的科学家们给出的 BP 神经网络算法虽然存在些缺陷，但是 BP 算法理论依据坚实、推导过程严谨等特点，还是让 BP 算法成为人工神经网络算法中较为经典的，也是使用最普遍的神经网络模型之一。BP 算法是一种监督学习算法。其主要步骤是：首先将训练集中样本输入，得到的结果与正确率将会对网络的权值进行反馈，利用梯度下降法对参数进行迭代更新，得到结果的最优解，当满足输出层的均方误差小于事先设定的阈值时，训练完成。传统的 BP 算法本质上是一种学习方法，它将组样本输入/输出问题转换为非线性优化问题，并通过负梯度下降算法和迭代操作解决权重问题，但其收敛速度较慢，易陷入局部最优解为此方法较为突出的问题。为解决此问题，提出了一种新的高斯消元法。

② 离散 Hopfield 神经网络。Hopfield 首先提出的网络是一种二值神经网络，所谓二值就是神经元的输出只取这两个值，即 1 和 0，因此也称它为离散 Hopfield 神经网络。离散 Hopfield 网络使用的神经元为二元神经元，因此输出的 1 和 0 分别代表该神经元的激活和抑制。

4.6.2.4 人工神经网络的发展现状及应用

人工神经网络是一门交叉学科，与计算机科学、数学等学科关系密切。它的发展与应用离不开这些学科。从 20 世纪 90 年代起，各种研究成果层出不穷，这些成果不仅完善了当时的人工神经网络研究，还为以后人工神经网络的实际应用提供了理论依据。

目前人工神经网络已发展的较为完善，而且已广泛应用于多个学科领域之中。例如 Alpha Go、VR 技术和人脸识别技术等。Alpha Go 不仅攻克了棋类游戏中最难的围棋，而且展示了人工神经网络所拥有的巨大潜力。VR 技术的发展将改变目前人们的生活方式，并将带来极大的便利。而人脸识别技术的发展将提高个人信息，物品的安全性，将更好地保护我们的权利。随着人工神经网络技术的发展，它在模式识别、知识工程、信号处理、专家系统、机器人控制等方面的应用较广。

(1) 生物信号的检测分析

目前大部分医学检测设备都是通过连续波形得到相关数据，从而根据所得数据对病情进行诊断。人工神经网络技术就是应用了这样的方式将多个神经元组合起来构成，解决了生物医学信号检测方面的难题，其适应性和独立性强，分布贮藏功能多。在生物医学领域该技术主要应用于对心电信号、听觉诱发电位信号、医学图像、肌电和胃肠等信号的处理、识别和分析。

(2) 医学专家系统

传统的医院专家系统是直接将专家的经验、学历、临床诊断方面取得的成绩等存储在计算机中，构建独立的医学知识库，通过逻辑推理进行诊断的一种方式。进入21世纪，医院需要存储的医学知识越来越多，每天产生新的病况和知识，过去的一些专家系统显然已经无法适应医院的发展需求，因此医院的效率很低。而人工神经网络技术的出现为医院专家系统的构建提出了新的发展方向，通过人工神经网络技术，系统能够自主学习、自行组织、自行推理。因此在医学专家系统中该网络技术应用面较广。麻醉医学、重症医学中生理变量分析和评估较多，目前临床上一些还没有确切证据或者尚未发现的关系与现象，通过人工神经网络便能有效解决。

(3) 市场价格预测

在经济活动中，传统统计方法受到一些因素的制约，无法对价格变动做出准确的预测，因此难免在预测的时候出现失误的现象。人工神经网络技术能够处理那些不完整的、规律不明显、模糊不确定的数据，并做出有效预测，因此人工神经网络技术具有传统统计方法无法比拟的优势。例如人工神经网络技术可以通过分析居民人均收入、贷款利率和城市化发展水平，从而组建一个完整的预测模型，准确预测出商品的价格变动情况。

(4) 风险评价

在从事某一项特定的活动时，由于社会上一些不确定因素，可能会造成当事人经济上或者其他方面的损失。因此在进行某一项活动时，对活动进行有效的预测和评估，可避免风险。人工神经网络技术可以根据风险的实际来源，构筑一套信用风险模型结构和风险评估系数，从而提出有效的解决方案。通过信用风险模型分析弥补主观预测方面的不足，从而达到避免风险的目的。

人工神经网络克服了传统人工智能对语言识别、模式、非结构化信息处理的缺陷，因此在模式识别、神经专家系统、智能控制、信息处理和天气预测等领域广泛应用。随着科学技术的进步，AI的快速发展，AI与遗传算法模糊系统等方面结合，形成了计算智能，很多企业和国家开始大规模研发AI，人工神经网络正在模拟人类认知的方向发展，目前市场已经有很多人工智能产品面世。通过上述研究分析，人工神经网络技术已经取得了相应的发展，但还存在很多不足，如应用范围狭窄、预测精度低、通用模型缺乏创新等，因此需要我们在此基础上不断寻找新的突破点，加强对生物神经元系统的研究和探索，进一步挖掘其潜在的价值，将人工神经网络技术应用在更多领域中，为社会创造更大的财富。

4.6.2.5　人工神经网络的影响

(1) 积极影响

人工神经网络的迅猛发展给我们的生活带来了巨大的好处。VR购物可以让我们更为直观地感受衣服合身与否，穿在身上的效果如何等，这是传统的网络购物无法解决的问题。智能医疗体系的建成将进一步解决目前传统医疗体系存在的弊端，也将优化目前的医疗体系，让资源得到更合理的配置。未来，智能机器人的存在将使人们从繁重的体力劳动中解放出来，使人们更能专心于各种技术的研发。人工神经网络的发展还将促进其他学科的发展，其工作拥有的超高速能大大节省我们的时间，其所拥有的极低错误率也将大大提高准确率。

(2) 消极影响

人工神经网络的发展带来的不仅仅是优势，它也有不利的一面。首先，过于真实的VR场景会使人沉溺其中，而其模拟现实感受的感觉体系可能会刺激大脑，使人的精神受到一定的创伤。其次，大量的职业由智能机器人接管将导致大量的人失业。而这些失业的人的衣食住行问题，及其本身带来的不安定因素成为亟待解决的问题。再者，大量智能机器人的出现将加大知识的两极分化，导致有知识的人越来越有知识，而跟不上知识更新速度的人将无法改变自身命运。另外，大量工作由智能机器人替代，将会使人懈怠，变得四肢不勤、五谷不分，身体素质也将会下降。

人工神经网络作为一门机器智能学科，是随着生物智能特别是人类智能的研究而发展起来的。由于目前对人脑的研究还十分浅薄，对生物神经网络的认知还不够，人工神经网络始终存在弊端。因此，人工神经网络的改进和发展需要神经科学的研究。在如今飞速发展的时代，人工神经网络的发展势头不容小觑。人工神经网络的不断发展也将带给我们不断的惊喜。

4.6.3 随机森林算法

随机森林(random forest，RF)算法是一种机器学习法，也是一种统计学习理论，它是利用bootstrap重抽样方法(全部样本未知的情况下，借助部分样本的有放回多次抽样，构建某个估计的置信区间)从原始样本中抽取多个样本，对每个bootstrap样本进行决策树建模，然后再组合多棵决策树的预测，通过投票得出最终预测结果。它具有很高的预测准确率，对异常值和噪声具有很好的容忍度，且不容易出现过拟合，在医学、生物信息、管理学等领域有着广泛的应用[32]。

4.6.3.1 随机森林算法研究现状

近年来，随机森林算法在国外得到了迅速发展，在医学、管理学、经济学等众多领域得到了广泛应用。Nicolai基于分位数回归和Breima的随机森林提出了分位数回归森林方法，该方法可提供因变量的全部条件分布的信息，不仅仅是条件均值。Sexton和Laake研究、比较了bagging与RF的估计结果，发现对于大的数据集基于bootstrap的RF估计效果更好。Bence和Brown在改进稳健RF回归算法的基础上提出了boosting算法[33]。

与传统分类算法相比，RF具有高准确性等优点，所以近10年来，RF的理论和方法在许多领域都有了比较迅速的发展：在生物信息学方面，Parkhurst等使用RF研究了沙滩细菌密度与其他变量的影响关系，Smith等用RF对细菌追踪数据进行了研究，并和判别分析方法进行了比较，Alonso等利用生物标记寄生虫进行鱼类种群判别；在生态学方面，Gislason等利用RF方法对土地的覆盖面积进行了研究，并发现RF与其他组合算法相比训练更快，Jan等基于RF和Logistic模型建立了生态水文分布模型，比较发现RF的预测误差小于Logistic模型；在医学上，Lee等利用RF技术对肺部CT图像进行肺结节的自动检测，同时还在 RF 中加入了 CAC(临床和外观限制)；在遗传学上，Diaz-Uriate 等利用 RF 方法进行基因识别，Chem 和 Liu 进行了蛋白质相互关系的研究；在遥感地理学上，Pal、Ham、Gislason 等分别利用 RF 分类器进行了遥感研究。此外，Xu 等还进行语言的自动学习，Auret 等还将 RF 应用到时间序列中，对时间序列的变化点进行检测[34]。

RF 在经济管理领域也有一定的应用，特别是在客户流失度预测方面：Bart 把 RF 应用于客户关系管理中，发现 RF 的效果都要优于普通线性回归和 Logistic 模型[35]；Xie 等在 RF 中融合了抽样技术和成本惩罚，并以银行客户数据为例进行了客户流失预测；Coussement 等比较了 SVM、Logistic 模型和 RF 客户流失预测能力，当且仅当 SVM 加入最优参数自动选择器后优于 Logistic 模型，但 RF 始终优于 SVM；Buren 等还将加权随机森林算法应用到客户流失预测中，通过与标准 RF 的比较发现，加权随机森林有更好的预测效果，此外还特别强调了 AUC 指标的优越性；Coussement 等认为提高客户流失预测精度，一方面是充实客户的资料库，另一方面是选取一个好的方法，比较了 RF、SVM、Logistic 模型后发现 RF 是预测效果最好的，RF 除了预测客户的流失度外还被应用到客户忠诚度预测中[36]。Buckinx 等提出在客户交易数据库中加入客户忠诚度的预测值，同时比较了多元线性回归 RF 和 ANN 的预测效果[37]。

在信用风险评价领域，Fantazzini 等将随机生存森林应用在 SME 信用风险管理中，Hiroyuki 等利用 RF 研究了电力市场的信用风险评估，均取得了很好的效果[38]。在国内，林成德等利用 RF 建立企业信用评估的指标体系。在作者所查文献范围内，RF 在金融中的应用还较少，主要有：方匡南等把 RF 应用到基金超额收益方向预测和交易策略中，刘微等使用 RF 进行基金重仓股预测。此外，Kely 等利用 RF 研究社会收入再分配问题。Lessann 等利用 RF 进行赛马胜率预测，认为 RF 的预测结果优于传统预测方法，能够带来丰厚的商业利润。然而，Veritas 等在大量实验的基础上探讨 RF 的适用范围，发现 RF 的变量重要性排序结果并非完全可信[39]。

4.6.3.2　随机森林算法的特点

在评估煤自燃过程中需要大量的指标以及海量的数据，这些指标和数据构成了高维数据集合，随机森林在处理、分析大规模的数据中存在优势。图 4-14 为基于随机森林算法煤自燃预警判别流程图，首先将已经分类的煤自燃样本数据输入到煤自燃预警模型中，该模型采用 bootstrat 采样方式进行测试集的建立，然后通过随机选取属性的方式构建决策树，决策树进行分优，最后通过投票方式得出预测结果。

随机森林具有计算指标重要性的能力，这种能力对于指标筛选具有重要作用。其主要思想是将不同的分类模块的结果进行投票选择，从而组成一个强分类器，通过多棵决策树共同决定分类结果，以提高准确率。由于随机森林自身的优越性，近年来已经被广泛应用于大气学、火灾预测、金融等方面的指标筛选问题中。

Breiman(2001)开发的 Andom forest 是一种集成学习方法，其中将多个决策树构建并合并在一起以获得更准确和稳定的预测或分类。使用引导重采样从原始样本中抽取随机森林中的树，并使用特征的随机子集来形成每棵树。下面解释生成回归树的随机森林的过程。

采用数据集合 $D=\{(x_1,y_1),\cdots,(x_n,y_n)\}$ 来找到函数 $f:X\to Y$，其中 X 是输入，Y 是输出，n 是输入的个数。

① 随机森林从 D 中随机选择 n 个观测值并替换以形成引导样本。

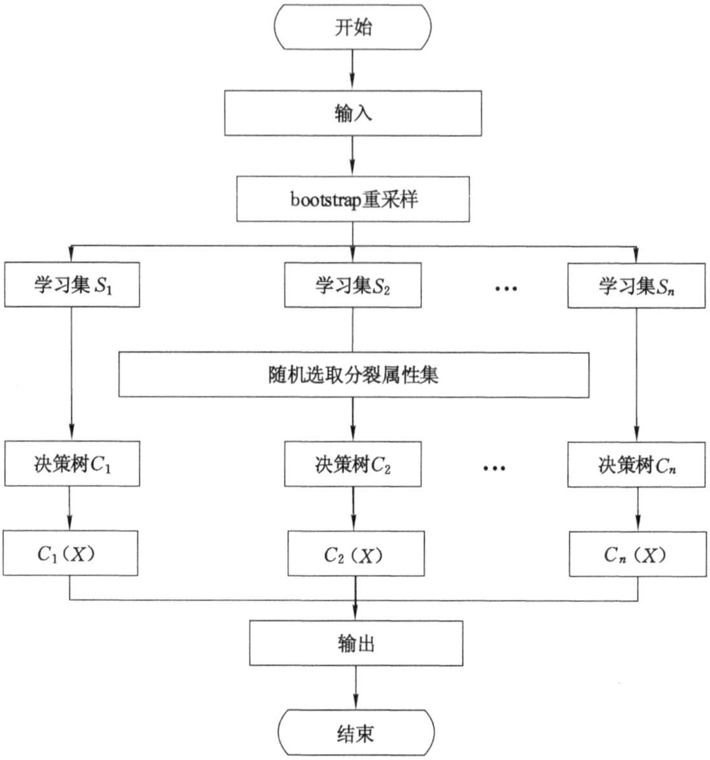

图 4-14　基于随机森林算法煤自燃预警判别流程图

② 使用全部M个特征中m个特征的子集来形成每棵树。然后在每个节点上随机选择m个特征，并根据杂质测度选择m个特征中性能最好的分割。

③ 让每棵树成长到最大的深度。在不改变树的情况下，选择在每个节点处分配的最佳功能可以使随机森林保持预测强度。另外，特征的随机选择降低了树之间的相关性。与其他基于树的方法不同，随着更多的树木添加到森林中，随机森林不受过度拟合的影响。总体预测是通过对森林中单个树木的平均预测得出的。随机森林不仅可以概括整个样本中树木的预测，还可以使用袋外样本提供可变的重要性度量。主要思想是通过在所有树木上排列其值来消除预测变量对响应变量的依赖性，然后估计森林预测精度的损失，高损失意味着预测变量的重要性，反之亦然。应当注意的是，当需要针对其他机器方法进行准确评估时，经常通过K折交叉验证来实施随机森林。但是，由于可以在随机森林中内部估计错误的无偏估计，所以这样的过程可能不是必需的。

随机森林的优点有：

① 可以用来解决分类和回归问题：随机森林可以同时处理分类和数值特征。

② 抗过拟合能力：通过平均决策树，降低过拟合的风险性。

③ 只有在半数以上的基分类器出现差错时才会做出错误的预测：随机森林非常稳定，即使数据集中出现了一个新的数据点，整个算法也不会受到过多影响，它只会影响到一棵决策树，很难对所有决策树产生影响。

随机森林的缺点有：

① 据观测，如果一些分类/回归问题的训练数据中存在噪声，随机森林中的数据集会出

现过拟合的现象。

② 比决策树算法更复杂，计算成本更高。

③ 由于其本身的复杂性，它们比其他类似的算法需要更多的时间来训练。

4.6.3.3　随机森林算法的改进

随机森林算法虽然在分类精度、泛化误差等性能方面比决策树算法有较大的提升，也得到了广泛的应用，但是随着研究的深入，随机森林算法自身存在的问题也慢慢暴露出来，主要表现在三个方面：第一，不能很好地处理非平衡数据；第二，对连续性变量的处理还需要进行离散化；第三，分类精度还需要进一步提高。

（1）处理非平衡数据上的改进

随机森林算法不能很好地处理非平衡数据的原因主要是随机森林构建时的训练集是随机选取的，加剧了数据集的不平衡性。黄衍等使用 20 个 UCI 数据集比较了随机森林算法和支持向量机算法在不平衡分类中的分类效果，实验表明，随机森林在不平衡数据上的分类性能明显不如支持向量机。

不少学者在这方面做了相关研究，吴琼等在使用随机森林算法对非平衡数据进行分类时先使用 NCL(neighborhood cleaning rule)技术对数据进行了处理，再应用随机森林算法提高了分类的准确率[40]。王雪在处理高维不平衡数据时采用了欠抽样和过抽样处理使原始数据集达到平衡状态。钟龙申提出一种 K_SMOTE 算法提高了随机森林算法的分类性能[41]。徐少成在数据方面提出了一种改善数据平衡问题的优化 SMOTE 算法的 ESMOTE 算法，平衡后的数据有效缓解了数据的不平衡性对模型的影响。马海荣等在解决传统随机森林模型随机抽取样本时训练样本集中包含不同类别样本数不平衡问题时，采用的方法是随机抽取等量的少数类与多数类样本构建训练样本集进行随机森林建模，然后根据投票熵与基于样本特征参数的广义欧几里得距离，逐步添加具有最大投票熵的样本到训练样本集，有效解决了数据不平衡的问题[42]。赵锦阳、卢会国等针对随机森林算法在不平衡数据集上表现的分类性能差的问题，提出了一种新的过采样方法：SCSMOTE 算法，并且在 UCI 数据集上对比实验表明该算法有效提高了随机森林算法在非平衡数据集上的分类性能[43]。总体看来，在解决随机森林算法在非平衡数据上分类性能差的问题上，学者们采取的方法基本是对数据集进行预处理，使得数据集处于一个相对平衡的状态。

（2）处理连续性变量的改进

传统的随机森林算法中，如果存在连续性变量的做法是将其分成不同的区间，即离散化。但是这种方法会使得算法在分析计算节点分裂标准时花费大量的时间，会影响算法的执行速度。目前连续变量离散化的方法有很多，最主要的方法是基于统计学思想的 CH_2 相关算法。曹正凤在使用随机森林算法处理连续性变量时借鉴和改进了 CHI_2 算法，提出了 COR-CHI_2 算法，提高了随机森林算法的执行效率。

（3）在提高分类精度上的改进

任何一个分类算法的分类精度越高越好，也就是准确度(accuracy of measurement)。所以，分类精度的提高是分类算法优化研究中永恒的主题。随机森林分类算法的分类精度虽然相对较高，但是在不同数据集上的分类精度还是存在一些问题的。许多学者对随机森林算法进行了广泛的研究，并且取得了显著的成果。对随机森林算法的改进，可以从以下几个方面对数据集进行预处理工作：

① 改进生成的决策树算法；

② 对生成的决策树进行筛选；

③ 改进投票方式。

前面提到的随机森林对非平衡数据和连续性数据的处理就是对数据集进行了预处理工作。曹正凤等将C4.5决策树算法和CART决策树算法混合为一个算法，使用混合后的算法生成随机森林算法，提高了其精确度。王日升等将随机森林模型中的决策树按AUC(area under curve)值进行降序排序，选取AUC值高的决策树，然后计算这些决策树的相似度，并生成相似度矩阵，聚类之后选取每类中AUC值最高的组成随机森林模型。实践表明，改进后的随机森林算法在分类精度上有所提高。Paul等提出了一种改进的随机森林分类器，以最小树数进行分类，根据特征的重要性限制随机森林中决策树的数量。在不同数据集上实验表明分类误差有显著降低。王诚等提出了一种基于决策树聚类的改进随机森林算法，取出分类精度低和相似性高的决策树，通过实验表明该算法在集成准确率和分类效率上高于传统的随机森林算法。

4.6.3.4 随机森林算法的应用

由于随机森林算法的综合性能较好，所以在很多领域都有广泛的应用。许允之把随机森林算法应用到环境保护中，用其预测徐州雾霾情况，最后分析和阐述了徐州对雾霾的治理措施。Li等把随机森林算法应用到了推荐系统中，提出了一种基于改进随机森林算法的多维上下文感知推荐方法，实验结果表明该方法可以降低平均绝对误差和均方根误差。Jonny Evans等利用基于上下文的随机森林算法预测道路交通状况。De Santana，Felipe Bachion等利用随机森林算法和红外光谱进行食品掺假检测。

综上所述，随机森林算法是一种分类精度较高，效率也较高的算法而且其理论和方法的研究都已经比较成熟，在很多领域都有所应用并且效果较好。

4.6.4 支持向量机算法

支持向量机最初是由Vapnik等在20世纪六七十年代提出的一种通过机器学习的方法演化而来，直到90年代才逐渐成熟。1992年，Vapnik等才开始正式提出支持向量机，是到目前为止统计学习理论最成功的实现，目前仍处于不断发展阶段[44]。据统计，1999年以前国际公开发表的有关统计学习的理论不足50篇，但1999年之后的文章有数千篇之多，其应用范围和成果不断壮大，如在模式识别、回归估计、概率密度估计等方面都有统计学习理论和SVM的专题。国内关于应用的文献较多，如汉字识别多用户检测、入侵检测、参数优化、故障诊断、图像分类、时间序列预测等。

随着时间的推移，学者们对支持向量机的研究也越来越深入。1995年，Boser、Guyon和Vapnik提出了块算法用于解决大训练样本支持向量机问题，当支持向量数远小于练样本数时，块算法才具有较高效率；但如果支持向量数较大，算法仍然很复杂[45]。1997，Osuna等提出了另一种固定工作样本集的分解算法，并将算法用于人脸识别领域。1998年，Joachims将Osuna提出的分解策略推广到解决大型SVM，并形成软件SVM-light，使SVM的训练速度得到一定程度提高。Plat提出一种名为序贯最小化(SMO)的支持向量机训练算法，该算法是分解法的一个特例，算法的最大特点是不需要进行任何数值优化，只需要进行数值分析即可[46]。1999年，Keerthi等提出最近点法把分类问题转化为计算两个凸多边形的最近点，遗憾的是该算法不能求解回归问题；Suykens等提出最小二乘支持向量机

(LSSVM),在目标函数中使用平方误差;Syed 等提出了增量学习算法,增量训练由支持向量机和新样本组成,所有的非支持向量都被抛弃;Magasarian 和 Musicant 提出 SOR 算法同样利用了变形的目标函数[47]。

2000 年,Pavlov 等提出了 Boost SMO 算法,该算法一般情况下虽不能达到最佳,但速度比 SMO 快 3～10 倍[48]。2001 年,Cauwenberghs 等提出一种增量式求解全局优化问题精确解的方法,增加一个样本或减少一个样本,SVM 有关参数都需要修正。Lee 和 Mangasraian 等提出了光滑支持向量机(SSVM)。2002 年,H. P. Huang 和 C. F. Lin 等提出了模糊支持向量机(FSVM),根据训练数据在训练过程中的不同作用,分别赋予不同的隶属度。2003 年,Dong 等在 SVM 分解方法的基础上也提出一种快速算法。同年,Lau 等提出了一种在线 SVM 算法。2021 年,Islam 提出了采用连续优化方法和确定退火方法对半监督 SVM 进行学习[49]。

4.6.4.1　支持向量机的分类

在线性情况下,存在样本集 $T=\{(x_1,y_1),(x_2,y_2),(x_3,y_3),\cdots,(x_n,y_n)\}$,$x_i\in\mathbf{R}^n$,$y_i\in\{1,-1\}$,存在整数 ε,法向量 $\boldsymbol{\omega}$ 以及截距 φ,使其满足以下条件:

$$(\boldsymbol{\omega}^{\mathrm{T}}x_i)+\varphi\geqslant y_i=1 \tag{4-1}$$

$$(\boldsymbol{\omega}^{\mathrm{T}}x_i)+\varphi\leqslant -1\cdot y_i=-1 \tag{4-2}$$

其中,y_1 代表着数据类型,可将其赋值给不同的两个数值,如果将 y_1 赋值为 ± 1,可使计算流程更为简便。运用以上公式得到的分离超平面能够将特征空间分成两个。朝向法向量的一侧为正类,背向法向量的一侧为负类。在线性情况下,这样的超平面可能存在无数个。

我们需要通过准则找到最适合的,这个准则就是被分割的数据距离其超平面的距离达到最远。

一般情况下,分类辨别的可信度可由点到超平面的距离的大小来确定。超平面的是由 $(\boldsymbol{\omega}^{\mathrm{T}}x_i)+\varphi=0$ 来确定的,$|(\boldsymbol{\omega}^{\mathrm{T}}x_i)+\varphi|$ 还可以用来表示点到超平面相对距离的大小。大多情况下,采用 $(\boldsymbol{\omega}^{\mathrm{T}}x_i)+\varphi$ 来表示分类是否正确,如果 $(\boldsymbol{\omega}^{\mathrm{T}}x_i)+\varphi$ 与 y 所表述的是一致的,那么就可以认为这个分类结果是准确的。这就引出了间隔函数的概念。

采用式(4-3)来表示间隔函数,即:

$$\hat{\Gamma}=y(\boldsymbol{\omega}^{\mathrm{T}}-\varphi)=yf(x) \tag{4-3}$$

定义超平面$(\boldsymbol{\omega},\varphi)$关于 T 中所有样本点的函数间隔的最小值为超平面$(\boldsymbol{\omega},\varphi)$关于 T 中训练数集的函数间隔,如下式:

$$\hat{\Gamma}=\min_{i=1,\cdots,N}\hat{\Gamma} \tag{4-4}$$

如果按照一定的倍数关系改变 $\boldsymbol{\omega}$ 和 φ 为 $2\boldsymbol{\omega}$ 和 3φ,不改变超平面,但改变后的函数间隔将是改变之前的函数间隔的 6 倍。因此改变函数间隔并不足以体现可信度。一般情况下,时间函数间隔改变成几何间隔,即通过对于法向量 $\boldsymbol{\omega}$ 的约束来保证函数间隔会不会发生改变。

假设样本点 x_i 在超平面垂直投影的点为 x_i^0,Γ_i 为分类间隔到样本点的距离大小,$\boldsymbol{\omega}$ 为垂直于超平面的一个向量,则会有 $x_i=x_i^0+\Gamma_i\dfrac{\boldsymbol{\omega}}{\|\boldsymbol{\omega}\|}$,其中 $\|\boldsymbol{\omega}\|$ 表示范数。

对于 x_i^0，如果满足 $f(x_i^0)=0$，就可以得出 Γ_i 相应的距离公式，如下式：

$$\Gamma_i = \boldsymbol{\omega}^{\mathrm{T}} + \varphi\boldsymbol{\omega} = \Gamma\boldsymbol{\omega} \tag{4-5}$$

定义超平面($\boldsymbol{\omega},\varphi$)关于 T 中所有样本点的最小值为其关于训练数集 T 的几何间隔，如下式：

$$\Gamma = \min_{i=1,\cdots,N} \Gamma_i \tag{4-6}$$

几何间隔中，即使按照一定的倍数改变 $\boldsymbol{\omega}$ 和 φ 时，也并不会将 Γ 改变。在几何间隔中，Γ 仅会随着超平面的变化而变化。因此它是最适合的间隔。支持向量机就是找出能够准确分开训练数集并且几何距离最远的分离超平面。

在确定分离超平面上所起到的决定性作用的支持向量就是两条虚线上的样本点。考虑到几何间距和函数间隔之间的关系，可以得到约束，如下式：

$$\max \omega,\varphi\Gamma\omega \tag{4-7}$$

$$y\boldsymbol{\omega}^{\mathrm{T}} + \varphi \geqslant \Gamma \tag{4-8}$$

4.6.4.2　支持向量机的回归

支持向量机的回归将不敏感损失函数引入其中，这是由美国统计学家 Vapnik 提出来的，目的是将 SVM 扩展到回归领域中[50]。支持向量的回归与分类的区别就在于输出的类别不同。支持向量机回归的样本集为 $U = \{(x_1,y_1),(x_2,y_2),\cdots,(x_i,y_i),x_i \in \mathbf{R}^d, y_i \in \mathbf{R}\}$，与支持向量机的分类相同，这个样本集合就是用来寻找一个超平面，使超平面距离所有样本点的总偏差达到最小。

不敏感顺势函数的定义是 $f(x)$ 与 y 偏差的绝对值小于 Δ_y 时，损失为 0，其表达式为：

$$\begin{aligned} &Lfx,y = fx - y\Delta_y = 0 \\ &fx - y \leqslant \Delta_y fx - y - \Delta_y \\ &fx - y \leqslant \Delta_y \end{aligned} \tag{4-9}$$

在解决支持向量机回归的问题时，要提高运算精度，所以要引入一个松弛变量 ξ，这时 SVM 的数学表达式可以表达为：

$$\begin{aligned} &\min \omega,b,\xi i,\xi i 12\omega 2 + Ci = \ln \xi i + \xi i \\ &s,tfxi - yi \leqslant \Delta_y + \xi i \cdot yi - f(xi) \leqslant \Delta_y + \hat{\xi} l \cdot \xi i \geqslant 0, \hat{\xi} \geqslant 0, i = 1,2,\cdots,n \end{aligned} \tag{4-10}$$

松弛变量 ξ_i 和 $\hat{\xi}_i$ 代表着隔离带的松弛程度。利用拉格朗日原理，解决式(4-10)的对偶问题。

$$\max_{\alpha,\hat{\alpha}} \left\{ -\frac{1}{2}\sum_{i,j=1}^{n}(\hat{\alpha}_i - \alpha_i)(\hat{\alpha}_j - \alpha_j)x_i^{\mathrm{T}}x_j + \sum_{i=1}^{n}\left[y_i(\hat{\alpha}_i - \alpha_i) - \Delta_y(\hat{\alpha}_i + \alpha_i)\right] \right\}$$

$$\text{s. t.} \sum_{i=1}^{n}(\hat{\alpha}_i - \alpha_i) = 0, 0 \leqslant \alpha_i, \hat{\alpha}_i \leqslant C, i = 1,2,3,\cdots \tag{4-11}$$

其中 $\alpha = (\alpha_1,\cdots,\alpha_n)^{\mathrm{T}}$ 和 $\hat{\alpha} = (\hat{\alpha}_1,\cdots,\hat{\alpha}_n)^{\mathrm{T}}$ 是拉格朗日乘子，且式(4-11)存在唯一解，可求出 α^* 和 $\hat{\alpha}^*$。

Vladimir 和万仲平等研究发现，由 KKT(Karush-Kuhn-Tucher)条件可以知道拉格朗日函数在其鞍点处，满足拉格朗日乘子与约束条件乘积为 0，可得出 α_i 和 $\hat{\alpha}_i$ 中至少有一个为 0 的结论，进一步就能得到 SVM 在回归问题中的支持向量。明确支持向量后就可求得 ω^*

和 b^*，得到预测函数：

$$f(x)=\sum_{i=1}^{n}(\alpha_i^*-\hat{\alpha}_i^*)(x_i^{\mathrm{T}}x)+b^* \tag{4-12}$$

如果出现训练集是非线性的情况，核函数也同样适用于解决此类情况，引入核函数后，如下式：

$$\max_{\alpha,\hat{\alpha}}\left\{-\frac{1}{2}\sum_{i,j=1}^{n}(\hat{\alpha}_i-\alpha_i)(\hat{\alpha}_j-\alpha_j)K(x_i,x_j)+\sum_{i=1}^{n}[y_i(\hat{\alpha}_i-\alpha_i)-\Delta_y(\hat{\alpha}_i+\alpha_i)]\right\}$$

$$\text{s.t.}\sum_{i=1}^{n}(\hat{\alpha}_i-\alpha_i)=0,0\leqslant\alpha_i,\hat{\alpha}_i\leqslant C,i=1,2,3,\cdots,n \tag{4-13}$$

预测函数变为：

$$f(x)=\sum_{i=1}^{n}(\alpha_i^*-\hat{\alpha}_i^*)K(x_i,x)+b^* \tag{4-14}$$

如图 4-15 所示，基于支持向量机的煤自燃预警判别模型中有 m 个输入单元，1 个输出单元，其中不同属性的 0 和 1 分别表示视频、音频及环境参数等多源信息，利用各自的信息融合机制模块，在保证各自信息完整性和可靠性的基础上，最大限度地保证信息的有机融合和智能识别，最终都通过一个输出单元实现多源信息的集中处理与显示[51]。

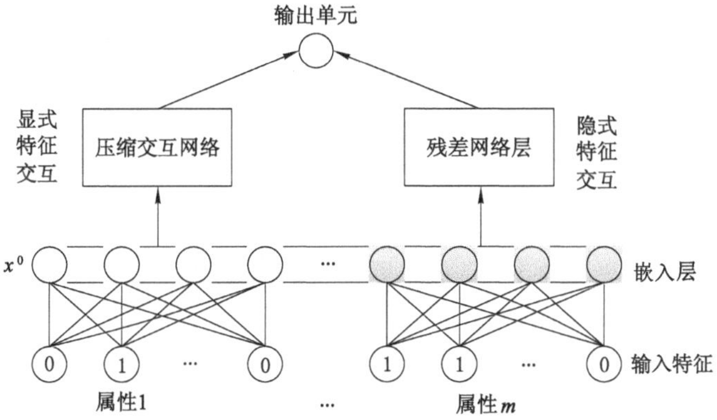

图 4-15　深度融合模型框架

4.6.4.3　支持向量机的参数选取问题

支持向量机模型中包含着两类参数：一类是模型的基本参数，如标准 C-SVM 中的惩罚参数 C；另一类是核函数中的参数，包括核函数以及出现在核函数中的参数，如多项式核中的常数 c 和指数 d、Gauss 径向基核函数中的 δ 等。这些参数选择对支持向量机的分类性能有很大的影响。

以 C-SVM 为例，惩罚系数 C 反映了算法对错分样本数据的惩罚程度，其值影响算法的复杂性和稳定性。惩罚系数 C 是 C-SVM 系数 α 的上界，它能够在算法复杂度和样本错分比例之间取一个折中，使支持向量机有较好的推广能力。不同训练集的最优的 C 值不同，对分类问题而言，参数 C 过小，对经验误差惩罚就小，训练误差变大，系统的推广能力变差，当系统对新的数据进行分类时，错分率就会很高，也就会出现“欠学习”现象；参数 C 过大，学习精度相应提高，但模型的泛化能力变差，对新数据的错分率同样很高，也就会出现所谓的“过学习”现象。实际上，当 C 超过一定值，支持向量机的“经验”风险和推广能力几乎不变[52]。

对于 SVM 中的核函数选取，目前并没有特定的方法，但 Gauss 径向基核函数的应用要比其他核函数更为普遍，而且 Gauss 径向基核函数要比选择其他的核函数所取得的效果好。大多数实际应用中之所以选择 Gauss 径向基核函数主要有以下几个原因：

（1）Gauss 径向基核函数比线性核具有优势地方在于：Gauss 径向基核函数可以将样本非线性地映射到高维空间，而线性核仅是 Gauss 径向基核在某种情况下的一种特例。

（2）Gauss 径向基核函数比多项式核函数具有优势的地方在于：Gauss 径向基核函数只有一个参数 δ，而多项式核中有两个参数 c 和 d，参数的增多加大了参数选取的难度同时当多项式的次数根据 d 的选取而确定，当 d 较大时多项式核函数的计算复杂度将大大增加。

（3）Gauss 径向基核函数较少发生维数灾难，因此本书所用支持向量机均采用 Gauss 径向基核函数，但 Gauss 径向基核函数中参数 δ 的选取同样会对支持向量机的分类效果产生影响，因此同样需要选定适合的参数值[53]。

4.6.4.4 传统参数选取方法

传统的参数选取方法有以下几种：

（1）经验法

经验法根据核函数参数与数据集中样本分布之间的一些经验公式，近似确定核函数参数的取值。在构造支持向量机时，首先根据经验公式，预先确定核函数参数值。参数一旦确定，在以后的支持向量机构造过程中便不再修改。大量实验表明，根据经验公式得到的核函数参数值基本可以满足绝大部分的分类器设计要求。

（2）实验法

实验法就是在一定范围内对参数进行组合，然后把这些组合代入支持向量机中采用 K 折交叉验证的方法来判断准确率，选取准确率最高的组合作为参数。其中：K 折交叉验证法就是首先把 n 个训练点随机分成 k 个互不相交的子集，即 $S_1,\cdots,S_k$，并且每个子集的大小大致相等。然后进行 k 次训练与测试，即进行 k 次迭代。第 i 次的迭代做法是：选择 S_i 作为测试集，其余的子集作为训练集。然后对每个测试集都得到一个错误率，最后将所有错误率的平均值作为最终错误率。实验法只能选取几组可能的组合进行测试，人为因素影响较大，选取的参数针对训练集也未必是最优参数。

（3）网格搜索

网格搜索的方法较为通俗易懂，也是应用较为普遍的支持向量机参数选取方法。设定要选择的参数的最大值和最小值，同时对每个参数设定跳动步长，然后分别对参数按跳动步长进行组合，最终通过验证求得准确率最高的组合方式，就是我们要寻找的最优参数。网格搜索方法看起来直接简单，但对每一对步长跳动的组合都进行尝试，实际操作较为繁杂。

4.6.4.5 思考

如何在大规模且数据价值密度低的数据中找到有价值的信息，是当今大数据时代的主要课题之一，因此，SVM 最大间隔（寻找数据边界低密度区域思想）和稀疏损失函数的进一步研究意义非凡。展望的研究工作如下。

① 经典 SVM 最大间隔是对两类数据中点与点之间而言的，最大间隔还可考虑数据粒度之间的间隔、数据局部的间隔、数据分布之间的间隔和不同度量意义下的间隔等多种形式，利用不同的最大间隔思想识别不同数据边界低密度区域的研究很有意义，特别是对大规

模数据的处理。

② 支持向量是数据边界稀疏一侧且不易充分正确划分的数据点输入，支持向量具有构造决策和重构数据边界等功能，价值密度较高。因此，在大数据中支持向量及其价值值得深入研究。例如，利用支持向量进行数据压缩和数据表达，利用支持向量寻找或构造重要数据和特征等问题。此外，构造更加稀疏的支持向量的模型和寻求高效算法也是很有价值的问题。

③ 构造并研究新的稀疏损失函数也是当前研究的热点，这里包括将稀疏损失函数与最大间隔思想融合的研究，更加稀疏的鲁棒非凸稀疏损失函数的研究，定义在簇、局部和分布上的稀疏损失函数的研究，以及大规模或超大规模数据问题的稀疏损失模型与算法的研究。

4.7　多源信息融合的挑战与展望

信息融合正大量应用于众多军用和民用领域，如 CISR 系统、多机器人自主定位与导航、工业控制、智能交通系统、空中交通管制、海洋监视和网络安全与隐私保护等领域。数据融合面临着一系列的挑战与发展。

(1) 在多平台到单平台、异类同类多传感器的应用背景下，探索计算复杂程度低，同时又能满足任务要求的数据处理模型与算法。解决数据配准、数据预处理、数据库构建、数据库管理、人机接口、通用软件包开发等问题，利用成熟的辅助支持技术，构造通用的数据融合支撑环境，便于快速形成面向具体应用需求的数据融合系统。构建完整的数据融合测试评估平台和多传感器管控体系，进一步探索不确定性因素的表达和推理演算。

(2) 如何将人工智能技术，如专家系统、遗传算法、神经网络、信息熵理论、模糊推理等与数据融合完美结合，在探测、特征提取、数据关联、目标分类、目标跟踪、评估和管理等方面充分发挥其优越性。将信息融合与智能化结合，这是未来信息融合发展的重要趋势。以网络安全与数据隐私保护为例，进行描述。

Web 信息融合是指将不同来源的 Web 信息进行整合，从而为用户提供所需的、统一的、高质量的信息结果。Web 信息融合的研究工作主要集中于信息检索数据融合和 Web 文档知识融合，包括多媒体的融合和多语言信息融合。Web 信息融合技术的发展将促进基于 Web 支持系统的各种研究与开发[54]。

当涉及数据隐私问题时，需要严格控制特定敏感信息的获取，尤其是通过数据挖掘等技术从商业数据库中获取相关数据时，对隐私数据的保护尤为重要。多源信息融合技术在数据隐私中所起的作用主要表现在两个方面：

① 通过数据聚合来扰乱或屏蔽特定信息；

② 用记录链接来匹配与合并多个来源的数据信息，从而实现多源信息之间的隐私保护。

随着信息技术的迅猛发展，海量数据融合、分布式信息融合、安全信息融合和多模态异类信息融合的实现有待进一步研究。另外，这些信息融合问题也可考虑采用 Web Service 和云计算方案来解决。未来的多源数据融合技术正朝着物理化、大数据化和全自动化的方向发展。多源信息融合的理论和技术及应用范围非常广泛。通过探讨多源信息融合的基本概念、模型和多源信息融合的层次、方法以及应用，以期更好地选择融合方法，从而找到适应具体多源数据环境与现实问题需求的最优解。

参考文献

[1] 王兴龙，蔡亚星，陈士明，等. 多源信息融合在空间态势感知领域的应用与发展[J]. 航天返回与遥感，2021，42(1)：11-20.

[2] 姚祖威，刘宇，郭俊启，等. 基于因子图的自主导航多源异构信息融合算法[J]. 电子测量技术，2021，44(1)：130-134.

[3] 刘民，蒋学辉. 基于多源信息融合的交通大数据分析[J]. 信息与电脑(理论版)，2020，32(24)：37-39.

[4] 王威，何筱仙，张深寿. 基于雷达的多源信息森林火灾监测模型应用研究[J]. 气象科技进展，2020，10(6)：101-105.

[5] 林芝，郭善成，于德明. 大坝安全多源信息融合综合评判体系研究与工程应用[J]. 水利水电技术，2020，51(增刊2)：354-360.

[6] 刘树源，王永青，刘阔，等. 基于多源数据融合的超低温加工环境智能监控研究[J]. 组合机床与自动化加工技术，2020(12)：90-92.

[7] 石兆军，周晓俊，李可，等. 基于多源信息融合的网络安全监控技术[J]. 计算机工程与设计，2020，41(12)：3361-3367.

[8] 方强强，朱全银，严云洋，等. 专家多源信息融合算法研究[J]. 江苏海洋大学学报(自然科学版)，2020，29(4)：16-23.

[9] 方涛，陈志国，傅毅. 神经网络多层特征信息融合的人脸识别方法[J]. 智能系统学报，2021，16(2)：279-285.

[10] 唐明虎. 基于多种信息组合模式的非负矩阵分解链路预测模型[J]. 计算机应用研究，2021，38(5)：1393-1397.

[11] 谢文武，王子筝，黄婷玉，等. 多元信息融合技术在导航定位中的研究与应用[J]. 信息技术与信息化，2021(1)：175-178.

[12] 谢坤鹏，卢冶，靳宗明，等. FAQ-CNN：面向量化卷积神经网络的嵌入式 FPGA 可扩展加速框架[J]. 计算机研究与发展，2022，59(7)：1409-1427.

[13] 宁小亮. 基于多源信息融合的煤与瓦斯突出动态预警模型[J]. 矿业安全与环保，2020，47(3)：1-5.

[14] 张旻，李天喆，张容进，等. 基于信息融合的动态神经网络光伏功率预测[J]. 电力科学与技术学报，2020，35(3)：68-73.

[15] 彭驿茹. 人工神经网络发展历史与训练算法概述[J]. 科技传播，2018，10(21)：129-130.

[16] 王广. 人工神经网络发展现状综述[J]. 中小企业管理与科技(下旬刊)，2017(2)：165-167.

[17] 周炀茗，水超，孙智信，等. 文献计量视角下的神经网络发展轨迹研究[J]. 现代情报，2011，31(8)：103-108.

[18] 刘勍，应隽，马小姝. 三代人工神经网络发展及其哲学思考[C]//第13届中国系统仿真技术及其应用学术年会论文集. 黄山：[出版者不详]，2011：1250-1253.

[19] 熊华煜，余勤，任品，等. 基于机器学习的音频分类[J]. 计算机工程与设计，2021，42(1)：156-160.

[20] 谢晨月，袁泽龙，王建春，等. 基于人工神经网络的湍流大涡模拟方法[J]. 力学学报，2021，53(1)：1-16.

[21] 王晓丹，王积勤. 支持向量机研究与应用[J]. 空军工程大学学报(自然科学版)，2004，5(3)：49-55.

[22] 毛玉欣. 基于脉冲核的支持向量机研究与应用[D]. 大连：大连理工大学，2006.

[23] 刘京礼. 鲁棒最小二乘支持向量机研究与应用[D]. 合肥：中国科学技术大学，2010.

[24] 武文斌. 信息融合技术在煤矿安全监控中的应用研究[J]. 矿业装备，2021(2)：200-201.

[25] 孙春义. 多源信息融合的舰船通信网络可靠性分析[J]. 舰船科学技术，2021，43(6)：190-192.

[26] 商旭升，史志忠. 多源信息融合的引制一体化技术研究[J]. 测控技术，2021，40(3)：102-107，116.

[27] 李文平，袁强，陈璐，等. 基于雷达与图像数据融合的人体目标检测方法[J]. 数据采集与处理，2021，36(2)：324-333.

[28] 肖寒姿，孟希希，邱悦文，等. 基于信息融合视角的新兴技术成熟度研究[J]. 中国发明与专利，2021，18(2)：22-31.

[29] 刘淮钆，潘泉，韩德强. 多源信息融合专题简介[J]. 中国科学：信息科学，2020，50(11)：1781-1782.

[30] 赵国羊，涂新军，王天，等. 基于人工神经网络和支持向量回归机的干旱预测[J]. 人民珠江，2021，42(4)：1-9.

[31] 何祖杰，吴新烨，刘中华. 基于改进灰狼算法优化支持向量机的短期交通流预测[J]. 厦门大学学报(自然科学版)，2022，61(2)：288-297.

[32] 朱景宝，宋晋东，李山有. 基于支持向量机的地震预警震级快速估算研究[J]. 振动与冲击，2021，40(7)：126-134.

[33] 李娇. 支持向量机参数优化研究[D]. 武汉：华中师范大学，2011.

[34] 谢洋洋，付超，解琨，等. 灰色最小支持向量机模型在高程拟合中的应用[J]. 测绘科学，2021，46(3)：55-60.

[35] 李久超，王薇，刘枫，等. 基于支持向量机的高能效频谱感知算法研究[J]. 数据采集与处理，2021，36(2)：232-239.

[36] 王冰玉，刘勇军. 基于模糊近似支持向量回归的股价预测研究[J]. 计算机技术与发展，2021，31(3)：14-20.

[37] 汪优，马婷婷，王天明，等. 基于 BP 神经网络的人工单价动态预测模型研究[J]. 工程管理学报，2021，35(2)：39-43.

[38] 张驰，郭媛，黎明. 人工神经网络模型发展及应用综述[J]. 计算机工程与应用，2021，57(11)：57-69.

[39] 冯志伟. 神经网络、深度学习与自然语言处理[J]. 上海师范大学学报(哲学社会科学版)，2021，50(2)：110-122.

[40] 徐礼金，贺艳芳.基于随机森林算法的无线传感网络攻击流量阻断模型构建[J].计算机工程与科学，2022，44(5)：819-825.

[41] 钟龙申.随机森林算法处理不平衡数据的改进及其并行化[D].广州：广东工业大学，2016.

[42] 马海荣，罗治情，陈聘婷，等.基于机器学习的高分辨率遥感影像农业大棚提取[J].湖北农业科学，2020，59(增刊1)：199-203.

[43] 赵锦阳，卢会国，蒋娟萍，等.一种非平衡数据分类的过采样随机森林算法[J].计算机应用与软件，2019，36(4)：255-261，316.

[44] 张佳琦，顾幸生.基于改进灰狼算法优化的支持向量机锌耗预测[J].华东理工大学学报(自然科学版)，2022，48(3)：343-351.

[45] 陈勇，陈东，刘焕淋，等.基于深度卷积神经网络的无参考低照度图像增强[J].电子与信息学报，2022，44(6)：2166-2174.

[46] 吴康.基于支持向量机和信道状态信息的无线感知技术研究[D].南京：南京邮电大学，2020.

[47] 宋蒙，蒋生强.基于SDPM算法的SVM模型的软硬件设计与实现[J].无线电通信技术，2020，46(4)：485-490.

[48] 张璐.基于SVM和深度学习的CTG信号质量评估与研究[D].广州：暨南大学，2020.

[49] MANJURUL ISLAM M M, PROSVIRIN A E, KIM J M. Data-driven prognostic scheme for rolling-element bearings using a new health index and variants of least-square support vector machines[J]. Mechanical systems and signal processing, 2021, 160: 107853.

[50] DONG S. Multi class SVM algorithm with active learning for network traffic classification[J]. Expert systems with applications, 2021, 176: 114885.

[51] KESHTEGAR B, EL AMINE BEN SEGHIER M, ZIO E, et al. Novel efficient method for structural reliability analysis using hybrid nonlinear conjugate map-based support vector regression[J]. Computer methods in applied mechanics and engineering, 2021, 381: 113818.

[52] JUEYENDAH S, LEZGY-NAZARGAH M, ESKANDARI-NADDAF H, et al. Predicting the mechanical properties of cement mortar using the support vector machine approach[J]. Construction and building materials, 2021, 291: 123396.

[53] PRABAKARAN G, VAITHIYANATHAN D, GANESAN M. FPGA based effective agriculture productivity prediction system using fuzzy support vector machine[J]. Mathematics and computers in simulation, 2021, 185: 1-16.

[54] 陈丽芳，杨丽敏，于健.SVM在网络安全预警中的应用[J].华北理工大学学报(自然科学版)，2021，43(2)：132-140.

第 5 章　基于多源信息融合的生命信息识别与定位研究

单一的判别依据往往存在局限性，不足以充分证明井下某一区域有无生命迹象。多源信息融合的生命信息识别与定位技术集视音频探测、环境参数探测及雷达探测于一体，可以增加信息的可靠性。

在矿山钻孔救援中，将视音频探测、环境参数探测、雷达探测融合于一体，对井下生命信息进行探测，实现生命信息的识别并进行定位。视音频探测对环境进行探测，直接观测或者通过声音判断是否有生命迹象；环境参数探测是对井下环境包括一氧化碳、甲烷、乙烯等指标气体的数据采集，判断灾后井下是否具有人员生存的条件；雷达探测是通过分析电磁波穿透不同介质和生命体时回波频谱的差异，达到井下生命信息的探测目的，其优点在于当出现塌方等情况，视音频及环境参数探测无法正常进行时，雷达可穿透煤岩体对无法直接观测到的区域进行探测，判断井下是否具有生命迹象。根据上述思路，研发出了基于多源信息融合的生命信息识别与定位新技术。

5.1　技术原理

基于多源信息融合的生命信息识别与定位技术，集视音频探测、环境参数探测、雷达探测于一体，其中视音频探测到的实物和声音信息与环境参数探测到的一氧化碳和甲烷等指标气体构成可视环境参数，雷达探测到的波的传播与衰减信息构成穿透环境参数，最终完成对井下生命信息的探测。其技术原理如图 5-1 所示。

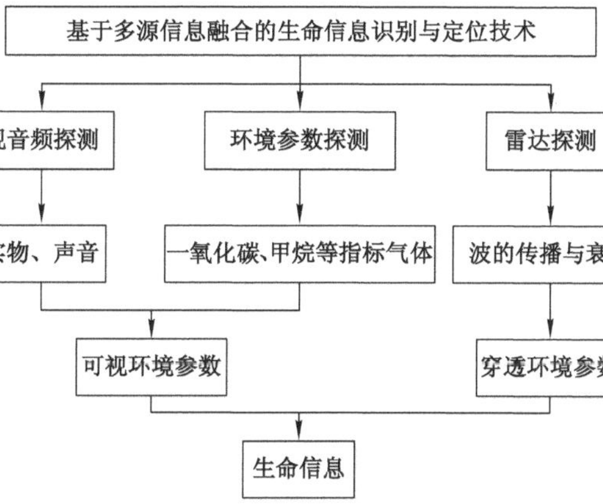

图 5-1　技术原理

5.2 视音频及环境参数识别与定位研究

5.2.1 视音频识别与定位研究

视音频数据的时域特征需要有同步机制来维持[1]。为了使视音频信息在救援通信网络上更好地传输，本书将实时传输协议(RTP)和实时传输控制协议(RTCP)[2]，来支持实时救援视音频信息传输。

救援多媒体应用中的一个关键问题是视音频同步，视音频同步机制需要解决以下四个问题：

(1) 同步规范传输[3]。在客户端拥有相同的同步规范播放视音频。

(2) 时钟的同步。特别是在多个节点或存储位置的分布式多媒体。

(3) 客户端的井下救灾本安型计算机和地面救援指挥中心专用电脑上的同步。

(4) 在客户端支持用户操作。

通过视音频确定井下实际情况进行识别灾后环境及判断是否具有生命迹象是最直观的探测井下环境的技术。

5.2.2 环境参数识别与定位研究

数据采集就是使用各种传感元件将被测对象的各种参量通过适当的转换后，再经信号调理、取样、量化、编码、传输等步骤，最后送到控制器进行数据处理的过程。本书采用的方法是将超小型高精度气体和温度传感器测量的微量模拟信号在 A/D 转换成数字信号前进行前期调理[4]，然后将数字信号压缩；压缩后的数字信号通过系统专用网络服务器的 RS485 通信接口上传[5]。此功能的设计在 KTW185 煤矿救灾无线多媒体通信装置上完成，主要工作是在前端转换器上设计增加一块具有环境参数信息采集[6]、信号 A/D 转换、信号放大、信号调制与压缩打包，以及能够实行本安型设计的电路板。该电路板不改变双码流网络服务器的结构和功能。

目前现有煤矿气体检测设备质量、体积大，组成及技术原理复杂。如煤矿束管监测系统[7]包括采样器、束管、抽气泵、气路控制装置及分析仪器等分体式部件，集成化程度低；专用气体分析仪可分析的气体品种有限、准确度较低。一般的气相色谱仪，虽然克服了专用气体分析仪的缺点，但分析耗时长。而利用多个检测器分别对不同浓度组分的混合气体进行检验，无法达到定量的程度；设计上不满足煤矿灾区防爆要求，无法深入事故现场进行气体采集、化验、爆炸危险性预测等一体化操作。近年来，国内工业色谱仪[8]的防爆系统主要是以隔爆型防爆结构为主，结合正压型防爆结构的复合防爆型式。按照这种型式，一方面仪器的设计上防爆等级不易提高；另一方面，也给仪器的生产带来不便，如隔爆零件加工要求高、难度大。虽然目前国外工业色谱仪的防爆系统也有正压型为主体的复合防爆型式，但由于国内外防爆标准的差异，国外防爆系统的设计方法不符合我国防爆标准的要求。市场上出现的矿山气体检测用气相色谱仪，如安捷伦公司的 490 Micro GC 便携式气相色谱仪和英福康公司的3 000 Micro GC 微型气相色谱仪，体积小巧、检测速度快、精准度高，是该类设备的技术优势。但是，两者都不能达到煤矿防爆要求，这也是急需解决的问题。

目前，井下多参数传感器品种很多，主要包括可燃气体、有毒气体和温度传感器等，环境参数采集单元选型关键在于检测所测环境指标气体浓度和温度的精度，采集、转换、输出信号类型及所使用工业标准。

5.3　雷达识别与定位研究

雷达正演数值模拟是分析雷达波在煤体介质中传播规律和研究遇险人员位置的有效手段，亦是生命信息探测雷达基础理论亟待探究的主要内容。通过对模拟结果云图的分析，可加深对返回波谱图的理解，提高对图像的解析深度与精确度[9]。

5.3.1　时域有限差分法基本原理

麦克斯韦方程是电磁场的理论基础，时间参量的旋度函数是其所依赖的一般形式。通常状况下，若利用时域理论研究电磁场的话，则需要在包含时间的四维空间上展开；若利用有限差分法，第一步是将问题的有关参量离散化处理，即要构建恰当的网格坐标系统。以麦克斯韦方程为起点，构建差分方程表达式的困难在于，不只是由方向和时间构成的四维空间问题，还要满足可以推算电场与磁场这两个分量[10]。

1966 年，Yee 在其公开发表的代表性论文《麦克斯韦方程在各向同性介质中初始边值问题的数值解法》中，率先提出了 Yee 氏网格的空间离散格式，网格系统上的最小网格单元叫作 Yee 元胞，如图 5-2 所示。这种新的电磁场时域计算方法即时域有限差分法(finite-difference time-domain，FDTD)[11]。

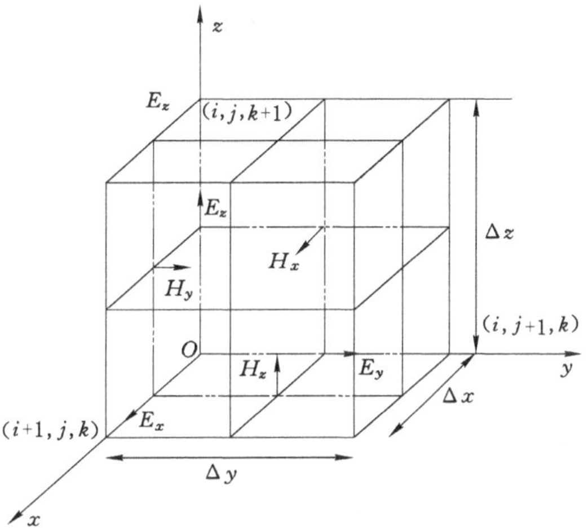

图 5-2　FDTD 离散中的 Yee 元胞

研究发现，该算法已得到广泛关注和应用，这是因为它具有以下几个特点：

(1) 直接时域计算：它在 Yee 氏网格坐标空间上把包含时间参量的麦克斯韦旋度方程进行差分变换。在上述差分中，所有点上的磁(电)场分量只与其相邻点上电(磁)场分量及上一时刻该点处的场值相关。计算空间网格各点在每一时间步长上的电(磁)场分量，随时间的前进，不仅能直接模拟雷达波在介质中的传播，还可以研究雷达波与目标的彼此作用历程[12]。

(2) 广泛适用性：它以麦克斯韦方程为直接初始点，因此其适用性较为宽泛。

(3) 节约存储空间和计算时间:模型的网格设置决定了其所需的存储空间。计算过程中,所有网格点均遵循同一差分格式,即模拟运算时间与网格总数是正比关系。

(4) 适合并行计算:在网格空间中,每一点上的参量仅与其相邻点处的对应参量有关,这使它完全满足并行计算的条件。

从图 5-2 中容易得到,就电场与磁场的分量而言,相邻的 4 个电场分量围绕 1 个磁场分量,相邻的 4 个磁场分量围绕 1 个磁场分量。此种空间离散方法完全遵循法拉第电磁感应与安培环路定量的自然结构,同时场中所有点的各个分量空间分布位置亦满足麦克斯韦方程组的计算,可对电磁场的传播特征进行适当描述。按时间顺序对电场与磁场进行交互抽样,时间间隔为半个时间步长,使麦克斯韦旋度方程在离散后呈差分格式的显式方程,进而在时间维上进行逐步求解,有效避免了矩阵求逆这一复杂运算。因此在给定所求电磁问题的初始值与边界条件后,运用 FDTD 算法,沿时间维,可明晰电磁场空间各点在每一时刻上的分布状况[13]。

5.3.1.1 二维空间 FDTD 差分格式

对于二维问题,设全部物理量均与 z 无关,$\partial/\partial z=0$,由此可得:

TE 波
$$\begin{cases}\dfrac{\partial H_z}{\partial y}=\varepsilon\dfrac{\partial E_x}{\partial t}+\sigma E_x\\ -\dfrac{\partial H_z}{\partial x}=\varepsilon\dfrac{\partial E_y}{\partial t}+\sigma E_y\\ \dfrac{\partial H_y}{\partial x}-\dfrac{\partial E_x}{\partial y}=-\mu\dfrac{\partial H_z}{\partial x}\end{cases}\tag{5-1}$$

TM 波
$$\begin{cases}\dfrac{\partial E_z}{\partial y}=-\mu\dfrac{\partial H_x}{\partial t}\\ -\dfrac{\partial E_z}{\partial x}=\mu\dfrac{\partial H_y}{\partial t}\\ \dfrac{\partial H_y}{\partial x}-\dfrac{\partial H_x}{\partial y}=\varepsilon\dfrac{\partial H_z}{\partial t}+\sigma E_z\end{cases}\tag{5-2}$$

显而易见,两种状况下,电磁场的直角分量可被区分成单独的两组[14],即 E_x,E_y,H_z 为一组,叫作 H_z 的 TE 波;H_x,H_y,E_z 为一组,叫作 E_z 的 TM 波。在 FDTD 离散时,Yee 元胞如图 5-3 所示。在 Yee 氏网格中,坐标轴方向上每个场分量相距半个网格空间步长,因此,同一场分量之间相隔恰好是一个空间步长,如表 5-1 所列。

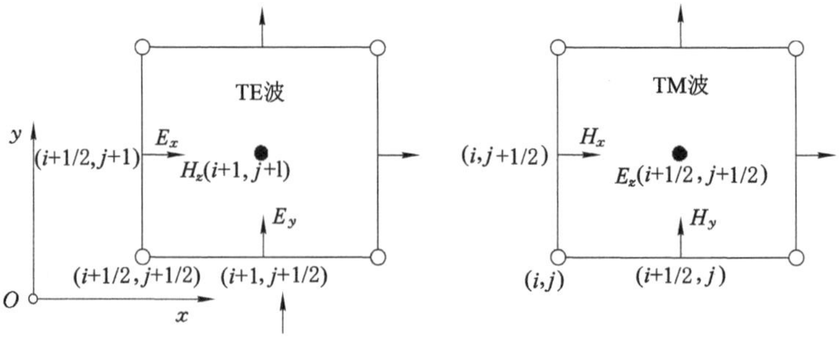

图 5-3 二维 TE 波和 TM 波的 Yee 元胞

表 5-1　TE 波和 TM 波的 Yee 元胞中 E、H 各分量节点位置

电磁场分量		空间分量取样		时间轴 t 取样
		x 坐标	y 坐标	
TE 波	H_z	$i+1/2$	$j+1/2$	$n+1/2$
	E_x	$i+1/2$	j	n
	E_y	i	$j+1/2$	n
TM 波	E_z	i	j	n
	H_x	i	$j+1/2$	$n+1/2$
	H_y	$i+1/2$	j	$n+1/2$

注：n 表示网络数量。

对于 TE 波，由于 $H_x=H_y=E_z=0$，则二维 TE 波 FDTD 公式为：

$$E_x^{n+1}\left(i+\frac{1}{2},j\right)=\frac{2\varepsilon_0\varepsilon_r\left(i+\frac{1}{2},j\right)-\sigma\left(i+\frac{1}{2},j\right)\cdot\Delta t}{2\varepsilon_0\varepsilon_r\left(i+\frac{1}{2},j\right)+\sigma\left(i+\frac{1}{2},j\right)\cdot\Delta t}\cdot E_x^n\left(i+\frac{1}{2},j\right)+\frac{2\Delta t\cdot\left[H_z^{n+1/2}\left(i+\frac{1}{2},j+\frac{1}{2}\right)-H_z^{n+1/2}\left(i+\frac{1}{2},j-\frac{1}{2}\right)\right]}{2\delta\varepsilon_0\varepsilon_r\left(i+\frac{1}{2},j\right)+\delta\sigma\left(i+\frac{1}{2},j\right)\cdot\Delta t}\tag{5-3}$$

$$E_y^{n+1}\left(i,j+\frac{1}{2}\right)=\frac{2\varepsilon_0\varepsilon_r\left(i,j+\frac{1}{2}\right)-\sigma\left(i,j+\frac{1}{2}\right)\cdot\Delta t}{2\varepsilon_0\varepsilon_r\left(i,j+\frac{1}{2}\right)+\sigma\left(i,j+\frac{1}{2}\right)\cdot\Delta t}\cdot E_y^n\left(i,j+\frac{1}{2}\right)-\frac{2\Delta t\cdot\left[H_z^{n+1/2}\left(i+\frac{1}{2},j+\frac{1}{2}\right)-H_z^{n+1/2}\left(i-\frac{1}{2},j+\frac{1}{2}\right)\right]}{2\delta\varepsilon_0\varepsilon_r\left(i,j+\frac{1}{2}\right)+\delta\sigma\left(i,j+\frac{1}{2}\right)\cdot\Delta t}\tag{5-4}$$

$$H_z^{n+1/2}\left(i+\frac{1}{2},j+\frac{1}{2}\right)=H_z^{n-1/2}\left(i+\frac{1}{2},j+\frac{1}{2}\right)-\frac{\Delta t}{\delta\mu_0\mu_r\left(i+\frac{1}{2},j+\frac{1}{2}\right)}\cdot\left[E_y^n\left(i+1,j+\frac{1}{2}\right)-E_y^n\left(i,j+\frac{1}{2}\right)\right]+\frac{\Delta t}{\delta\mu_0\mu_r\left(i+\frac{1}{2},j+\frac{1}{2}\right)}\cdot\left[E_x^n\left(i+\frac{1}{2},j+1\right)-E_x^n\left(i+\frac{1}{2},j\right)\right]\tag{5-5}$$

对于 TM 波，$E_x=E_y=H_z=0$，FDTD 公式为：

$$H_x^{n+1/2}\left(i,j+\frac{1}{2}\right)=H_x^{n-1/2}\left(i,j+\frac{1}{2}\right)-\frac{\Delta t}{\delta\mu_0\mu_r\left(i,j+\frac{1}{2}\right)}\cdot\left[E_z^n(i,j+1)-E_z^n(i,j)\right]\tag{5-6}$$

$$H_y^{n+1/2}\left(i+\frac{1}{2},j\right)=H_y^{n-1/2}\left(i+\frac{1}{2},j\right)+\frac{\Delta t}{\delta\mu_0\mu_r\left(i+\frac{1}{2},j\right)}\cdot\left[E_z^n(i+1,j)-E_z^n(i,j)\right]\tag{5-7}$$

$$E_z^{n+1}(i,j)=\frac{2\varepsilon_0\varepsilon_r(i,j)-\sigma(i,j)\cdot\Delta t}{2\varepsilon_0\varepsilon_r(i,j)+\sigma(i,j)\cdot\Delta t}\cdot E_z^n(i,j)+\frac{2\Delta t\cdot\left[H_y^{n+1/2}\left(i+\frac{1}{2},j\right)-H_y^{n+1/2}\left(i-\frac{1}{2},j\right)\right]}{2\delta\varepsilon_0\varepsilon_r(i,j)+\delta\sigma(i,j)\cdot\Delta t}-\frac{2\Delta t\cdot\left[H_x^{n+1/2}\left(i,j+\frac{1}{2}\right)-H_x^{n+1/2}\left(i,j-\frac{1}{2}\right)\right]}{2\delta\varepsilon_0\varepsilon_r(i,j)+\delta\sigma(i,j)\cdot\Delta t} \tag{5-8}$$

5.3.1.2 数值解的稳定性

麦克斯韦方程的旋度格式是被一组 FDTD 的有限差分方程所取代的，要使这种取代存在意义，这就要求离散后的差分方程组是有解的，且解是收敛稳定的。所谓收敛，就是若离散的间隔趋于零，则空间中任意点在任一时刻下差分方程的解均一致趋于原方程的解；所谓稳定，探索离散间隔能达到的一个要素，这一要素下使差分方程的数值解与原方程的严格解之差有界。在离散计算过程中，时间增量 Δt 与空间增量 Δz、Δy、Δx 并不是互不干扰、相互独立的，它们之间遵循一定的关系，由此才可保障数值结果的稳定性，以此减少或避免由差商近似取代微商而引发的数值色散现象[15]。

解的稳定条件：

$$\Delta t\leqslant\frac{1}{v\sqrt{\frac{1}{(\Delta x)^2}+\frac{1}{(\Delta y)^2}+\frac{1}{(\Delta z)^2}}} \tag{5-9}$$

色散对空间和时间的要求：

$$\begin{cases}\Delta x\leqslant\dfrac{\lambda}{12}\\[2mm]\Delta t\leqslant\dfrac{T}{12}\end{cases} \tag{5-10}$$

5.3.1.3 FDTD 算法激励源

运用 FDTD 算法研究电磁波在煤中传播性质过程中，除了物理模型、几何模型、网格等条件外，激励源是非常重要的模拟条件，即选择合适的激励函数可使电磁波在煤中传播过程中进行真实呈现，也为生命信息探测雷达设备的研发提供参考和支撑。目前，主要有 Ricker、Gaussian、Cont_sine 及 Sine 四种激励函数[16]，四种激励源脉冲波形如图 5-4 所示。

Ricker：
$$I=-2\zeta\sqrt{e^{1/(2\zeta)}}\,e^{-\zeta(t-f^{-1})^2}(t-f^{-1}) \tag{5-11}$$

其中，f 为中心频率，$\zeta=2\pi^2f^2$；

Gaussian：
$$I=e^{-\zeta(t-f)} \tag{5-12}$$

Cont_sine：
$$I=R\sin(2\pi ft) \tag{5-13}$$

其中，$R=\begin{cases}0.25tf,tf\leqslant 4\\1,tf>4\end{cases}$；

Sine：
$$I=R\sin(2\pi ft) \tag{5-14}$$

其中，$R=\begin{cases}1,tf\leqslant 1\\0,tf>1\end{cases}$。

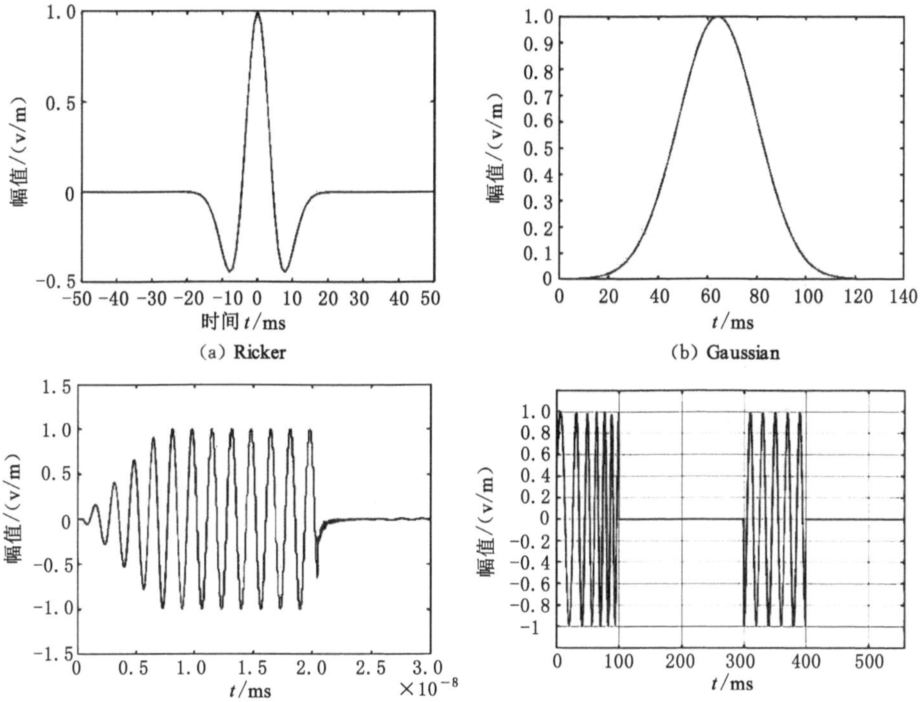

(a) Ricker　　(b) Gaussian

(c) Cont_sine　　(d) Sine

图 5-4　激励源脉冲波形

5.3.2　模拟软件及模型设置

5.3.2.1　GprMax 软件简介

21 世纪初，英国爱丁堡大学（The University of Edinburgh）电子工程学院（School of Electronic Engineering）的 Antonis Giannopoulos 博士开发出了一款基于 FDTD 理论与 PML 边界吸收条件的地质雷达模拟软件，名为 GprMax[17]。而后该科研团队不断探索与修改，现已到了 3.0 版本。软件命令界面如图 5-5 所示。

利用 GprMax 进行煤矿井下生命信息的超宽带雷达数值模拟时，接收天线侦测到的返回波中不仅包含天线间的质耦波与侦测表面的反射波，还包含目标体的反射信息，通过信号分析出目标的反射信号，而后研究得到遇险人员位置与生命信号的映射特征。

5.3.2.2　模型设置

（1）超宽带雷达波在煤中传播控制方程

超宽带雷达在煤矿井下穿透煤层探测遇险人员的关键问题是穿透距离、人员识别、目标定位。

超宽带雷达波在煤中的传播距离决定因素是传播衰减系数 α。由上述内容可以看出，决定变量 α（衰减系数）的自变量有 f（频率）、ε（介电常数）、ρ（电阻率），即 $\alpha = F(f,\varepsilon,\rho)$。$\varepsilon$（介电常数）是 f（频率）的函数，即 $f = F^{-1}(\varepsilon)$；ρ（电阻率）是 f（频率）的函数，即 $f = F^{-1}(\rho)$；f（频率）是 α（衰减系数）的函数，即 $\alpha = F^{-1}(f)$。由此，超宽带雷达波在煤中的传播衰减规律可由式(5-15)表示。

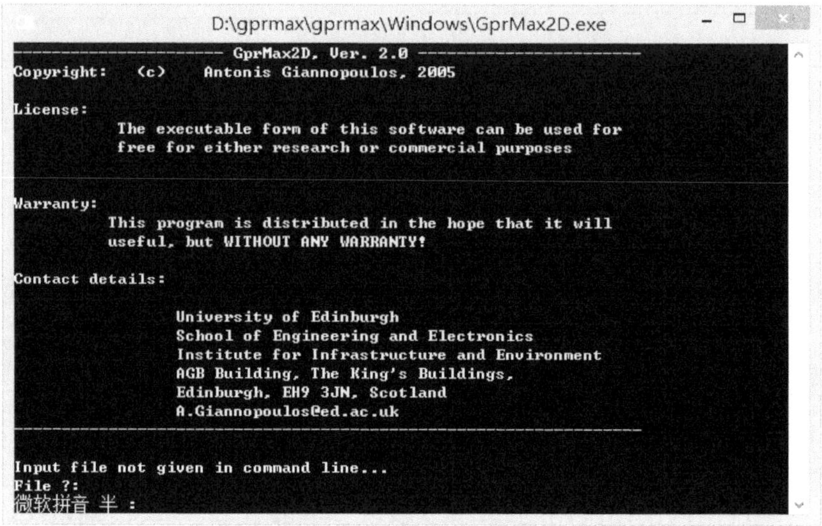

图 5-5 GprMax2D 软件命令界面

$$
\begin{gathered}
\alpha = 2\pi f\left[\frac{\varepsilon}{2}\sqrt{1+(1/2\pi f\rho\varepsilon)^2}-1\right]^{1/2} \\
\alpha = \begin{cases} C'_{13}f^3 + C'_{12}f^2 + C'_{11}f + C'_{10}, & f \in [100\ \text{MHz}, 500\ \text{MHz}] \\ C'_{22}f^2 + C'_{21}f + C'_{20}, & f \in [500\ \text{MHz}, 1.0\ \text{GHz}] \end{cases} \\
\varepsilon = C_3 f^3 + C_2 f^2 + C_1 f + C_0,\ f \in [100\ \text{MHz}, 1.0\ \text{GHz}] \\
\rho = \begin{cases} C_{13}f^3 + C_{12}f^2 + C_{11}f + C_{10}, & f \in [100\ \text{MHz}, 500\ \text{MHz}] \\ C_{22}f^2 + C_{21}f + C_{20}, & f \in [500\ \text{MHz}, 1.0\ \text{GHz}] \end{cases}
\end{gathered} \tag{5-15}
$$

式中 α——超宽带雷达波在煤中传播衰减系数；

C'_{ij}——相应函数的系数；$i,j\in[0,1,2,3]$；

f——频率；

ε——物质介电常数；

C_i——相应函数的系数；$i\in[0,1,2,3]$；

ρ——煤的电阻率。

在超宽带雷达探测救援时，工作人员通过分析波的特征来判断煤体后面是否有人，而波的特征由折射和反射规律决定，见式(5-16)。

$$
\begin{cases} R_{ij} = \dfrac{\sqrt{\varepsilon_i}-\sqrt{\varepsilon_j}}{\sqrt{\varepsilon_i}+\sqrt{\varepsilon_j}} \\ T_{ij} = \dfrac{2\sqrt{\varepsilon_i}}{\sqrt{\varepsilon_i}+\sqrt{\varepsilon_j}} \end{cases} \tag{5-16}
$$

式中 ε_i——物质 i 的介电常数；

ε_j——物质 j 的介电常数；

R_{ij}——反射系数；

T_{ij}——折射系数。

根据路程、速度与时间之间的关系，可以计算出雷达设备与遇险人员之间的距离 L，如式(5-17)所示。

$$\begin{cases} L = v \cdot t \\ v = \dfrac{c}{\sqrt{\varepsilon}} \end{cases} \tag{5-17}$$

式中　v——超宽带雷达波在介质中的传播速度；

c——真空中的光速，3×10^8 m/s；

ε——物质的介电常数。

由式(5-15)、式(5-16)、式(5-17)联合组成的方程组即为超宽带雷达波传播模拟控制方程组：

$$\begin{cases} \alpha = 2\pi f \left[\dfrac{\varepsilon}{2} \left(\sqrt{1 + (1/2\pi f \rho \varepsilon)^2} \right) - 1 \right]^{1/2} \\ \alpha = \begin{cases} C'_{13} f^3 + C'_{12} f^2 + C'_{11} f + C'_{10}, \ f \in [100\ \text{MHz}, 500\ \text{MHz}] \\ C'_{22} f^2 + C'_{21} f + C'_{20}, \ f \in (500\ \text{MHz}, 1.0\ \text{GHz}] \end{cases} \\ \varepsilon = C_3 f^3 + C_2 f^2 + C_1 f + C_0, \ f \in [100\ \text{MHz}, 1.0\ \text{GHz}] \\ \rho = \begin{cases} C_{13} f^3 + C_{12} f^2 + C_{11} f + C_{10}, \ f \in [100\ \text{MHz}, 500\ \text{MHz}] \\ C_{22} f^2 + C_{21} f + C_{20}, \ f \in (500\ \text{MHz}, 1.0\ \text{GHz}] \end{cases} \\ R_{ij} = \dfrac{\sqrt{\varepsilon_i} - \sqrt{\varepsilon_j}}{\sqrt{\varepsilon_i} + \sqrt{\varepsilon_j}} \\ T_{ij} = \dfrac{2\sqrt{\varepsilon_i}}{\sqrt{\varepsilon_i} + \sqrt{\varepsilon_j}} \\ L = v \cdot t \\ v = \dfrac{c}{\sqrt{\varepsilon}} \end{cases} \tag{5-18}$$

(2) 物理模型

矿山事故救援时期，若探测生命信息的钻孔偏离设计孔(图 5-6)，被困人员与探测设备间有一定厚度的煤体，如图 5-6(a)所示。此时具备穿透功能的超宽带雷达生命信息探测仪可用于救援。依据上述情景，物理模型设置如下：被困人员与雷达之间煤体厚度为 L_1、人与煤壁之间距离为 L_2、模型宽度为 L_3、模型长度 L_4、人体尺寸为 1.6 m×0.4 m，如图 5-6(b)所示。雷达采用一发一收式。利用 MATLAB 软件对模拟数据进行后处理，结果如图 5-6(c)所示。其中，TP(trapped personnel)为被困人员、IF(interface between coal pillar and excavation)为煤柱与巷道空气交界面、DA(direct arrival)为直达波、RWIF(reflected waves of IF)为煤柱与空气交界面返回波、RWTP(reflected waves of TP)为人体目标返回波。

假设煤体为各向均匀同性的半无限连续空间，人的介电常数为 50[18]，空气的介电常数为 1，天线步进距离 0.06 m，收发天线间距为 0.065 m，测线道数为 115，空间网格步长为 0.005 m×0.005 m，模型中所有介质的渗透率为 1.0，边界条件为完全匹配层(PML)。

模拟的 GprMax 主程序及功能如表 5-2 所列。

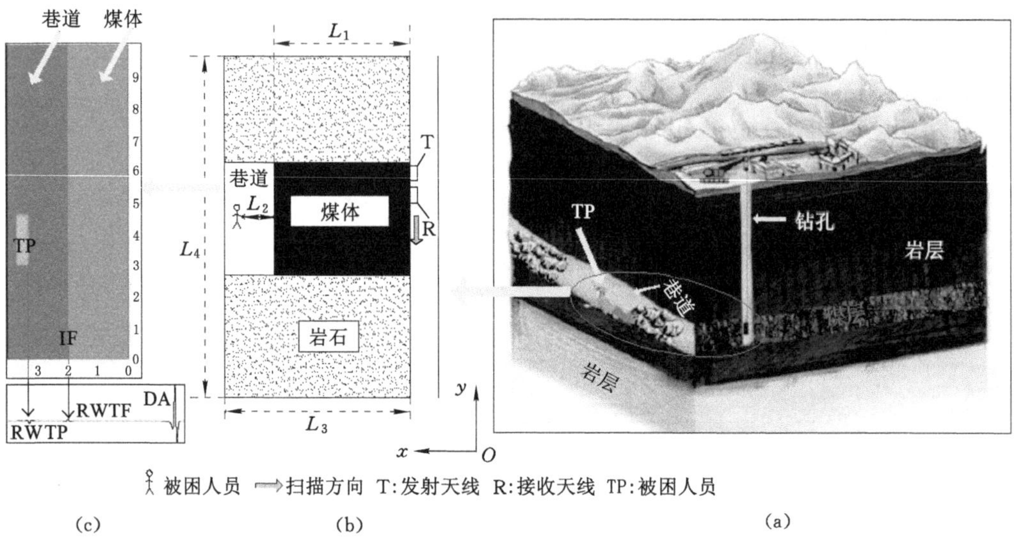

图 5-6　物理模型及模型设置示意图

表 5-2　模拟主程序及其功能

序号	程序	功能
1	medium: 3.54 0.0 0.0 0.00405 1.0 0.0 coal medium: 50.0 0.0 0.0 0.8 1.0 0.0 man	物质参数设定
2	domain: 10 4 dx_dy: 0.005 0.005 time_window: 80e−9	计算范围、网格及时窗定义
3	box: 0.0 0.0 10.0 4.0 coal box: 0.0 2.0 10.0 4.0 free_space box: 3.0 3.3 4.6 3.7 man	模型几何参数设置
4	line_source: 1.0 600e6 ricker MyLineSource	激励函数及频率设定
5	analysis: 115 hm115.out b tx: 0.0875 0.1525 MyLineSource 0.0 30e−9 rx: 0.1525 0.1525 tx_steps: 0.06 0.0 rx_steps: 0.06 0.0 end_analysis: geometry_file: hm115.geo title: BRE Model 4 messages: y	步进长度、速度及方向，结果输出格式等

5.3.3　激励函数对探测的影响

目前发射波的调制机理函数有四种：Ricker、Gaussian、Cont_sine 及 Sine[19]。为了分析激励函数对探测的影响，设计了如下模拟实验。详细设置如表 5-3 所列，模拟结果如图 5-7～图 5-11 所示。

表 5-3　不同激励源条件下模型参数设置

煤质	介电常数	电阻率/(Ω·m)	中心频率/MHz	激励函数
褐煤	3.54	246.91		
长焰煤	3.04	212.31		
气煤	3.32	198.02	600	Ricker、Gaussian、Cout_sine、Sine
贫瘦煤	3.77	185.87		
无烟煤	2.98	226.24		

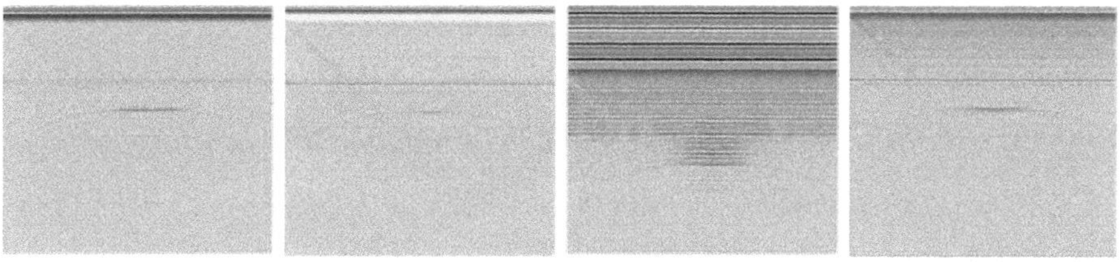

（a）Ricker　（b）Gaussian　（c）Cout_sine　（d）Sine

图 5-7　电磁波在褐煤中的传播

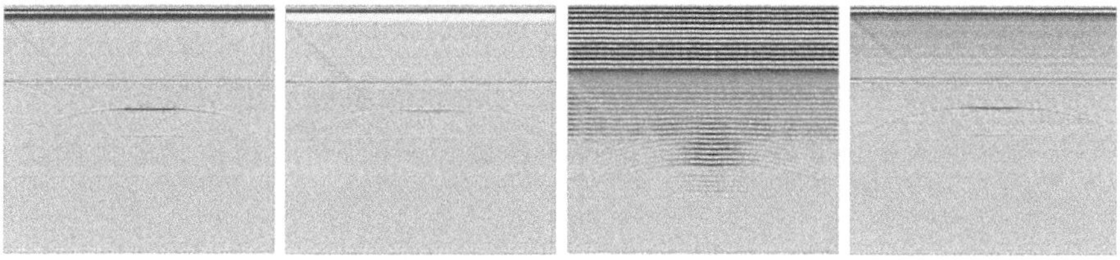

（a）Ricker　（b）Gaussian　（c）Cout_sine　（d）Sine

图 5-8　电磁波在长焰煤中的传播

（a）Ricker　（b）Gaussian　（c）Cout_sine　（d）Sine

图 5-9　电磁波在气煤中的传播

图 5-7 显示了褐煤的不同激励源正演模拟图像，显然 Cont_sine 有多次波，不适宜作为激励函数。Ricker、Gaussian 及 Sine 都可探测到人体信号，且结果呈现出下凹双曲线特征。由图 5-8～图 5-11 可以看出，长焰煤、气煤、贫瘦煤及无烟煤具有相同的规律。

利用 MATLAB 软件对图 5-7 进行深度处理，发现第 67 道返回波波形最为显著(图 5-12)，因此，选择第 67 道返回波进行研究分析。图 5-13 给出了三种激励源(Ricker、Gaussian 及 Sine)探测的第 67 道返回波波形图，其中人体返回波幅值分别为−15.61 mV/m、

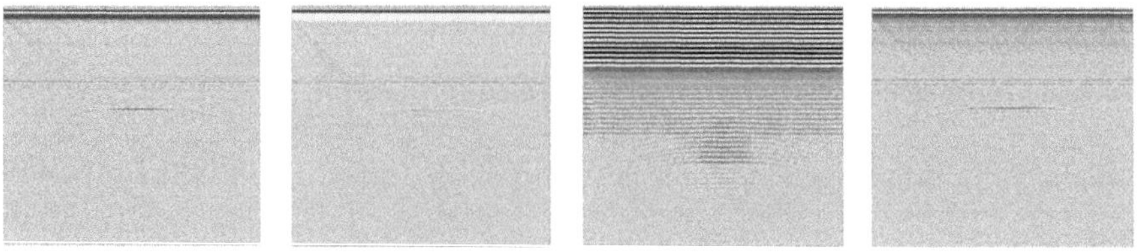

(a) Ricker　(b) Gaussian　(c) Cout_sine　(d) Sine

图 5-10　电磁波在贫瘦煤中的传播

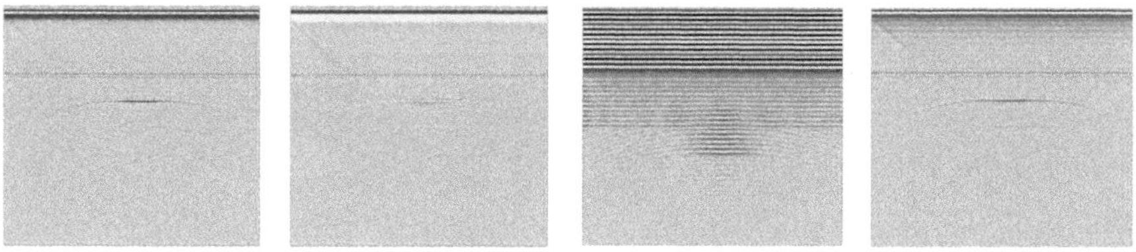

(a) Ricker　(b) Gaussian　(c) Cout_sine　(d) Sine

图 5-11　电磁波在无烟煤中的传播

−4.87 mV/m、−12.70 mV/m。不难算出 Ricker 的人体返回波幅值强度是 Gaussian 的 3.21 倍，是 Sine 的 1.23 倍。因此，Ricker 更适宜作为激励源。还可看出，人体目标返回波为负峰，而煤柱与掘进巷交界面返回波为正峰，这是因为煤的介电常数大于空气的介电常数，电磁波从煤柱进入掘进巷时，交界面的反射振幅为正值；相应的空气与人的交界面的反射振幅为负值。

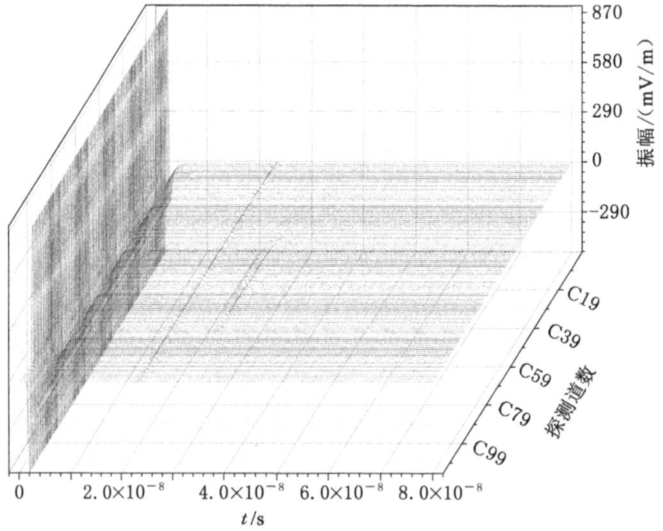

图 5-12　褐煤探测波形图

5.3.4　煤质对传播规律的影响

由于煤的变质程度丰富多变，为了研究电磁波在不同煤质中的传播规律，设计了本模拟实验。在实验中，研究了五种频率的雷达探测效果。具体设置如表 5-4 所列。

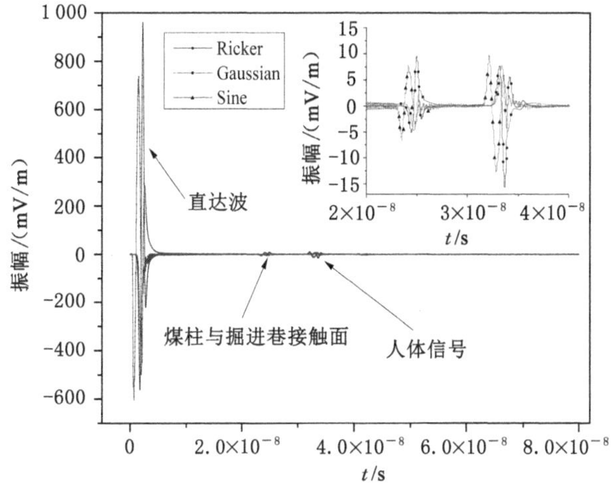

图 5-13　褐煤第 67 道返回波波形图

表 5-4　不同煤质条件下模型参数设置

煤质	介电常数	电阻率/(Ω·m)	中心频率/MHz	激励函数
褐煤	3.51	328.95		
长焰煤	3.03	290.07		
气煤	3.30	267.78	500	Ricker
贫瘦煤	3.73	242.41		
无烟煤	2.99	318.53		

由图 5-14(a)～图 5-18(a)可以看出，在各种煤质中巷道交界面与人体目标处均具有明显的特征，但波幅强度和传播时间难以直接看出，需对图像做进一步处理。

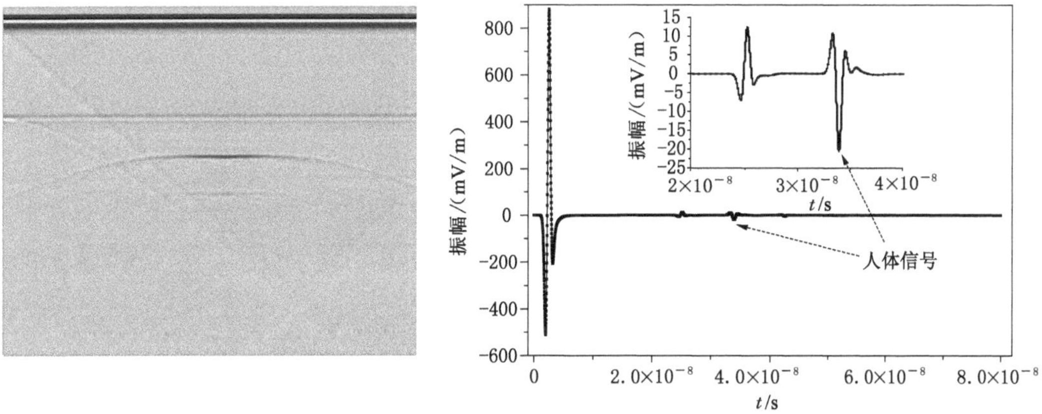

(a) 云图　　(b) 波形图

图 5-14　电磁波在褐煤中传播图

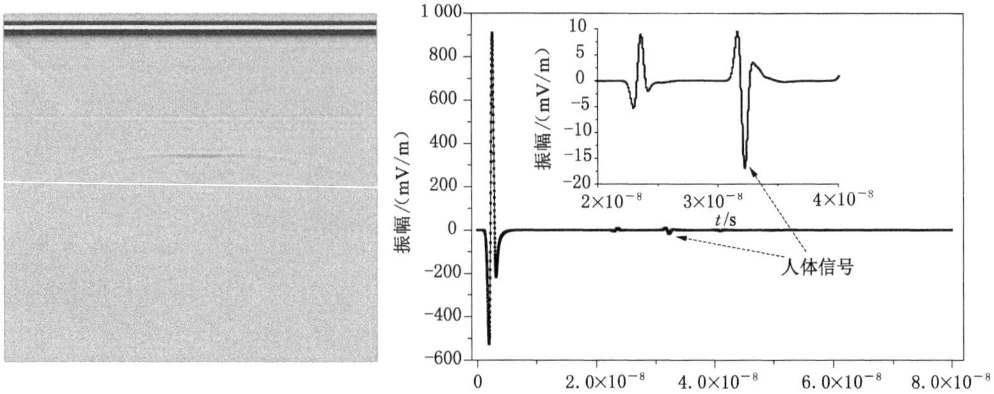

(a) 云图　　(b) 波形图

图 5-15　电磁波在长焰煤中传播图

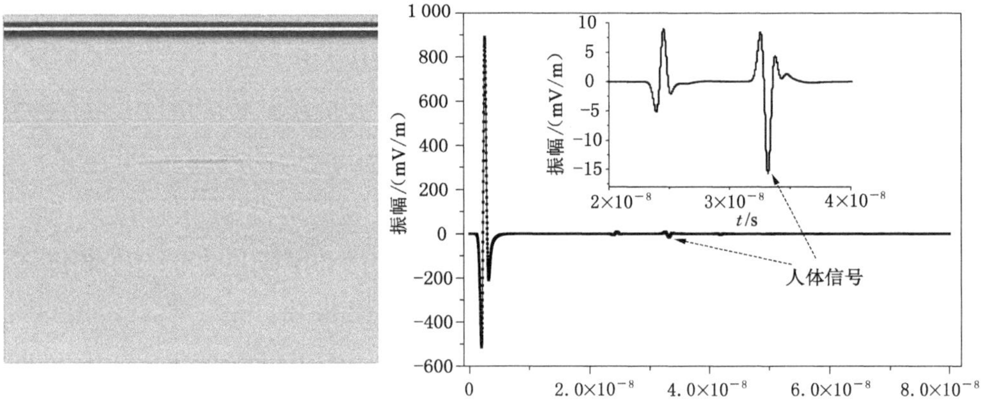

(a) 云图　　(b) 波形图

图 5-16　电磁波在气煤中传播图

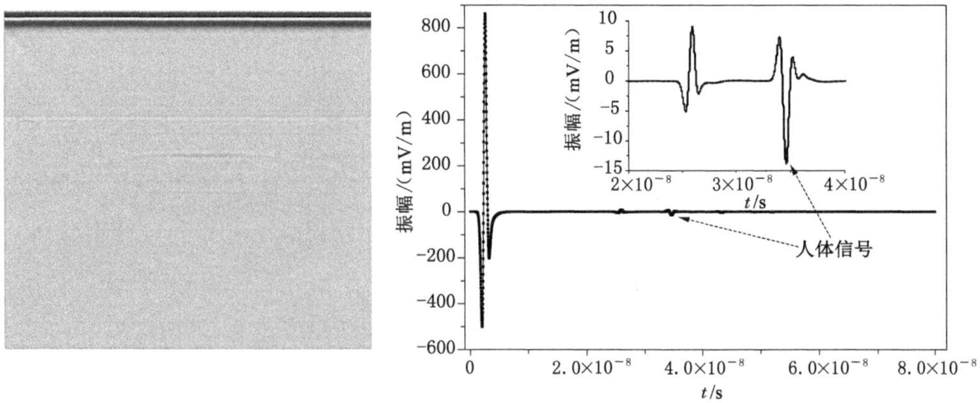

(a) 云图　　(b) 波形图

图 5-17　电磁波在贫瘦煤中传播图

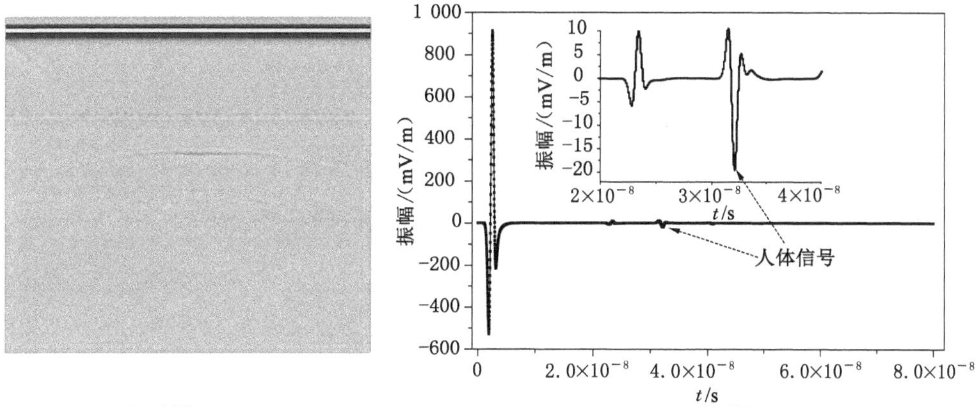

（a）云图　　（b）波形图

图 5-18　电磁波在无烟煤中传播图

由图 5-14(b)～图 5-18(b)可以看出，褐煤、长焰煤、气煤、贫瘦煤及无烟煤的人体返回波幅值为−20.63 mV/m、−16.97 mV/m、−15.74 mV/m、−13.92 mV/m、−19.60 mV/m，煤柱与掘进巷交界面返回波幅值为 12.51 mV/m、8.93 mV/m、8.93 mV/m、9.00 mV/m、9.94 mV/m。电磁波在交界面的反射系数[20]分别为 0.30、0.27、0.29、0.32、0.26，气煤的交界面返回波幅值强度等于长焰煤。在褐煤、长焰煤、气煤、贫瘦煤及无烟煤中，生命信息探测雷达探测到人体目标的时间为 33.89 ns、32.7 ns、33.20 ns、34.61 ns、32.11 ns，即电磁波在煤体中的传播速度从大到小依次为无烟煤、长焰煤、气煤、褐煤及贫瘦煤。这是因为贫瘦煤的介电常数最大，无烟煤的介电常数最小[21]。

5.3.5　人体目标定位分析

模拟分析人体信号随煤体厚度的变化规律，构建遇险人员定位方法数学模型。在应急救援时，根据探测数据结合该模型，可计算出煤体厚度，确定被困人员位置。以褐煤的模拟结果为例，如图 5-19～图 5-25 所示。

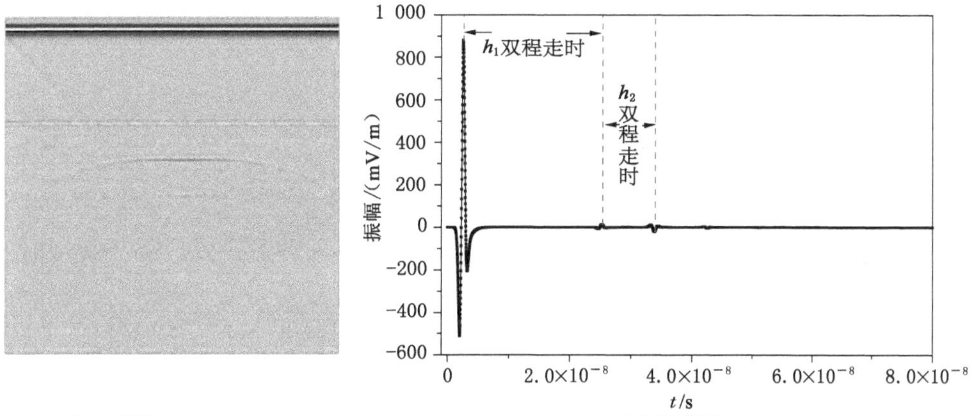

（a）云图　　（b）波形图

图 5-19　穿透 2 m 褐煤煤层探测

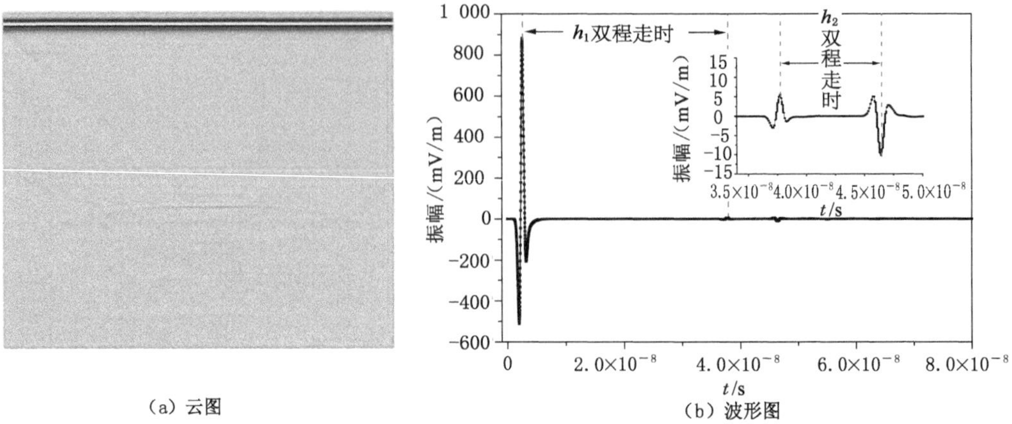

(a) 云图　　(b) 波形图

图 5-20　穿透 3 m 褐煤煤层探测

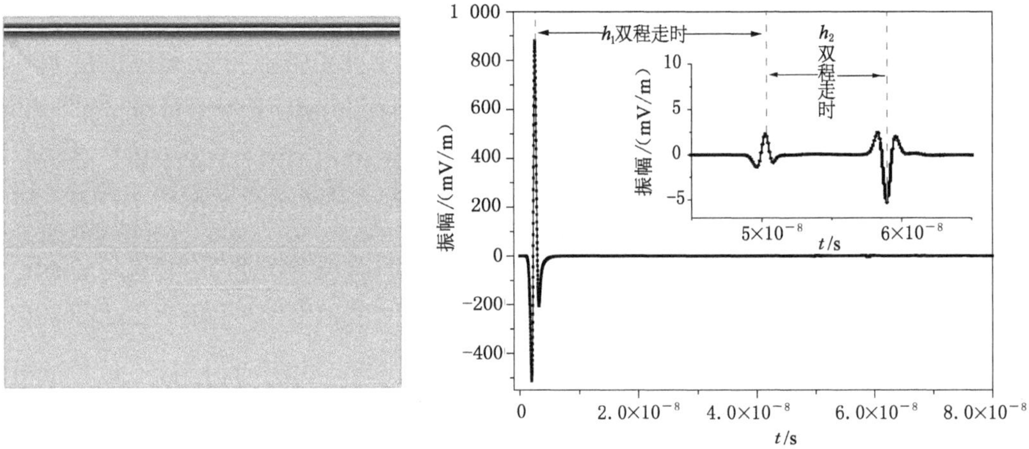

(a) 云图　　(b) 波形图

图 5-21　穿透 4 m 褐煤煤层探测

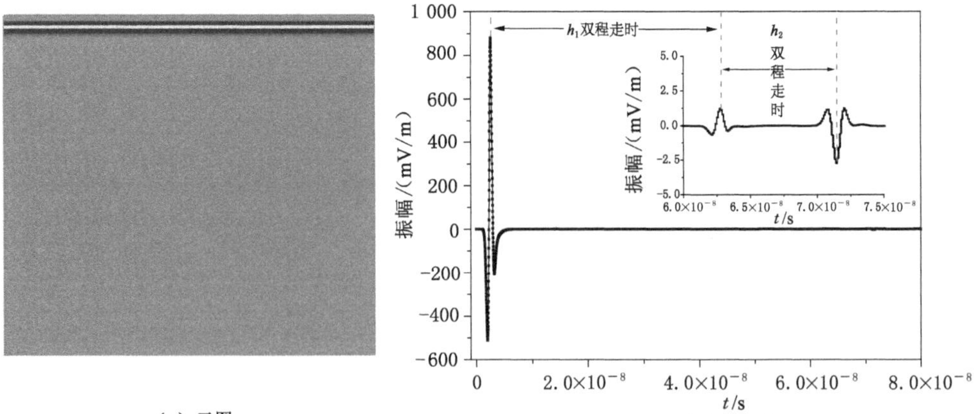

(a) 云图　　(b) 波形图

图 5-22　穿透 5 m 褐煤煤层探测

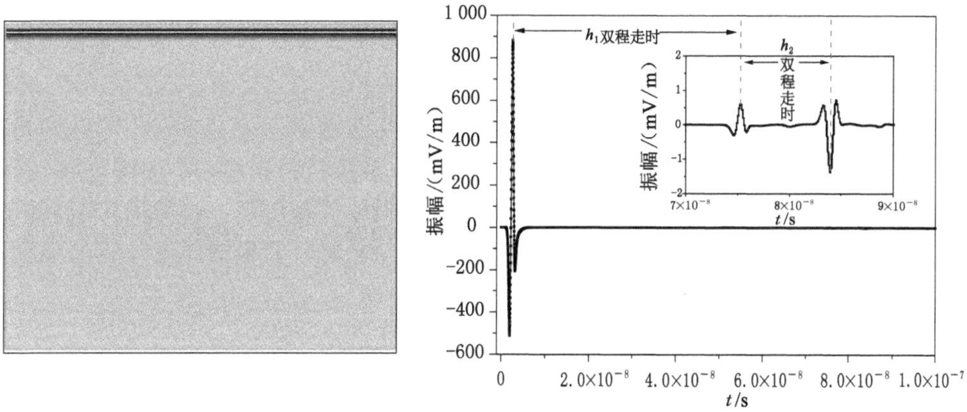

（a）云图　　（b）波形图

图 5-23　穿透 6 m 褐煤煤层探测

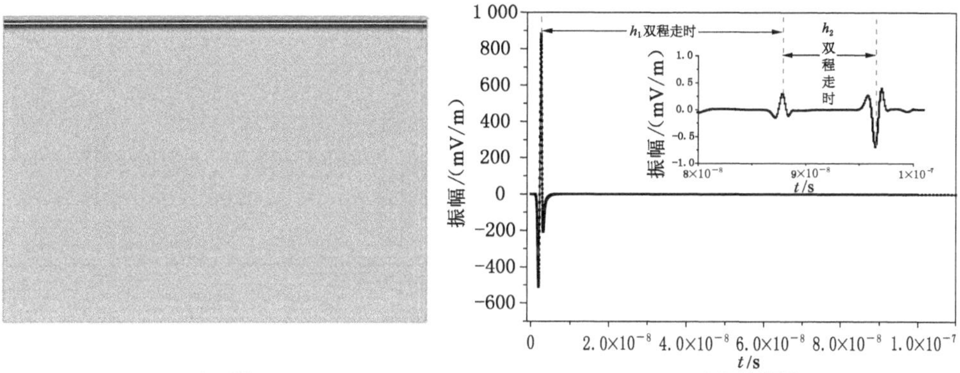

（a）云图　　（b）波形图

图 5-24　穿透 7 m 褐煤煤层探测

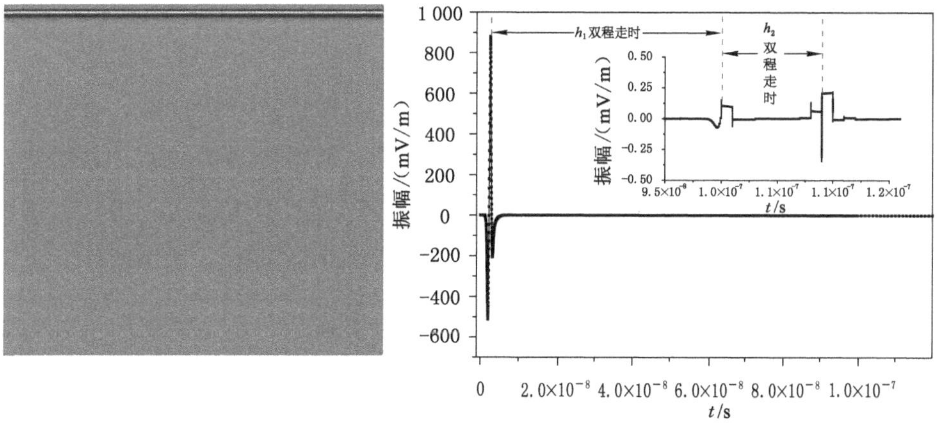

（a）云图　　（b）波形图

图 5-25　穿透 8 m 褐煤煤层探测

由图 5-19～图 5-25 可得，七种模型中煤柱与掘进巷交界面返回波幅值依次为 12.51 mV/m、5.48 mV/m、2.56 mV/m、1.23 mV/m、0.63 mV/m、0.30 mV/m、0.15 mV/m，人体返回波幅值依次为 −20.63 mV/m、−10.24 mV/m、−5.30 mV/m、−2.72 mV/m、−1.37 mV/m、−0.69 mV/m、−0.35 mV/m。同理，计算长焰煤、气煤、贫瘦煤及无烟煤在不同探测距离下人的返回波幅值强度，将人体返回波幅值强度与煤柱厚度进行拟合，结果如图 5-26 所示。可以看出，人体返回波的幅值强度与煤柱厚度呈指数函数关系[式(5-9)和表 5-6]，随 L(煤柱厚度)的增加，幅值强度逐渐减小。据此，可以建立各个矿区的煤柱厚度与幅值强度谱图数据库，在实际救援中，将生命信息探测雷达探测的数据与数据库相比较，可以较准确地确定被困矿工位置。

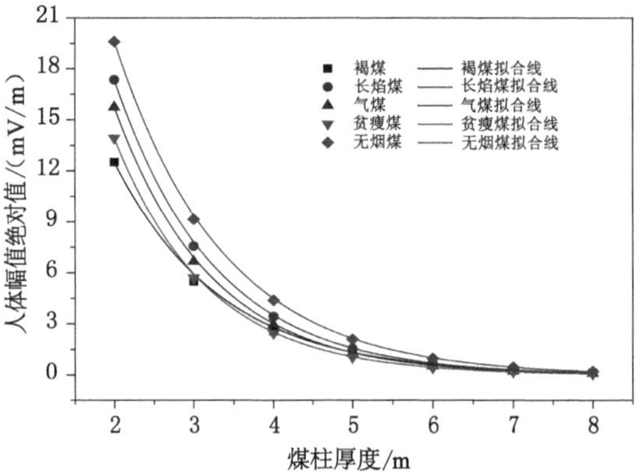

图 5-26 生命信息与探测距离关系

$$A = \xi e^{\zeta L} + \omega \tag{5-9}$$

式中 A——人体返回波的幅值强度；

L——煤柱厚度；

ξ——幅值缩放系数；

ζ——衰减常数；

ω——幅值偏置。

表 5-6 探测距离与人体信号拟合系数表

系数	褐煤	长焰煤	气煤	贫瘦煤	无烟煤
ξ	56.071 4	85.539 8	81.917 2	76.789 0	85.370 1
ζ	1.332 4	1.254 4	1.213 2	1.171 7	1.360 5
ω	0.011 6	−0.014 8	−0.012 3	−0.010 2	−0.026 2
R^2	0.996 9	0.999 5	0.999 5	0.999 4	0.999 6

超宽带电磁波在褐煤中的平均传播速度 1.6×10^8 m/s。结合图 5-19～图 5-25 中 h_1 双程走时，可计算出煤柱厚度，结果如表 5-7 所列，相对误差均小于 5%。

表 5-7　褐煤煤柱厚度分析

模型	煤柱厚度/m	解析值/m	绝对误差/m	相对误差/%
1#	2	2.017 3	0.017 3	0.867 0
2#	3	3.019 4	0.019 4	0.646 8
3#	4	4.020 5	0.020 5	0.513 2
4#	5	5.022 6	0.022 6	0.451 8
5#	6	6.023 7	0.023 7	0.395 2
6#	7	7.024 8	0.024 8	0.354 8
7#	8	8.026 9	0.026 9	0.336 3

由图 5-19～图 5-25 中的 h_2，乘以光速可得煤帮到被困者的距离，再结合表 5-7 中煤柱厚度的解析值，可得雷达与被困人员之间的距离，即可研究目标的定位问题，结果如表 5-8 所列。

表 5-8　褐煤矿井中人体目标定位及误差分析

模型	解析值/m			真实值/m	绝对误差/m	相对误差/%
	煤柱厚度	煤帮与人间距	雷达与人间距	雷达与人间距		
1#	2.017 3	1.3	3.318 4	3.3	0.018 4	0.558 1
2#	3.019 4	1.3	4.322 2	4.3	0.022 2	0.517 4
3#	4.020 5	1.3	5.323 4	5.3	0.023 4	0.441 0
4#	5.022 6	1.3	6.323 7	6.3	0.023 7	0.375 7
5#	6.023 7	1.3	7.323 0	7.3	0.023 0	0.315 4
6#	7.024 8	1.3	8.324 1	8.3	0.024 1	0.290 9
7#	8.026 9	1.3	9.320 9	9.3	0.020 9	0.224 8

参考文献

[1] 卓志峰.基于 MPEG-2 标准的音视频同步实现[D].天津：天津大学，2010.
[2] 刘森.基于 DaVinci 技术的视频压缩传输系统设计[J].电子设计工程，2021，29(19)：184-188.
[3] 郑学召.矿井救援无线多媒体通信关键技术研究[D].西安：西安科技大学，2013.
[4] 宋凤娟，付侃，薛雅丽.STC12C5A60S2 单片机高速 A/D 转换方法[J].煤矿机械，2010，31(6)：219-221.
[5] 张自嘉，张丽萍，花晓蕾.基于 ARM 的雷电三维电场数据采集系统的设计[J].仪表技术与传感器，2015(3)：47-49，103.
[6] 贾霄强，梁斌，李其豪，等.基于 CC2630 的多参数环境信息采集节点设计[J].电子世界，2017(10)：190.
[7] 房文杰，李长录.煤矿束管监测系统的应用与存在的问题[J].煤矿安全，2012，43(5)：58-59.

[8] 郭强,杨成贵,徐淮明. CX-6800 防爆工业气相色谱仪及裂解预处理器安全防爆系统的设计[J]. 分析仪器,1996(2):33-37.
[9] 许越. 煤矿巷道检测的地质雷达正演数值模拟[J]. 内蒙古煤炭经济,2016(7):127-128.
[10] 刘辉,祁欣. Maxwell 方程组 Lorentz 表述四维张量形式的讨论[J]. 北京化工大学学报(自然科学版),2012,39(2):123-127.
[11] 崔少北. 城市浅层地下水综合电法勘探三维正演研究[D]. 焦作:河南理工大学,2019.
[12] 张铎. 超宽带雷达波在煤中传播规律与定位基础研究[D]. 西安:西安科技大学,2018.
[13] 刘长礼. 麦克斯韦方程组超定问题的解释[J]. 物理与工程,2017,27(3):7-9,21.
[14] 周思宏. Al/GaAs 超构材料热电子探测光/电学特性研究[D]. 哈尔滨:哈尔滨工业大学,2021.
[15] 张振,孔凡敏,李康. 应用 CN-FDTD 分析电磁波电阻率测井仪的电磁响应[J]. 系统仿真学报,2013,25(10):2475-2480.
[16] 蒋志文. 基于深度神经网络的公路地基内部缺陷检测方法研究[D]. 长沙:湖南大学,2021.
[17] 高斌银. 铁路车载探地雷达检测隧道衬砌厚度的研究[D]. 成都:西南交通大学,2016.
[18] 文虎,张铎,郑学召,等. 基于 FDTD 的电磁波在煤中传播特性[J]. 煤炭学报,2017,42(11):2959-2967.
[19] 付玉杰. 大粒径土石混合体填料的探地雷达正演模拟与信号分析[D]. 北京:北京交通大学,2021.
[20] 刘陵玉,杨传法,张献生,等. 太赫兹波段煤的湿度与介电特性关系[J]. 煤炭学报,2016,41(2):497-501.
[21] 郑学召,赵炬,张铎,等. 不同变质程度煤介电常数特性[J]. 西安科技大学学报,2019,39(3):469-474.

第 6 章　电源和通信电路本安型控制方法研究

在改革开放之前，我国的煤矿防爆电气设备大部分是综合性电机厂生产的，由于它们是按照通用标准设计的电气设备，所以不能特别适应煤矿井下启动频繁、负荷变化的恶劣环境，导致其使用寿命普遍低于国外同类产品寿命。由于煤矿井下的空间十分狭小，并且空气比较潮湿，井下一些煤尘瓦斯等危害十分容易发生，使得煤矿防爆电气设备的工作条件处于相对恶劣的情况。这种情况会在一定程度上使机械发生磨损，也会使材料出现老化等问题，对其防爆性能产生不利影响。煤矿防爆设备的安全与否，条件的好坏都关系着每位员工的生命安全。除此之外，煤矿井下环境中存在许多易燃易爆气体，其中最危险的情况就是出现电火花。电火花具有电阻性、电容性和电感性这三种特性。不同的电路，产生的电火花能量也是不同的，而电火花的能量大小是决定点燃瓦斯的主要原因。在设计多源信息融合探测设备的安全电路时，首先就是限制电火花的能量。

首先，由于井下环境潮湿，有些地方甚至会出现淋水，且井下温度较高，煤矿井下电气设备要耐潮防滴（溅），隔爆外壳和结合面防锈蚀，使用电气绝缘材料。其次，由于井下壁面常有岩石、煤块等脱落，电气设备的挂、碰、拉、撞等易使设备受损，因此煤矿井下电气设备要具有坚固的外壳。再次，要求电气设备体积小、操作简单、维护方便、有防爆性、有一定过负荷能力和选材结构便于搬运等特点。隔爆型电气设备的特点是能承受内部的混合物爆炸而不受到损坏，能通过外壳结合面或者结构孔洞但不能使内部爆炸，它的外壳一般由铸钢、钢板、铝合金、灰铸铁制成，能承受 1.5 倍参考压力的动静压试验，既能经隔爆接线盒（或插销座）接线，又能直接接线。

6.1　矿用电气防爆技术概况

近年来，随着安全投入不断加大，煤矿安全生产形势得以显著改善，但是重特大事故仍未完全遏制。2019 年 11 月 18 日 13 时 07 分左右，山西平遥峰岩煤焦集团二亩沟煤业有限公司发生一起瓦斯爆炸事故，造成 15 人死亡，9 人受伤（其中 1 人重伤），直接经济损失 2 183.41 万元；2021 年 1 月 10 日 13 时 13 分许，山东五彩龙投资有限公司栖霞市笏山金矿在基建施工过程中，回风井发生爆炸事故，造成 22 人被困，经全力救援，11 人获救，10 人死亡，1 人失踪，直接经济损失 6 847.33 万元。目前我国的防爆电气产品生产状况随着我国的经济发展有了长足的进步，所生产的产品基本可以满足各种爆炸危险场所的需求，产品不仅符合我国国家标准《爆炸性环境》（GB/T 3836）的质量要求，还采用国际电工委员会的 IEC 60079 等标准进行生产。产品包括防爆配电箱、防爆主令电器、防爆灯具、防爆插接装置、防爆接线盒及管件等八大类（包含 300 多个品种规格的产品）。

（1）矿用电气设备的定义

矿用电气设备指的是在煤矿井下生产过程中所用到的系列电气设备。和煤矿生产中运用的通用设备相比，矿用电气设备所具备的耐潮性能、外壳强度等更高，需要更好地适应煤矿井下生产工作的要求[1]。常见的矿用电气设备主要有电动机、变压器、照明灯具、各种通信设备和检测设备等。煤矿井下空间十分狭小，往往存在着大量的粉尘，和外部环境相比也十分潮湿，部分矿井内还存在着大量的腐蚀性矿水，且存在着瓦斯爆炸的风险，这种恶劣的环境对矿用电气设备的质量有着极高的要求，矿用电气设备生产厂家必须综合考虑防尘、防潮等的具体要求来选择矿用电气设备的材质，确保生产的矿用电气设备有着极高的防潮性能和防爆性能。

（2）矿用电气设备的重要性

矿用电气设备是煤矿井下生产过程中的重要供电设备，对于煤矿安全生产有着极为重要的意义，在使用矿用电气设备之前，相关工作人员必须对矿用电气设备的隔爆性、防爆性等进行细致检查，确保电气设备有着良好的防爆性能和隔爆性能，使得其内部电火花能够得到有效的隔断，不会传递到矿用电气设备以外从而避免引发瓦斯爆炸等事故。

目前在我国煤矿的生产过程中，矿用电气设备仍然存在着质量不达标、缺乏维护保养等问题，在运行过程中无法充分发挥出应有的隔爆作用，使得矿用电气设备自身的使用寿命会大大缩短，还很容易导致矿井内出现瓦斯爆炸、触电等事故，严重威胁煤矿工作人员的生命安全，煤矿生产难以顺利进行，对煤矿开采企业造成巨大的经济损失。为了确保煤矿生产的顺利、安全进行，提高煤矿开采企业的经济效益，煤矿开采企业必须意识到加强矿用电气设备管理的重要性，明确矿用电气设备失爆问题的原因，并及时采取预防措施对矿用电气设备的失爆问题进行预防，保障矿用电气设备的高效运行，最终推动煤矿生产工作的顺利、安全进行。

选择矿用电气设备要保证其在矿井中潮湿、高温、粉尘、爆炸性气体等恶劣环境中能长期可靠安全运行和保持良好的工作性能。处于爆炸性环境中的电气设备，因设备故障产生火花或高温表面在一定的条件下会引起的环境爆炸性气体爆炸，从而引起恶性事故的发生。因此，选择矿用电气设备的原则在于将电气设备可能爆炸的概率减小到符合《煤矿安全规程》要求和防爆标准的限度。爆炸发生的条件有三点：一是，存在爆炸性气体；二是，爆炸性气体在爆炸极限内；三是，存在足以引燃爆炸性气体的点火源。电气设备的结构设计必须使产生点火源的可能性尽可能小，并且产生的能量必须低于爆炸气体最低点火能量。因此，在井下危险条件下使用的通信电气设备，首先应从安全的角度匹配，保证安全生产和救援。其次还应避免电气设备在系统设计等方面的复杂化和降低生产加工成本。如果井下电气设备无法做到无火花型设计，一些专用方法可以保证电气设备不引起环境气体或粉尘爆炸，这些特殊方法称为"防爆型式"。防爆型式是为防止点燃周围爆炸性混合物而对电气设备采取各种特定措施的型式。

6.1.1 国内电气设备生产现状分析

（1）防爆电气设备生产商数量众多、产品质量参差不齐

根据有关统计数据，我国生产各类防爆电气设备的厂商数量约有 550 家，设备主要分布在江苏、京津冀、山西、河南等地区，其中江苏防爆电气设备企业数量占比达到 20% 以上。2016 年对江苏、山东、浙江、河南以及山西等省份防爆电气设备厂商生产的 40 批次防爆开

关设备进行了抽查，其中有高达8批次产品质量不满足有关规范标准要求。具体质量不达标项目主要为隔爆结合面参数、电缆夹紧试验、抗冲击试验以及外壳耐压试验等内容。防爆产品合格率仅为85%，各个厂商产品参差不齐、防爆电气产品质量堪忧。参差不齐的防爆电气质量给防爆电气检测检验工作提出了更高的要求[2]。

(2) 防爆电气安全准入标准有待提升

近年来我国在矿山开采、电力电子、石油化工以及交通等领域进口大量的机电设备，较大一部分机电设备涉及防爆。产品主要来自美国、德国、荷兰、加拿大、日本等著名防爆电气设备厂商，现阶段国外已经有23个国家地区3 000余种设备取得矿业领域安全标志进口许可，其中德国产品取得安全标志进口许可的产品数量达到有1 500余种，主要涉及大型机电设备；澳大利亚取得安全标志进口许可的产品数量达到320多项。随着国内进口机电设备数量增多，考虑到各个国家间防爆产品质量标准差异，我国需强化对进口防爆电气设备的检测认证、技术审查以及安全准入标准评价等工作，并适当提高防爆电气设备安全准入标准。

6.1.2　矿井电气设备检测趋势

(1) 提高矿井防爆产品准入要求

随着矿用防爆电气设备功率、体积不断增加，防爆电气设备功能、安全性等指标不断发展，对防爆电气设备检测技术提出更高的要求。现阶段国内的防爆机电设备检测能力与国外发达国家仍有较大差距，虽然我国在矿用防爆电气设备安全准入方面要求不断提高，但是电气防爆检测配套的设备、检测机构技术等方面存在一定的不足。矿用防爆电气设备检测也应根据防爆电气设备发展而不断更新，进而适应国际标准要求，从而可以更好地满足矿井防爆电气设备检测的需要[3]。

(2) 加强防爆机电设备电磁兼容性检测

矿井防爆电气检测机构应强化对电磁兼容性方面检测能力，尽快配备相关检测设备，以满足矿用防爆机电设备及配套设备间的电磁兼容性检测需要，从而提升矿用防爆产品安全保障能力。

(3) 加强检测实验室建设，推动新标准定制及应用

重视矿井防爆设备检测这一安全保障环节，特别是需要理解掌握防爆电气设备在产品结构、参数匹配、材料选择以及性能检测等方面要求，从而进一步提升矿井电气防爆设备质量。尽可能避免设备在使用过程中出现传爆、失爆事故，更好地保障矿井生产安全[4]。

(4) 推进防爆检测新方法、技术应用

随着计算机、互联网技术在煤炭行业应用推广，防爆电气设备检测工作也朝着数字化、网络化以及集约化方向发展。计算机网络技术在检测检验领域中的推广应用，是矿用机电设备安全管理方面的一个重要发展趋势。因此，矿井机电设备安全检测技术数字化升级，势必会成为检测技术在现阶段的发展趋势[5]。

矿井防爆机电设备是矿井开采过程中的重要组成部分，随着社会对矿井安全生产重视程度的不断加深，强化矿井防爆机电设备检测对提升矿井生产安全具有重要意义。防爆设备检测中相关检验人员应强化自身学习，主动了解、掌握并接受新检测技术，从而更好地适应检测行业发展需求。由于矿井井下环境十分恶劣，防爆电气设备运行过程中受到诸多不利因素影响，同时国内矿用防爆电气设备质量参差不齐，防爆电气设备检测检验是确保电气设备在井下安全运行的重要环节，因此对防爆电气设备检测检验研究具有重要意义。根据

工作实践及相关研究成果对我国煤炭行业井下防爆机电设备运行环境特点、国内防爆电气设备生产现状进行分析探讨，并对矿井防爆机电设备检测技术发展趋势进行分析。

6.1.3 井下防爆电气设备运行特点

(1) 运行环境不断恶化

随着矿井浅部资源逐渐枯竭，矿井逐渐向深部开采，矿井生产时受到异常高温、腐蚀性气体以及高温湿热等影响更为明显，瓦斯涌出及煤与瓦斯突出危险性更为显著，矿井生产过程受到不安全因素影响更显著。根据有关统计数据，现阶段国有重点煤矿中约有 50%属于高瓦斯或者煤与瓦斯突出矿井，60%矿井开采煤层具有自然发火性，80%矿井开采煤层具有煤尘爆炸危险性。同时部分千米矿井作业面温度超过 40 ℃，相对湿度超过 98%，且环境中腐蚀性气体造成防爆电气设备使用环境不断恶化。矿井下的空气中，在瓦斯及煤尘含量达到一定浓度的条件下，如果产生的电火花、电弧或局部热效应达到点燃能量，就会燃烧或者爆炸，对矿区井下电气设备要求较高。

(2) 成套电气设备数量增加

国家大力推进矿井人员安全避险系统建设，具体包括监测监控系统压风自救系统、通信联络系统、供水施救系统、紧急避险系统以及人员定位系统等。其中紧急避险系统分布在矿井各个巷道内，且涉及大量的防爆电气设备，如井下监控防爆分站、各类传感器通信接口等。随着井下布置的成套防爆电气设备数量增加，若防爆电气出现失爆故障，比如电气设备漏电可能引发瓦斯煤尘爆炸、人身触电等事故，且由于井下硐室、巷道、采掘工作面等安装电气设备的地方，空间都比较狭窄，人体接触电气设备、电缆的机会较多，也容易发生触电事故。因此，要求井下电气设备外壳必须接入接地系统。

(3) 电磁环境更为复杂

井下布置有综掘机、带式输送机、采煤机、刮板输送机等大型机电设备，运行过程中均会有电磁干扰。研究表明，井下布置的架线电机车运行过程中会产生大量的干扰电磁，井下变电所变配电设备对井下电磁环境影响也较为明显。同时井下大功率机电设备启停时产生的电磁干扰会给井下布置的监控系统正常运行带来较大影响。井下各类设备产生的干扰电磁在一定程度已经影响矿井生产安全。

(4) 特大型电气设备使用量增加

随着矿井井型、建设规模的不断扩大，千万吨矿井不断涌现，井下特大型机电设备使用量不断增加，如大采高综采工作面布置的 2 000 kW 变频器，涌水量大的矿井在中央水泵房布置的大型潜水泵电机，尺寸可以达到 ϕ882 mm×5 560 mm。现阶段检测机构隔爆槽规格尺寸无法满足对特大型机电设备防爆检测需要，从而对防爆检测单位检测技术、设备等提出更高要求。

6.1.4 矿用电气设备失爆原因与对策

爆炸是指物质从一种状态经过物理或化学变化，突然变成另一种状态，其过程伴随着巨大光和热以及机械能能量的变化。而煤矿井下生产过程中往往伴随着甲烷等易燃易爆气体或者粉尘的存在，工作区普遍处在爆炸性气体环境或是可燃性粉尘环境，在这些危险环境中，可能因为管理人员的疏忽，使得设备检修不及时，导致事故的发生，故人们采取了多种防爆技术方法与对策来应对这些事情的发生[6]。

6.1.4.1　矿用电气设备的失爆原因

（1）矿用电气设备自身存在质量问题

矿用电气设备实际的质量直接影响运行的效果，如果矿用电气设备的质量较差，那么很容易在运行过程中出现各种质量问题，导致内部出现爆炸，最终引爆矿井内的易燃气体，造成矿井内严重的人员伤亡。部分煤矿开采企业没有做好矿用电气设备的质量检查工作，无法及时发现存在质量问题的矿用电气设备，使得部分存在质量问题的矿用电气设备进入了生产现场，导致煤矿生产现场存在着较大的安全隐患。还有部分煤矿生产企业忽视了对矿用电气设备的搬运工作，不愿派遣专业的管理人员对矿用电气设备的搬运工作进行管理，使得矿用电气设备在搬运过程中受到磕碰，外壳上出现凹坑、划痕，进而失去了原本的防爆效果，最终导致矿用电气设备在运行的过程中出现失爆问题[7]。

（2）忽视矿用电气设备使用过程中的管理

在煤矿井下作业的过程中，矿井内存在大量的粉尘，且十分潮湿，矿用电气设备在这种恶劣的环境下运行，外壳很容易出现脱落、锈蚀等问题，导致矿用电气设备无法正常运行，防爆性能大大降低。针对这一问题，煤矿开采企业必须要加大对矿用电气设备使用过程中的管理，及时发现存在问题的矿用电气设备，及时解决矿用电气设备的故障问题，确保矿用电气设备能够稳定、安全运行。但是部分煤矿开采企业忽视了矿用电气设备使用过程的管理，不愿派遣专业的管理人员进入生产现场对矿用电气设备进行管理，工作人员的错误操作无法被及时发现，矿用电气设备存在的问题也无法被及时发现，最终导致矿用电气设备出现失爆问题，严重阻碍煤矿井下作业的顺利、安全进行[8]。

（3）忽视矿用电气设备的维修保养工作

目前我国许多煤矿开采企业为了提高经济效益，往往会不断简化自身的煤矿开采工作流程，不断缩短煤矿的开采工期。在这种情况下，针对矿用电气设备的维护保养工作就无法有效开展，矿用电气设备在恶劣的环境下很容易出现各种故障问题，并且出现的故障问题得不到及时解决，会变得愈发严重，直至出现失爆问题。在完成矿用电气设备的安装工作后，煤矿开采企业需要及时派遣专业的技术人员对矿用电气设备进行验收，确保矿用电气设备有着极高的安装质量，如果验收工作开展得不够及时的话，一些质量、安装工艺达不到要求的矿用电气设备也会投入使用，最终在运行过程中出现失爆问题[9]。

（4）工作人员的综合素质较低

部分煤矿开采企业的工作人员综合素质较低，不能按照相关的规定、规范去操作矿用电气设备，无法及时发现矿用电气设备运行过程中的故障问题，这也会导致矿用电气设备经常出现失爆问题。部分煤矿开采企业不愿组织工作人员进行教育培训，工作人员的专业水平得不到有效提高，安全生产意识淡薄，在实际的煤矿生产过程中经常出现错误操作，导致矿用电气设备出现失爆，引发一系列的安全问题。

6.1.4.2　常见失爆位置

（1）隔爆接合面

矿井下防爆开关通常采用“铁盖”对隔爆接合面进行密闭，上盖采用螺栓对接线腔进行紧固，隔爆接合面能够对开关起到防爆作用。

检修人员在维护开关时常常由于操作疏忽导致上盖板的螺栓没有全部紧固或缺失、弹簧垫圈未按照标准压平螺栓或螺孔滑扣、螺母螺栓未完全紧固等情况，这些情况均会造成防爆开关密封性差,使开关失去防爆效果[10]。

(2) 电缆引出、引入位置

对井下现场的开关进行观察,发现电缆引出、引入位置是发生失爆最多的位置。

由于开关长期缺乏维护,密封圈会渐渐老化,失去原有的弹性,导致密封圈不能对该位置起到很好的密封效果。

密封圈在安装时,密封圈的外径未选用与电缆引出、引入处配套大小的胶圈,造成该处密封效果差,检修人员未按照工艺要求将密封圈套在电缆护套上,而是误套在电缆芯线上。

接线腔、接线嘴紧固得太紧导致没有间隙,或接线腔、接线嘴紧固得太松导致密封圈不紧,这些情况均会造成防爆开关密封性能下降,失去应有的防爆效果。

一般电缆引出、引入位置的喇叭嘴压线板未能将电缆牢牢拉紧,导致电缆可以在喇叭嘴内移动。判定的标准为:单手可自由晃动的喇叭嘴即失去了防爆效果。

喇叭嘴接入的密封圈内径大时,接线腔内的电缆能够自由移动,特别是在接入直径较小的监控和通信线时,最容易出现失爆问题。

在接接线盒电缆三叉时,操作人员未按要求将绝缘胶完全包裹,导致接线盒失爆。

(3) 电气设备表面

当防爆设备的外壳有超过 5 mm 的凹坑时,该设备就失去了防爆效果。出现这种情况的主要原因是运输人员在运输过程中未按照要求轻拿轻放或者操作人员搬运设备时磕碰所致。

井下工作环境比较恶劣,防爆设备长期处于潮湿温热的状态,设备外壳容易出现锈蚀、脱落现象,再加上日常的维护较差,从而导致设备失爆[11]。

开关在停电时未按照规程要求将机械闭锁打到闭锁位置,造成闭锁装置损坏,也会导致防爆开关起不到防爆作用。

6.1.4.3 *矿用电气设备失爆问题的预防措施*

(1) 加强矿用电气设备的管理

要想有效解决矿用电气设备的失爆问题,确保矿用电气设备能够稳定、安全运行,煤矿开采企业必须意识到矿用电气设备失爆问题的严重性,加强对矿用电气设备运行过程的管理。

煤矿开采企业需要派遣专业的管理人员进入现场对矿用电气设备进行管理,及时发现工作人员的错误操作并纠正,确保工作人员能够严格按照相关的操作规定、操作规范去操作矿用电气设备,不会由于工作人员的失误而导致矿用电气设备出现故障问题,最终导致矿用电气设备出现失爆问题。当完成矿用电气设备的安装工作时,煤矿开采企业需要派遣专业的技术人员对安装的矿用电气设备进行检查,确保矿用电气设备有着极高的安装质量,能够稳定、安全地运行[12]。

(2) 加强矿用电气设备的维护保养

煤矿开采企业需要提高对矿用电气设备检修人员的要求,组建一支高水平的矿用电气设备检修队伍,及时对各种矿用电气设备进行检查,及时发现存在问题的矿用电气设备并进行修理,确保矿用电气设备能够得到及时的维护保养,使用寿命能够得到有效延长,在使用过程中避免出现失爆问题。针对存在故障问题的矿用电气设备,检修人员需要及时找到故障所在,并对故障问题进行解决,如果故障问题得不到有效解决的话,就需要告知管理人员,及时暂停和故障矿用电气设备有关的一切生产工作，直到故障问题得到妥善解决或更换矿用电气设备后再进行生产。

(3) 提高工作人员的综合素质

煤矿开采企业需要不断提高工作人员的综合素质，确保工作人员能够熟练操作各种矿用电气设备，不会由于工作人员自身的失误而导致矿用电气设备出现故障问题。

煤矿开采企业需要定期组织工作人员进行教育培训，不断提高工作人员的专业水平，确保工作人员可以迅速掌握新型矿用电气设备的操作方法，同时还需要培养工作人员安全意识，确保工作人员能够自觉进行安全生产，主动对矿用电气设备运行状态进行检查，并及时将发现的问题上报给管理人员，帮助管理人员更好地发现矿用电气设备存在的问题。此外，煤矿开采企业还需要对相关的矿用电气设备管理制度进行不断完善，确保矿用电气设备的管理工作能够在制度的指导下高效进行，并对相关的责任制度进行不断完善，将各种矿用电气设备的责任落实到具体负责人身上，加大对矿用电气设备失爆问题的处罚力度，确保每位工作人员都能够提高对自身的要求，认真负责地完成自己所负责的任务，保障矿用电气设备的安全、稳定运行，避免矿用电气设备出现失爆问题[13]。

(4) 为矿用电气设备安装失爆自检仪

煤矿开采企业可以为矿用电气设备安装失爆自检仪，通过失爆自检仪来实现对矿用电气设备内部状态的自动化检测，大大减轻工作人员的工作负担。失爆自检仪可以对矿用电气设备内部短路、断路、线路老化等问题进行自动检测，如果矿用电气设备电路出现失爆问题时，失爆自检仪就会检测到由于失爆问题而引发的电流差，依靠断路器及时切断电流并发出警报，通知检修人员前来维修处理。

矿用电气设备质量不符合要求、煤矿开采企业忽视了对矿用电气设备的维护保养、工作人员综合素质较低等都会导致矿用电气设备出现失爆问题。对于煤矿开采企业来说，必须意识到矿用电气设备失爆问题的严重性，加强对矿用电气设备的维护保养工作，提高工作人员的综合素质，并为矿用电气设备安装失爆自检仪，确保矿用电气设备的失爆问题能够得到有效的预防，煤矿生产工作能够顺利、安全进行。

6.2　井下的防爆电气设备分类

通常意义上讲，可以将矿用防爆电气设备分为两类，Ⅰ类防爆电气设备和Ⅱ类防爆电气设备。Ⅰ类防爆电气设备是指适合用于煤矿井下使用的电气设备，其实质是适用于甲烷和煤尘存在的场所；Ⅱ类防爆电气设备是指除煤矿瓦斯气体环境外的其他爆炸性气体环境适用的电气设备。

(1) 隔爆型电气设备(d)。隔爆型电气设备按种类不同分为Ⅰ类和ⅡA类、ⅡB类、ⅡC类。在这种防爆型式中，可能引起爆炸的电气设备部件全部被封闭在一个坚硬的外壳中，该外壳能承受任何接合面或结构间隙渗透到内部的可燃性混合物爆炸而不损坏和变形，并且阻止因爆炸产生的高温火焰通过壳内任何接合面及各结构开口向外部爆炸性环境传播，确保外部爆炸性气体不会被引爆。隔爆型防爆技术是煤矿井下主要的防爆技术，其基本原理是允许危险气体进入隔爆外壳，在内部可能产生爆炸情况下要求外壳必须具有足够的强度；且外壳接合面必须具有足够长的啮合长度和足够小的间隙，以确保内部爆炸不会穿过隔爆接合面导致外部易爆环境发生爆炸。隔爆型防爆设备可安装于 1 区和 2 区危险场所[14]。

隔爆型电气设备在爆炸危险区域应用较为广泛。它不仅能防止爆炸火焰的传出,而且壳体又可承受一定的过压,一般情况下其壳体能承受 1.5 倍实际爆炸压力的冲击作用而不损坏,不产生永久变形。用于煤矿井下的隔爆型电气设备更为坚固,由于使用环境恶劣,电气设备的磕碰现象极为严重,因此其强度有较大的系数要求,它一般采用钢板、铸钢材料制成。使用滑动轴承的大型旋转电动机的隔爆结构,一般不能用于具有 3 级和 4 级的爆炸性物质区域。如果采取特殊结构,经法定的检验机关认定后也可使用。图 6-1 与图 6-2 分别为井下防爆接线箱与井下移动变电站。

图 6-1　井下防爆接线箱

图 6-2　井下移动变电站

(2) 增安型电气设备(e):在正常运行条件下不会产生电弧、火花的电气设备,采取一些附加措施以提高安全程度,防止其内部和外部部件可能出现危险温度、电弧和火花的防爆型式。它不包括在正常运行情况下产生火花或电弧的设备,在正常运行时不会产生火花、电弧和危险温度的电气设备结构上,通过采取措施降低或控制工作温度、保证电气连接的可靠性、增加绝缘效果以及提高外壳保护等级,以减少由于污垢和潮气进入引起污染的可能性,减少出现可能引起点燃故障的可能性,提高设备正常运行和规定故障(如电动机转子堵转)条件下的安全可靠性。

增安型结构在防爆电气设备上使用比较广泛，如电动机、变压器、灯具和带有电感线圈等设备。一般要求绝缘绕组允许温升要比其他防爆电气设备的标准规定温升低 10 ℃。漏电距离和电气间隙应尽可能取大，最小值不得低于有关规定。壳体要有一定的保护措施，电动机允许堵住时间最低不少于 5 s，启动电流与额定电流之比不得超过 10。在堵住时间内的温升不得有引燃爆炸性混合物的可能，也不得破坏绝缘。绝缘绕组匝间和对地试验电压须比普通电气设备有所提高，低压设备提高 10%，高压设备提高 30%，并要求所有导体的连接可靠，在过载振动等影响下，也不得发生接触不良现象。增安型电气设备，虽然能在危险性较高的爆炸危险环境中安全使用，但是一旦内部元件出现故障，将无法保证防爆的安全性，所以需要认真考虑使用环境、维修管理等条件，然后确定是否适合。选用增安型电动机、变压器等，须配备相应的过载保护装置或过热装置。此外，鼠笼型感应电动机，必须充分地加以保护，运行时不得超过允许堵住时间。

(3) 气密型电气设备(h)：气密型电气设备采用气密外壳。主要防止环境中的爆炸性气体进入设备外壳内部。外壳为达到气密性要求，一般采用熔化、胶粘或挤压的方法进行密封，这种外壳不具备可拆卸性。如果进行了拆卸，则无法保证其气密性。

(4) 本质安全型(本案型)电气设备(i)：本质安全型的防爆型式是设备内部的所有电路在标准规定条件(包括正常工作和规定的故障条件)下，产生的任何电火花或任何热效应均不能点燃规定的爆炸性气体环境的本质安全电路。本质安全型电气设备是从限制电路中的能量入手，通过可靠地控制电路参数将潜在的火花能量降低到可点燃规定的气体混合物能量以下，导线及元件表面发热温度限制在规定的气体混合物的点燃温度之下。

本质安全型防爆结构仅适用于弱电流回路，如测试仪表、控制装置等小型电气设备上。无论在正常情况下还是非正常情况下发生的电火花或危险温度，都不会引爆爆炸性物质，因此这种结构是安全性较高的防爆结构。其中电路或设备上的所有元件表面温度必须小于规定的温度，以防止热效应引起的点燃。本质安全型防爆结构的电气回路，必须与其他电路相隔离，以防止混线电磁感应或静电感应，特别是结构外部的配线，要采取周密的措施，才能确保电气设备和配线的防爆性能。

(5) 浇封型电气设备(m)：这种防爆型式是将可能产生引起爆炸性混合物爆炸的火花、电弧或高温度部分的电子元部件，浇封在浇封剂中，从而防止了周围爆炸性混合物被点燃。使用专用浇封绝缘材料灌封潜在的引燃源，这种材料应能在内部故障条件下防止断裂，防止危险部件暴露。

(6) 充油型电气设备(o)：充油型防爆型式是将整个设备或设备的危险部件浸在油内，使油面以上或外壳外面的爆炸性气体不会被点燃。早期，开关设备主要用这种防爆技术方法。通过油(保护液)将电弧、火花浸没，保证爆炸性气体不被引爆。

充油型防爆结构在使用上和传爆等级无关，适用于小型操作开关。充油型防爆结构设备表面和油的温度，在操作频度和电流强度可能达到严重过载时也不得超过相关的规定。这一规定不单指该结构，凡是防爆结构都有这一要求。油面至产生火花或电弧部分之间距离应为最小实验保护深度的 2 倍，但不得小于 10 mm。充油型防爆电气设备充入的油液，应具有较高的化学稳定性。为了观察油位的高度，设备上安有油位指示器或油位信号装置。油浸式防爆结构的开关、控制器等设备，由于油的劣化或泄漏等原因，设备若损坏很难维修，应特别注意。另外，由于倾斜或油面摇动而使防爆性能受到损害时，设备不能再继续使用。

(7) 正压型电气设备(p):正压型防爆型式是一种通过保持设备外壳内部保护性气体的压力高于周围爆炸性环境气体压力的措施,主要有两种方法可以用于正压设备保护。一种是在系统内部保持静态正压,另一种是保持连续空气体或惰性气体流动,从而阻止可燃性混合物进入外壳内。在设备启动工作前用保护气体对外壳内部进行置换、冲洗带走设备内部的原有可燃气体是两种方法的共同点,其关键要素是准确监测,定时换气,保证系统安全可靠。

(8) 充砂型电气设备(q):这种防爆方式主要是在外壳内充填砂粒或其他规定特性的细粒状材料,使之在规定条件下,壳内产生的电弧或火花都不能点燃周围爆炸性气体的电气设备保护形式。由于充砂型电气设备以砂粒为保护材料,砂粒本身及装填容器没有燃烧能力,当砂粒充填到一定的厚度时,砂粒层有较好的散热作用和间隙作用,从而达到防爆安全的目的。常用的充填材料是石英砂。

表 6-1 给出了特殊危险条件下提供合适安全级别的防爆型式。在这些防爆型式中,大部分没有实际必要,因此,对所有使用环境需要做进一步分析,以便选择满足特殊危险场所要求的最佳防爆型式。

表 6-1　爆炸性气体环境用电气设备防爆类型

危险区域	电气设备防爆类型	标志
0 区	本安型,ia 级	ia
	为 0 区设计的特殊型	s
1 区	适合于 0 区的防爆类型	
	隔爆型	d
	增安型	e
	本安型	i
	浇封型	m
	充油型	o
	正压型	p
	充砂型	q
	气密型	h
	为 1 区设计的特殊型	s
2 区	1. 适合于 0 区或 1 区的防爆类型	
	2. 无火花型	n

表 6-1 中的危险区域划分是根据爆炸性气体(蒸气)环境出现的频率和持续时间把危险场所分为 3 个区域,即 0 区、1 区和 2 区。

0 区:在正常情况下,爆炸性气体混合物连续或长时间存在的场所;

1 区:在正常情况下,爆炸性气体混合物有可能出现的场所;

2 区:在正常情况下,爆炸性气体混合物不可能出现,或即使出现也只是短时间存在的场所。

根据危险条件中的通用条件考虑上述防爆型式,选择步骤可按图 6-3 进行。

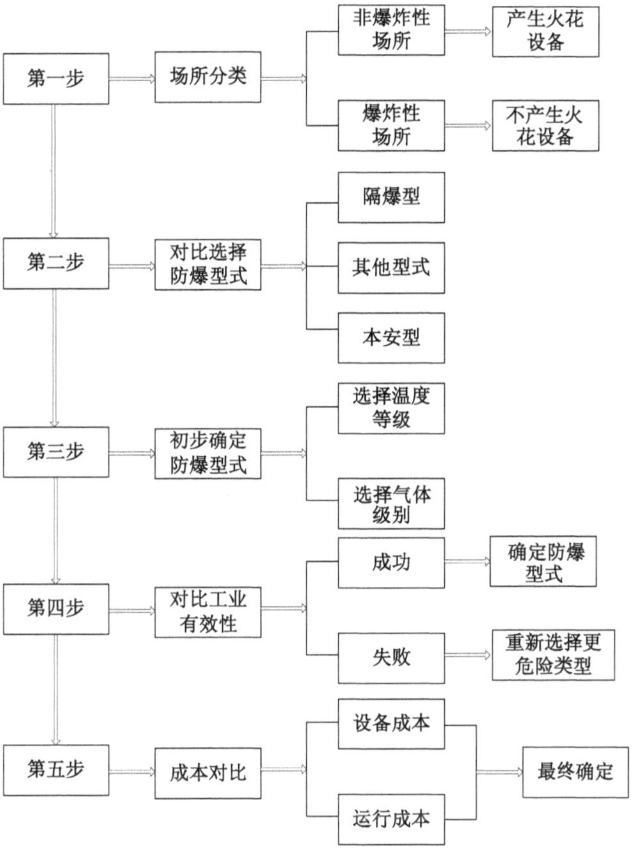

图 6-3　防爆型式选择步骤图

6.3　电路的本质安全性研究

本质安全电路是指在 GB/T 3836.4—2021 标准规定的条件下(包括正常工作和规定的故障条件下)产生的电火花或热效应均不会点燃周围环境规定爆炸性混合物的电路。矿井救援无线多媒体通信系统的本质安全电路设计与制造应符合 GB/T 3836.4—2021 规定,并通过 GB/T 3836.4—2021 中规定的火花点燃试验[15]。

煤矿井下本质安全电源是将普通稳压电源的输出通过一些多方位的保护手段使输出电源变成本质安全输出,所以本质安全电源的设计方式大多是对电源输出电压及电源输出电流的合理保护来限制该稳压电源的能量,限制后的稳压电源就可以认定为本质安全电源。电源电压的保护方式是通过判断输出端电压,该电压高便断开输出,周而复始。电源电流的保护方式大致上分为两种,即恒电流型和截电流型,这两种保护电路方式在煤矿井下本质安全电源的使用最为普遍。恒电流型本质安全电源具有外围电路简单、可靠性高、电流持续性的特点,尤其是对视音频负载,能够最大限度保证负载电路供电正常,不易受外界因素的干扰而中断能量供给;截流型保护电路相比较而言有电路功耗低、效率高的特点,往往可以将本质安全电源输出参数(功率)设计得相对更大些。煤矿井下使用的本质安全电源一般情况下分为 Ma 级和 Mb 级两种保护级别,目前以 Mb 级居多,本质安全电源在设计时可以采用相同两部分电路以串联的形式来保护电路，即其中一个部分出现故障(通常短路最为严重)时，另外一部分保护电路仍然可以对该功能起到保护的要求。因此，本质安全电源的保护电路要设计两部分相同的过电压及过电流保护电路，同时也可以设计一个专门针对输出短路的限能电路，能够更快地将短路时前端输出的能量加以限制。本质安全型电源的研究，可提高煤矿井下设备工作时安全性能，避免井下用电设备产生火花引起瓦斯爆炸事故，达到“以人为本、安全第一、预防为主、综合治理”的重要目的。

在防爆电气设备的各种类型中，本质安全电路是最安全的，因为无论是在正常工作情况还是故障状态下，它都不会引爆周围规定环境爆炸性气体，从本质上是安全的，因此被称为本质安全型。其特征就是一种以抑制点火源能量为防爆手段的安全技术，要求设备在正常工作和故障状态下可能产生的电火花或热效应分别小于爆炸性危险气体的最小点燃能量和自燃温度。

所有电路都为本质安全电路的电气设备称为本质安全型电气设备，用符号“i”表示。本质安全设备的类别有两种：

Exia，指两个元件或其他类型的故障仍能保持防爆性能的设备；

Exib，指一个元件或其他类型的故障仍能保持防爆性能的设备。

本安型设备可安装在1区、2区危险场所。本安关联设备可连接到1区、2区危险场所。和本安型设备相连接的还有它的关联设备。关联设备是指在电气系统中，并非全是本安型设备，还含有能影响本安电路安全性能的电气设备。关联设备通常分为两种类型，一种是与本安型电路同在一电气设备中，它是可能对本安电路性能产生影响的非本安电路；另一种是在本安型电气系统中，与本安型电气设备有电气连接并有可能影响本安性能的非本安电路的电气设备。为了保证设备的使用安全应该尽可能将所有设备和电路都设计成本安型。

火花试验装置是用来检验电路接通或断开产生的电火花能量能否点燃规定的爆炸性混合物的装置。它是研究电路本质安全性能的重要装置，通过它得到的试验结果是设计本安电路的重要依据。

6.4 安全火花电路及电气放电形式的基本原理

研究井下电气设备的放电形式及原因要从本质安全电路理论及检测方法入手。井下电气设备内部在故障或受外力作用情况下，可能会发生短路、开路或接地等危险。在火花试验装置的电极上开断、闭合，放电产生的火花能量超过气体引爆能量时，就会造成爆炸腔体内的试验混合气体爆炸。所以分析电气放电原因、放电形式及其规律研究是十分必要的。根据气体放电理论，火花放电、电弧放电、辉光放电是电路切换时的基本放电形式，三种放电形式组成的混合放电也是实际中常见的形式。

6.4.1 火花放电

放电间隙中发生的一系列电子雪崩现象就是火花放电。一般是在通断带或切换电容的电路、电感-电容混合电路中，电容电压或过渡过程产生的过电压击穿产生放电间隙。火花放电的过程可分为三个主要阶段：第一阶段为火花形成阶段，以施加外电压瞬时开始到间隙被击穿停止，这时电极发光或微弱发光的火花带没有出现，这时流过间隙的电流小而且加在放电间隙上的电压较稳定，持续时间与外加电压大小有关，一般为 10^{-9} s左右。如果最终形成了一个导通带，就进入火花维持阶段，即第二阶段。光子形成火花由多次电子雪崩过程产生，电容的全部电荷将沿着所形成的导通带流通，并将它加热到高温，间隙上的电压迅速降低，而电流却可达到极大值 $10^2 \sim 10^4$ A，电场能量及火花扩展速度决定着持续时间。第三阶段（衰减阶段）火花带被破坏，由于周围气体层吸收了高温火花带的热辐射，火花带展宽而导致火花带被破坏，放电结束。一次击穿发生以后，如果电气强度仍被间隙电压超过，还会出现二次甚至多次击穿。这三个过程发生的时间极为短暂，基本在 $10^{-8} \sim 10^{-6}$ s 内完成[16]。

从火花放电引燃爆炸性气体的观点来看，火花在维持阶段形成高温热源，是火花能量向爆炸性气体释放热量的主要阶段。放电过程中，火花能量的释放主要通过两个途径：部分能量随着放电电子束传导至危险气体中，另一部分热量传导到触点电极的表面。传导到电极表面的能量越大，则散失到危险气体中的能量就越小，那么放电就越不容易引起点燃。因此，传导到电极表面的能量决定了火花的点燃能力。

6.4.2 电弧放电

电弧放电是本质安全放电理论重点研究的一种放电形式。某种形式的不稳定放电不断转化而产生电弧放电。在火花放电过程中，足够大的电流密度存在间隙内，间隙中的某一部分气体便会剧烈发热，由于热电离作用，电阻剧烈下降，这一部分将集中全部放电，电路内电压将重新分配，形成电弧放电；在含有电感与电容的混合电路中，振荡的形成是由于小电流密度的不稳定放电，转化为电弧放电。

由于本质安全电路的电弧放电是能量级别很低的一种放电过程，所以，一般认为本质安全电路中的电弧放电是由某种形式的不稳定放电不断转化而产生的。在多数情况下，转化经过一系列极短的阶段，以跃变形式完成，并形成短路状态，且在每段时间内放电都来不及达到稳定状态。

6.4.3 辉光放电

辉光放电产生于电压很高而电流较小时。辉光放电的特点是它的阴极电压降比电弧放电的要高，可达 300 V 左右。此时阴极电压降超过了电离气体的电压，同时其放电的电流密度不超过 10^{-2} A/cm^2，故放电能量大部分在电极上损失，而不是作为引燃爆炸危险混合物的能量出现。辉光放电在实际的安全电路中非常少见，所以本安电路的设计过程中很少对它进行研究。

通过分析三种放电，可以得出，本安电路中，火花放电和电弧放电是本安电路主要考虑的放电形式，也是引燃爆炸性气体混合物的主要因素。

电路系统或设备在正常及故障状态下产生的火花能量均不能点燃爆炸性混合物的电路称为安全火花电路，在煤矿井下，当瓦斯浓度接近化学当量浓度时，遇到 0.3 mJ 能量的火花便可发生爆炸。因此，安全火花电路所产生的能量，必须低于安全值，经过大量的实验认为 0.28 mJ 以下的火花能量对瓦斯是安全的，不能引爆瓦斯和煤尘。

电阻性、电容性及电感性是电火花的三种类型。电感电路断开时，图 6-4 描述了火花放电过程。图中 AB 段表示弧光放电阶段，t_1 为经历的时间，BC 段表示辉光放电阶段，t_2 为经历时间，C 点表示衰减振荡结束。温度低，分布面积大是辉光放电阶段的特点，因而它难以引爆瓦斯。与之相反的是弧光放电阶段，其温度高，能量非常集中，主要是在电极尖端部分，容易点燃爆炸性气体。

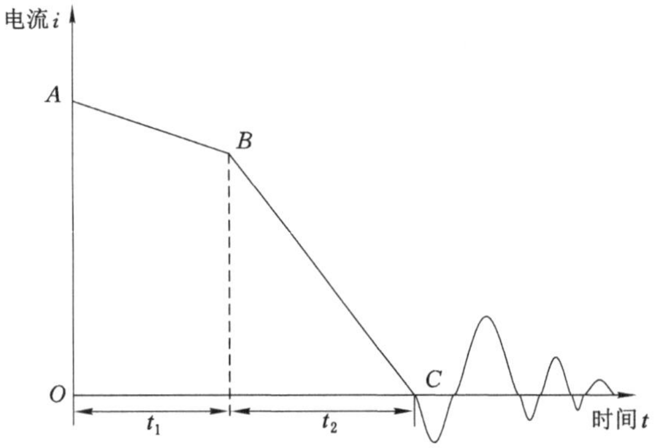

图 6-4　断路火花波形图

参照弧光放电波形图，计算出放电火花能量 E 为：

$$E = \int_0^{t_1} ui\,\mathrm{d}t \tag{6-1}$$

式中　u——放电电压；

i——放电电流；

t——时间；

t_1——放电时间。

断路时，放电电压和放电电流分别为：

$$u = L\frac{\mathrm{d}i}{\mathrm{d}t} + iR \tag{6-2}$$

$$i = i_A + \frac{\mathrm{d}i}{\mathrm{d}t}\cdot t \tag{6-3}$$

综合式(6-1)、式(6-2)、式(6-3)可得：

$$E = \frac{1}{2}L(i_A^2 - i_B^2) - \frac{1}{3}i_B^2 R t_1 + \frac{1}{6}L(i_A - i_B)(3u - 2i_A R)t_1 \tag{6-4}$$

式中　L——电感值；

R——电阻值。

式(6-4)表明，放电火花能量由电源能量和磁路能量组成。实际电源工作频率、电路断开速度、接点结构形状和材质特性都影响放电火花能量。另外电路参数也影响放电火花能量。

6.5　本安电路设计的基本原则与方法

当前，隔爆型和本质安全型仍是我国防爆电气产品的主要类型，约占全部防爆电气设备的 90%以上。其余的防爆类型，如气密型、浇封型、正压型、增安型等防爆类型大约占 10%左右[16]。随着通信和电子工业的快速发展，在防爆型电气领域内，现代电子信息技术的广泛应用，大大提升了本安型电气装备的占比，使其在防爆电气设备中达到了 20%左右。

本安型电气设备由于具有功耗低、体积小、质量轻、安全可靠等特点，特别适应矿井应急救援的需要。但是本安型产品受其自身功率较小的限制，对于一些在使用过程中需要功率较大的产品在设计时存在很多困难。当前，移动通信、自动化技术、计算机技术有了长足的发展，很多先进的信息监测监控在地面已经变得简单易行，但将它们应用于井下必须要经过严格的本安型防爆设计。因此，本安电路放电理论的系统研究是十分必要的。

6.5.1　本安电路与其他电路的隔离方法

本安电路与其他电路(非本安电路、其他独立的本安电路)必须适当隔离，即有适当的安全距离。预防其他电路的火花和热能量窜入本安电路，影响其本安性。机械隔离和电气隔离是常用的两种隔离方法[18]。

6.5.1.1　机械隔离

在本安电路与非本安电路之间设计合适的间距达到隔离的目的。隔离要求元器件之间、导线之间应保证有规定的爬电距离(两导电部件之间沿绝缘材料与空气接触的表面的最短距离)、电气间隙(两导电部件在空气中的最短距离)或通过浇封和高强度绝缘来满足本安性能要求。其电气间隙、爬电距离必须满足 GB/T 3836.4—2021 表 5 的规定要求。在采用浇封措施来隔离时，必须满足浇封化合物或设备的生产商应规定的浇封化合物温度额定值，该额定值至少等于任何被浇封的元件能达到的最高温度。浇封部件无专用外壳保护时，浇封部分必须达到一定的机械强度，满足浇封强度标准。

6.5.1.2　电气隔离

电气隔离是一种为了保证非本安电路中的能量或其他电路能量不影响或干扰具有本安电路特性的元部件而采取的电气隔离方法。依据本安电路的自身特点和应用需要，常将以下几种典型的电气隔离措施应用在实际电路设计和研究中。

(1) 可靠电阻隔离

利用可靠电阻，可以降低电压减小电流，使非本安电路与本安电路隔离。限流电阻额定值应符合 GB/T 3836.4—2021 中的规定，在正常工作和规定的故障条件下，至少应能承受可能出现的最高电压 1.5 倍的电压或最大功率 1.5 倍的功率。工作在额定值以内的有覆盖绕组层的绕线电阻的匝间绝缘故障应不考虑。

在制造商规定的电压额定值下，绕线的涂层应具有规定要求的相比漏电起痕指数值。必须保证在非本安电路中的电压，无论是在正常状态下，还是规定的故障状态下，都不会使本安电路中产生破坏其本安性能的电压升高或电流的增大，必要时应增加一个电压保护环节[19]。

(2) 变压器隔离

它是一种简单常用的交流或脉冲信号的隔离方法。只要依照电路的本安特性参数计算或增加保护措施，便可达到电气隔离本安与非本安电路，但必须满足下列要求：

Ⅰ型结构：绕组应按下列两者之一排列：

① 并列在铁芯的一个柱上；

② 在铁芯的不同柱上。

Ⅱ型结构：绕组应按下列两种方法之一内外重叠绕制：

① 绕组之间按 GB/T 3836.4—2021 中表 5 规定的距离进行固体绝缘；

② 绕组之间采用接地屏蔽(铜箔制成)或用等效导线绕组(导线屏蔽)；铜箔厚度或导线直径应符合表 6-2 规定。

表 6-2 熔断器额定电流与屏蔽金属箔厚度或导线直径关系

熔断器额定电流/A	0.1	0.5	1	2	3	5
屏蔽金箔厚度/mm	0.05	0.05	0.075	0.15	0.25	0.30
导线直径/mm	0.20	0.45	0.63	0.90	1.12	1.40

铜箔屏蔽应该在结构上设两根分开的接地导线，其中每一根导线应该能承受熔断器或断路器动作之前流过的最大持续电流，例如对于熔断器为 $1.7I_n$（I_n为熔断器额定值）。导线屏蔽由至少两个以上独立的导线组成，其中每一层都应该设置接地导线，而且能承受熔断器或断路器动作之前流过的最大持续电流。

(3) 隔离电容器隔离

它是从直流回路上把本质安全电路与非本质安全电路隔离并具有规定性能的电容器，其功能是传递检测信号，隔离直流危险电位。隔离电容器应为高度可靠的固体介质型电容，电解电容或钽电容不能使用。组件的外部连接应符合 GB/T 3836.4—2021 中的规定，但隔离要求不适用于隔离电容器内部。每个电容器的绝缘应符合规定的介电强度试验要求，试验电压应施加在电极之间以及每个电极和外部导电部件之间。当在本质安全电路和非本质安全电路之间使用隔离电容器时，该隔离电容器可评定为电路间容性耦合器。评定时，应用最高电压和任一电容器的最不利值计算可能输送的能量，并确认符合规定的允许点燃能量。应考虑所有电容器可能产生的瞬态过程，以及电路中标称的最高工作频率影响（最高工作频率由制造商提供）。

(4) 继电器隔离

继电器是最为常见的电子元器件之一，它常用在电子电路的控制上。它能够将系统的输入回路与输出回路进行有机控制，形成一种互动关系。一般它应用于电子信息自动化系统的控制电路中，它实际上是一种电子开关，一个或几个继电器便可实现由很小的电流触发去控制一个具有较大电流的部件，达到自动开关的效果。当继电器的线圈连接到本质安全电路时，正常工作时的触头应不超过制造商规定值，并且开闭值不超过 5 A 或 250 V 标称有效值或 100 VA 标称值。在触头开闭值大于这些值但又不超过 10 A 或 500 VA 时，GB/T 3836.4—2021 中表 5 相关电压的爬电距离和电气间隙值应加倍。在超过 10 A 或 500 VA 时，如果本质安全电路和非本质安全电路用符合规定的接地金属隔板或绝缘隔板隔离，则本质安全电路和非本质安全电路才能连接到同一个继电器上。该绝缘隔板的结构尺寸应考虑继电器工作时产生的触头电离作用，通常要求爬电距离和电气间隙大于相应规定值。

(5) 二极管安全栅隔离

二极管安全栅中的二极管用于限制施加到本质安全电路上的电压，可靠限流电阻用于限制流入本质安全电路的电流。二极管安全栅组件用在本质安全电路和非本质安全电路之间作为接口设备，应进行 GB/T 3836.4—2021 中 11.1 规定的例行试验。

可控半导体器件（如三极管、可控硅等）不能用于"ia"等级本安电路用安全栅。二极管安全栅至少装有两支二极管，其中二极管必须满足下列两个规定试验才能使用：

① 每支二极管承受 150 ℃的温度试验，并历时 2 h；② 每一种形式的二极管在其使用方向应能承受重复 5 次持续时间为 50 μs 的矩形波脉冲试验，每两次脉冲间隔为 20 ms。

(6) 光电耦合器隔离

采用光电耦合器进行本安电路与非本安电路的隔离是电路功能允许的情况下的首选方法。特别是对不同负载采用光电耦合器隔离，方法简单、可靠，而且可减少许多和电路相关的防爆性能试验，大大缩短了检验周期，因此各煤矿电气设备生产厂家在通信、监控系统的研发和生产中经常采用这类元件。

6.5.2　本安电路的最高表面温度控制方法

设计本安电路的第二个基本原则是，在规定的条件下，其任何元件的热效应均不能点燃所规定的爆炸性气体混合物。因此在设计本质安全电路时，必须保证其各部分元件及导线无论是正常状态还是故障状态下，它的最高表面温度不能超过其使用条件下温度组别所允许的温度。采用下列措施，可达到这一要求：

(1) 设计本安电路时要充分考虑环境的特殊性，要在最不利的工作条件和故障状态下（如“ia”等级本安设备则考虑施加两个计数故障后，再加上最不利条件下的非计数故障），计算本安电路中元件的最大功率并检测元件的表面温度值，判定是否在标准规定的温度区域。且需要满足两个条件：内部电路产生的能量按标准评定或进行火花试验，不得产生火花点燃危险；内部的元件和外壳表面温度应符合相应的温度组别以避免热表面引起点燃。

(2) 设备运行时导线本身的发热温度是不可回避的问题，电流是致使导线发热的主要原因，所以要对导线最大允许电流进行考虑。金属导线的最大允许电流可以用公式(6-5)来计算：

$$I = I_f \left[\frac{T_L(1 + aT)}{T(1 + aT_L)}\right]^{1/2} \tag{6-5}$$

式中　a——导线材料的电阻温度系数（铜取 0.004 284 K^{-1}，金取 0.004 201 K^{-1}）；

I——导线最大电流有效值；

I_f——导线在规定的环境温度下熔化的电流；

T——导线材料的熔化温度（铜为 1 083 ℃，金为 1 064 ℃）；

T_L——相应温度组别的临界温度，T_L 值是由于自热和环境温度引起的导线温度。

例如：细铜线（温度组别为 T_4）a＝0.004 284 K^{-1}，I_f＝1.6 A（试验确定或由铜线制造商规定），T＝1 083 ℃，T_L＝275 ℃（T_L 对于 T_4，小元件），代入公式(6-5)，则 I＝1.3 A（这是为防止铜线温度超过 275 ℃所允许通过的最大正常工作电流或故障电流）。

(3) 众所周知，本质安全型产品内部小元件的热点燃特性对于防爆安全来说至关重要[20]。因为产品内部小元件的表面温度会直接影响该产品的热点燃特性。而往往对于同一型号的元件，由于它们的封装方式不同或安装方式有差异，最后按热阻公式计算出的表面温度可能不同，从而导致产品的热点燃特性不符合本安型标准的要求，引燃爆炸性混合物，使得在危险场所中应用的电气产品成为点燃危险源。所以，本质安全型防爆电路需要对电路中存在一些小元件，例如，晶体管或电阻，在工作中温度偏高，超过了温度组别允许的温度要求，如按照 GB/T 3836.1—2021 中的小元件点燃试验进行测试，只要小元件不引起点燃，应认为可以使用，若不能通过测试则可采用增大面积浇封、加装导热管、金属散热片等方法进行散热降温，使之达到温度要求。另外采用浇封剂浇封时，浇封剂的体积、厚度应该达到标准要求，使被浇封的元件或导电部件的最高表面温度降到规定的温度；必须采用符合相关标准的浇封剂（有绝缘、阻燃等要求），否则不但会对元器件造成损坏，还带来安全事故。当浇封的元器件裸露在外，无外壳保护时，则应该要有一定的机械强度，并通过规定的试验测试。

6.5.3 本安电路的火花电路控制原理

电路中电流所产生的火花、电弧和热是导致爆炸性气体混合物爆炸的主要点火源。限制放电火花能量大小是本质安全型电路的核心点。电路的性质不同及电路的开关状态都将对电火花的形成和特征产生不同的影响。本节介绍几个典型电路的放电火花。

(1) 纯电阻电路的火花放电

由于电阻电路没有储能元件,故产生的火花主要来自电源,如图 6-5 所示,当电路断开时,电极间接触面积急剧减小,接触点的电流密度增加,在电压和电流的作用下,电极迅速熔化形成金属熔桥,随后产生的金属蒸气破坏了金属熔桥,电极间电阻增大,电极间的电压随之上升,当电压高于起弧电压时,就会产生电弧放电。开关通电速度同样影响电火花的能量,速度越慢越危险。

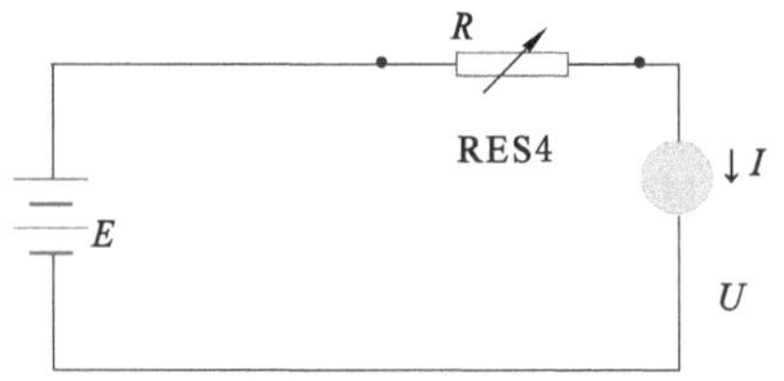

图 6-5 电阻电路火花放电电路

(2) 电感电路的火花放电

电感元件是储能元件,它是把电路的能量以磁性的方式储存起来,如图 6-6 所示,其火花放电能量由两部分组成:一部分来自电源,另一部分是电感元件的自身储能。当电感电路迅速断开时,在电极间隙处产生很高的感应电动势,放电间隙间的能量来自电源能量和自感电动势能量之和,而且又延长了放电时间,所以会产生很高的能量,很容易点燃爆炸性混合物。而电感电路在电路闭合时,由于电流不会发生突变,不易产生较强的放电火花。

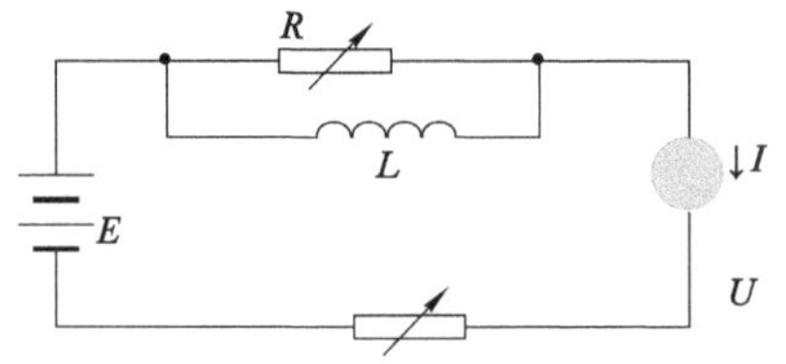

图 6-6 电感电路火花放电电路

(3) 电容电路的火花放电

电容电路的火花是在开关触点闭合时产生的,而在触点断开时,电路中的电容不会产生火花放电。如图 6-7 所示,当电路闭合时既有电阻电路放电又有电容储能放电。闭合瞬间电流非常大,持续时间短,火花放电能量很大,而且能量高度集中。因此,电容电路的放电火花点燃爆炸性混合物的能力更强,危险就更大。

综合上面的几个典型电路的分析,为了使本安电路或本安电气设备安全使用,应在设计中采用一些措施,尽量减少电路通断时产生的火花。通过研究可知,降低电压或电流,是减小放电火花能量,提高本安电路安全性能的最有效方法;但会降低设备对功率的要求。为提高本安电路的使用功率,通常采用以下方法。

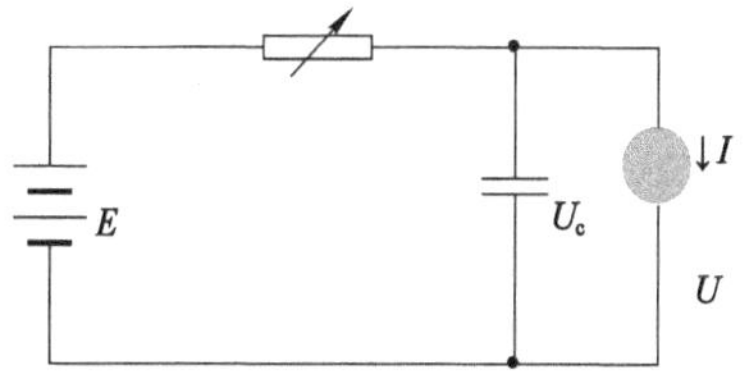

图 6-7　电容电路火花放电电路

(1) 电容电路可采用电容储能经电阻放电的方法减小火花放电能量。

(2) 电感电路可采用的方法有：

① 在电感两端并联电阻，虽然放电的火花能量减少，但增加了功耗，使用较少；

② 电感两端并联电容，可以减小或消除电感电动势，但增加了储能元器件；

③ 在电感两端并联二极管，这是一种较好的方法，如图 6-8 所示，二极管反接，使得电感元件的变化率不大，并得到了续流回路，触点断开时的放电火花能量大大减小，电路的安全性得到了提高。

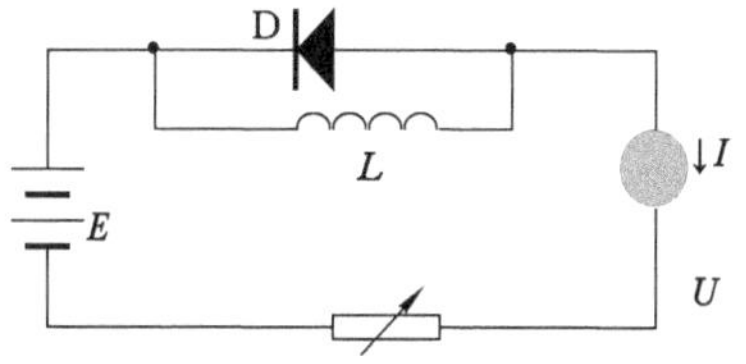

图 6-8　电感元件并联二极管的电路

6.5.4　矿井救援本安型计算机的本安电路控制方法

(1) 矿井救援本安型计算机的系统构成

矿井救援用本安型计算机由救护人员随身携带，在井下完成井下救援基地对灾区现场的指挥，并实现将井下灾区情况和井下救援基地情况反映到地面指挥中心的功能。它能将灾区的视音频信息实时存储，以便救护队员回到地面指挥中心后将数据读取，并在系统专用软件上进行回放，为事故分析提供第一手资料[21]。装置采用人机冗余设计，预留 RS485 接口、RJ45 接口和 Wi-Fi 天线，因此它支持有线/无线环境监测仪(多参数测定器等环境监测用仪器仪表)的数据采集传输；可接井下监控摄像机，并支持无线摄像机等井下多种无线便携通信装置；矿井救援本安型计算机结构框图见图 6-9，主要由本安型电源模块、多路供电智能控制模块、5 V 高效稳压模块、数据存储模块、中央处理模块和保护电路、数字显示屏等组成。

装置开机后，多参数传感器采集检测周围环境气体和温度信息，井下灾区现场视频信息通过本安红外摄像头采集，数据采集处理单元将采集到的视频信号连同拾音器(本安麦克风)采集到的音频信号、多参数信号进行处理。数据采集处理单元的处理过程主要分为以下几个步骤：首先对模拟的视频、音频、环境参数信号进行数字化转换；然后利用 DSP-TMS320C6211 对采集到的数据、图像和声音信号进行数字化压缩和同步传输，克服多媒体数据流传输和存储的难题。处理单元为现阶段先进的工业级的嵌入式单板机，最后，通过专用软件实现多媒体数据的实时解码和播放。数据存储单元实时存储经过压缩的多媒体信号，数字显示屏实时显示红外摄像头拍摄的视频和多参数传感器检测到的 CH_4(爆炸性气

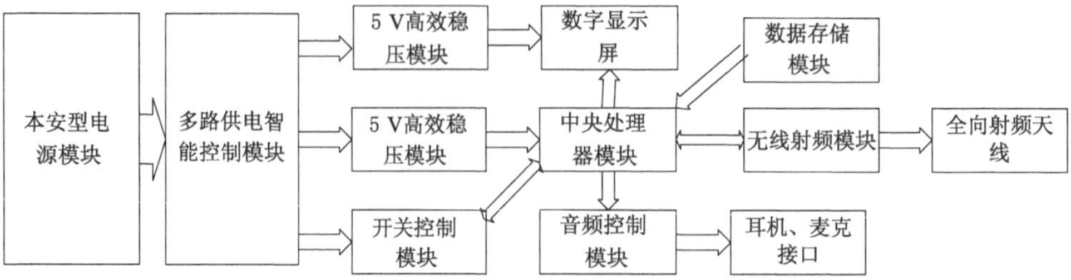

图 6-9　矿井救援本安型计算机系统框图

体)、CO(剧毒气体)、O_2(维生气体)和温度参数数据。本安红外摄像头能发出补偿红外线，在井下全黑情况下拍摄人肉眼不可见的视频信息；而环境参数一旦超过规定的指标，装置发出蜂鸣和闪光警报。

(2) 矿井救援用本安型计算机的本安电路设计

矿井救援用本安型计算机的设计关键技术之一，就是本安电路设计，由于其便携特性，必须使其在自身电路上满足本质安全，达到防爆的要求[22]。通过限制电路能量使电路实现本质安全性能。遵循 GB/T 3836.4—2021 对如下几个部分进行了本质安全设计与分析：电源模块，多路控制模块，中央处理器及外围控制电路，数字显示电路，无线射频模块，数据存储模块等。在 GB/T 3836.4—2021 中本质安全电路的定义为：正常工作和规定的故障条件下产生的任何电火花或任何热效应均不能点燃规定的爆炸性气体环境的电路[23]。所以对电火花和热效应的控制是无线通信计算机本质安全电路设计的核心，其实质就是将整个装置的功率能量限制在一个合理的范围内。

本安电路的关键技术在于当电路发生短路问题后要能够控制好短路打火能量。电路中所产生的能量 Q 可以由式(6-6)来表示：

$$Q = I^2 Rt \tag{6-6}$$

要使装置能够正常工作，I(电流)值必须控制在一定范围内，调控的空间很小，而 R 值(负载电阻值)已经确定，因此只能通过控制电路短路关断时间 t 来控制打火能量。快速关断保护电路构成原理是纳秒级开通的三极管和纳秒级关断的场效应管构成电路主体，其中三极管的基极通过特定阻值电阻与场效应管的漏极连接，三极管的发射极与场效应管的源极连接，场效应管的栅极接在三极管集电极回路的专用分压电阻上。电路中的三极管起着监测电源放电电流的功能，如果三极管及与其连接的电阻压降大于该三极管的阈值电压，该三极管会快速开通，时间达到纳秒级，此时，纳秒级开通的三极管的集电极电位变高，于是场效应管在纳秒级时间内快速关断，于是控制了短路打火能量，实现了本质安全及保护负载芯片与电路的目的。

图 6-10 为矿用救援用本安型计算机的本安电源保护电路原理图。此保护电路中，Q_1 为纳秒级开通的三极管，Q_2 为纳秒级场效应管，Q_1 选用是 3906 型三极管，Q_2 选用 SI4435 型场效应管。Q_1 的基极和 Q_2 的漏极分别通过规定阻值电阻 R_1 和电阻 R_2 与保护电路的输出端连接，Q_1 的发射极与 Q_2 的源极连接；Q_1 的集电极通过电阻 R_3 和电阻 R_4 接地，电阻 R_3 和电阻 R_4 之间连接 Q_2 的栅极；在纳秒三极管 Q_1 基极与发射极之间并联一个电容 C_1，消除干扰。负载电路工作正常时，Q_1 处于截止状态，Q_2 导通；当负载电路出现故障或任何一处电路短路

导致电流快速增大，超过限值，Q_1 的基极电势小于其集电极，则纳秒级三极管 Q_1 导通，由于 R_4 的分压作用，Q_2 的栅极电压为高电平状态，Q_2 超快速关断，时间级别达到了纳秒级，从而成功地保护了负载电路，有效控制了火花能量，达到本质安全要求。

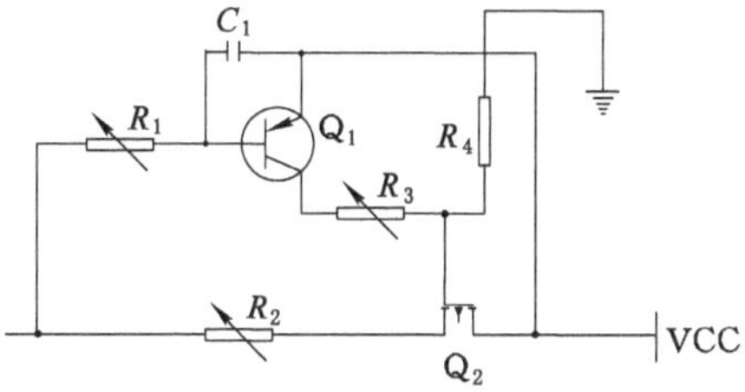

图 6-10 本安电源保护电路原理图

(3) 系统的本安可靠性设计思想

煤矿井下工作环境复杂，工作条件多变，特别是重特大事故发生后，井下原有的通信系统和安全保障系统均遭到不同程度的破坏，环境更加恶劣和复杂多变，矿山救护的工作艰辛而危险重重，不但要克服高温、浓烟、缺氧、爆炸性气体及有毒气体严重超限、井下光线昏暗、巷道崎岖不平、通风系统瘫痪等困难，而且自身必须携带大量维生装置和救援装备，平均负重为 20 kg 以上，因此要求救援通信设备轻便小巧，并且安全可靠，操作失误率降到最低，从而提高救援效率。因此尽可能对设备本质安全进行冗余设计，以提高系统装置可靠度。设计中可靠度可利用公式(6-7)来计算。

$$R_{Hn} = \sum_{i=0}^{n} C_n^i \ (1-R)^i R^{(n-i)} \tag{6-7}$$

式中 R_{Hn} ——设备工作可靠度；

C_n^i —— n 个和安全相关的设计中有 i 个设计工作正常；

R ——每个和安全相关设计的可靠度值。

如在矿井救援本安型计算机电源控制电路的设计中进行的多重保护性设计，其参数为：

过放电关断延迟时间： ≤0.008 s

第 1 级过电流关断保护电流： <2.70 A

第 2 级过电流关断保护电流： <2.30 A

过电流关断延迟时间： ≤85 ns

短路保护最大电流： <10 mA

短路关断延迟时间： ≤75 ns

(4) 系统装置的本安参数设计要求

① 装置独立带电回路之间及带电回路与外壳之间，常态下其绝缘电阻大于 10 MΩ；湿热试验后，其绝缘电阻大于 1 MΩ。

② 装置独立带电回路之间及带电回路与外壳间能承受历时 1 min 电压 500 V 的交流 50 Hz 正弦波工频耐压试验，试验期间漏电流不大于 5 mA，且无击穿和闪络现象。

③ 本安电路参数。

电池最高开路电压：8.3 V；

电池最大输出电流：2.0 A；

工作电压：7.2 V；

工作电流不大于 1 980 mA。

④ 井下计算机在正常工作和规定的故障状态下，其元器件、导线及外壳的最高表面温度小于 150 ℃。

⑤ 印制电路板至少涂两遍三防漆。

⑥ 本安电路与外壳间距离不小于 3 mm，印制板涂层下爬电距离不小于 1 mm、板厚大于 1 mm、线宽大于 0.3 mm，线厚大于 0.03 mm。

6.6 本质安全型电源的设计

6.6.1 本质安全全型电源工作原理及特性

根据 GB/T 3836.4—2021 的要求，本质安全型系统用电源常用两级独立的过流保护和两级独立的过压保护进行设计，为了进一步加强可靠工作性，可设置过热保护。本节以常见的本安电源进行举例说明串联稳压电路、过流保护电路、过压保护电路的特征。

(1) 串联稳压电路

如图 6-11 所示，Q_t为电压输出调整三极管，Q_f为放大管作比较放大，R_3、R_4、R_5为取样电阻，稳压管作为基准电压。当 U_i处于过压状态时，经过 R_3、R_4、R_5的取样 Q_f的基极电压 U_{bf}增大，Q_t基极电压 U_{bf}减小从而导致 U_o减小。当 U_i 处于欠压状态时，经过 R_3、R_4、R_5的取样 Q_f的基极电压 U_{bf}减小，Q_t基极电压 U_{bf}增大从而导致 U_o增大，从而起到稳压作用。输出电压 $U_o=[U_{D_z}/(R_4+R_5)](R_3+R_4+R_5)$。

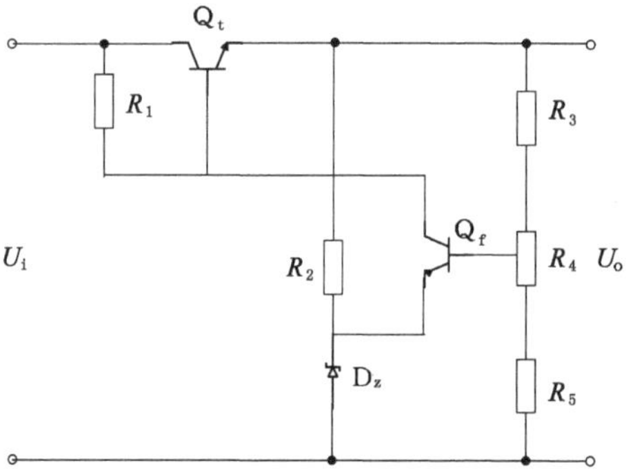

图 6-11 串联稳压电路

(2) 过流保护电路

在救援通信设备的保护电路设计中，有一些负载电流较大的电路，由于负载内部产生局部短路或其他原因造成负载电流超过最大允许电流时，若不及时断开负载电源，就会引起负载过热烧毁或电源过载使整个电路系统不能正常工作甚至烧损电源，所以要在出现过流时，采用过流保护电路达到瞬间断开负载电源，实现保护负载电源和电路的作用。

如图 6-12 所示，当负载电流增大时，Q_1的基极电压减小，当负载电流 $I_o>I_{om}$(过流保护阀值)时，Q_1导通，Q_2的栅极变为高电平，Q_2截止，从而达到过流保护作用。

(3) 限流型保护电路

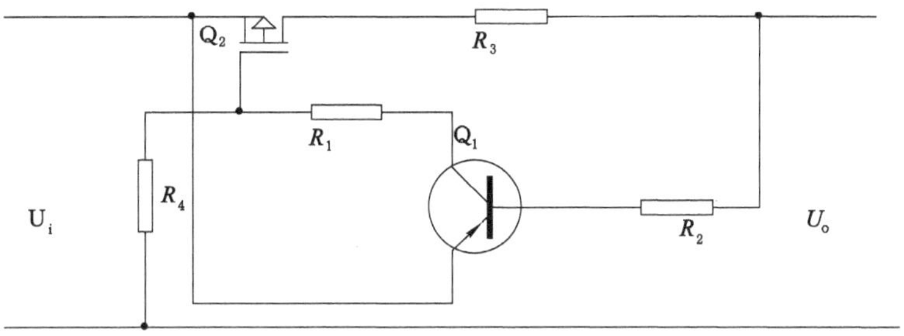

图 6-12　过流保护电流

当电路负载出现过载或短路时，输出电压下降而将输出电流限制在等于或稍大于额定电流值范围内。限流型保护电路保护范围大，抗干扰性和抗负载电流的冲击性能好，其电路简单，故障排除后电源容易恢复，但保护速度较慢，输出端短路时，调整管的损耗大，按功率计算方法，调整管的功率损耗为输入电压和短路电流的乘积，其值比截流型保护电路要大得多。

如图 6-13 所示，R_s 作为取样电阻和保护管 Q_2 组成限流保护电路，当负载电流 $I_o < I_{om}$ 时，$U_{R_s} = I_o \cdot R_s$，小于 Q_2 管 b、e 极的阈值电压 U_{on}，Q_2 截止，稳压电路正常工作，当 $I_o \geqslant I_{om}$ 或负载短路时，使 $U_{R_s} > U_{on}$，Q_2 导通，Q_2 管的 C 极电流 $I_{Q_{2c}}$ 对调整管 Q_1 的基极电流 $I_{Q_{1b}}$ 进行分流，使 I_o 和调整管上电流受到限制，从而达到限流作用。

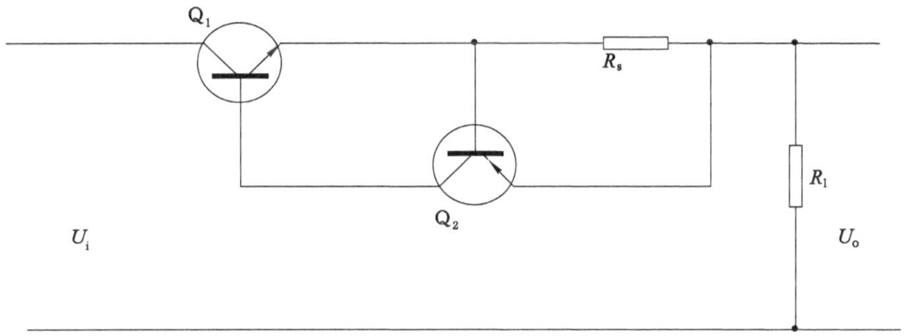

图 6-13　限流保护电路

(4) 截流型保护电路

电源输出端过载或短路时，截流型保护电路动作，切断电源，使输出电流为零或接近于零。截流型保护电路的保护动作速度快、效果好、调整管的功率损耗小，适用于输出功率较大、内阻要求小的电源；但电路比较复杂，抗干扰性和抗负载电流的冲击性较差，一般适用于向电阻性或电感性负载电路供电，电路调试比较麻烦，故障排除后电源也不易自动恢复，需要再加个恢复电路后才能自动恢复。

如图 6-14(a)，在正常工作时，设定输出电流为 I_o，Q_2 的基极电压 $U_1R_2/(R_1+R_2)<U_{be2}+U_o$（$U_1$ 为输入电压，U_{be2} 为 Q_2 的基极-发射极电压），输出电流增大时即流过电阻 R_s 的电流持续增大，当 Q_2 的基极电压 $U_1R_2/(R_1+R_2)=U_{be2}+U_o$ 时，Q_2 导通，输出电流减小。

假定 Q_1 晶体管的集电极电流增大到阀值 I_c 时触发电路动作，则出现下面等式：

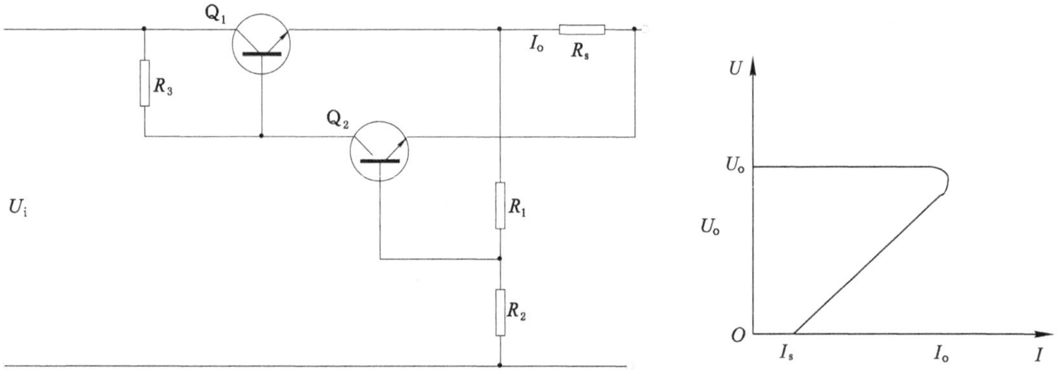

(a) 截流保护电路　　　　　　　　(b) 截流保护特性

图 6-14　截流保护电路及其特性

$$U_1R_2/(R_1+R_2)=U_{be2}+U_o \tag{6-8}$$

$$U_1=U_o+I_cR_s \tag{6-9}$$

整理得出：

$$I_c=R_1U_o/(R_2R_s)+U_{be2}(R_1+R_2)/(R_sR_2) \tag{6-10}$$

限制电流(即短路电流)：

$$I_s=[(R_2+R_s)/(R_sR_1)]U_{be2} \tag{6-11}$$

保护特性如图 6-14(b)所示。

(5) 过电压保护电路

如图 6-15 所示，在输出电压 U_o正常时，R_2、R_3串联分压后 U_{R_3} 小于 D_z的击穿电压，D_z截止，这时可控硅 S_1截止，三极管 Q_1导通；当输出电压超过规定值时，U_{R_2} 大于 D_z的反向击穿电压，可控硅 S_1导通，三极管 Q_1截止，电路断开，起到过压保护作用。

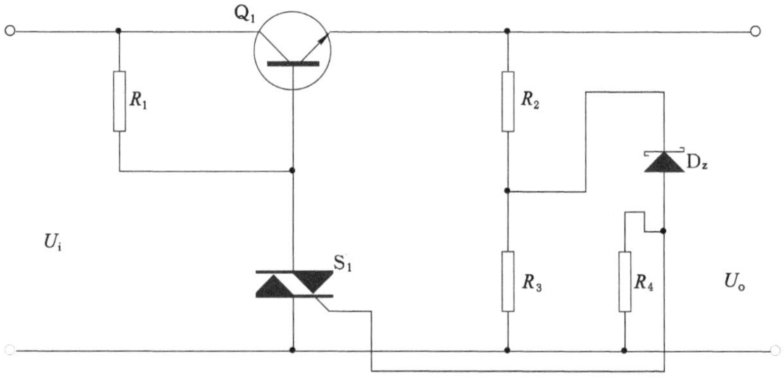

图 6-15　过压保护电路

6.6.2　矿井救援钻孔多元生命信息融合系统电源设计

本书电源电路以 GB/T 3836.4—2021 为主要依据，参照国内外对本安电路以及本安电源的研究，结合系统装备的自身情况，采用镍氢电池本安电路专用保护控制芯片，以安全人机冗余设计为理论基础，结合现代电子技术进行电源（电池组组成）过充/过放/短路/过压的全方位多重保护。特别是对于 12 V、10 Ah 电池组电源的低于 160 ns 短路关断时间的超快速保护电路设计，将打火能量控制在 40 μJ 以下，使电源达到了本质安全的要求，保障了其电气装备在爆炸性气体环境中的安全运行。

系统用前端灾区设备、中继远传设备、井下无线救灾计算机设备电源由 18 节（9 串 2 并）BYD/18670/4 000 mAh 可充电镍氢电池封装而成三路供电（三路共地），三路供电标称电压均为 10.8 V，开路电压不大于 12.1 V，过流保护值不大于 1.7 A，短路电流不大于 20 mA，供电时间不小于 6 h。当供电电压不大于 10.5 V 具有欠压指示。

（1）单体电池的一致性筛选

单体电池在组合成电池组时必须经过一致性筛选，筛选检测结果见表 6-3。

表 6-3　单体电池一致性筛选检测结果

序号	第一组电池组（九串两并）电压/V				序号	第二组电池组（九串两并）电压/V		
1	1.378	1.266	1.023		Ⅰ	1.376	1.243	0.245
2	1.376	1.264	1.176	放至 0.986	Ⅱ	1.377	1.255	0.266
3	1.378	1.266	1.088		Ⅲ	1.378	1.256	0.256
4	1.380	1.272	1.105		Ⅳ	1.373	1.271	1.168
5	1.377	1.264	0.188	充至 1.208	Ⅴ	1.371	1.270	1.168
6	1.378	1.266	1.078		Ⅵ	1.374	1.275	1.180
7	1.378	1.264	0.978		Ⅶ	1.373	1.267	1.211
8	1.377	1.265	1.146		Ⅷ	1.374	1.272	1.187
9	1.374	1.269	1.167	放至 0.980	Ⅸ	1.374	1.274	1.190
1′	1.377	1.268	1.137		Ⅰ′	1.371	1.271	1.168
2′	1.379	1.277	1.147		Ⅱ′	1.371	1.273	1.208
3′	1.379	1.266	1.154		Ⅲ′	1.373	1.272	1.207
4′	1.378	1.266	1.145		Ⅳ′	1.386	1.244	0.228
5′	1.376	1.264	1.169		Ⅴ′	1.375	1.274	1.248
6′	1.376	1.268	1.165		Ⅵ′	1.375	1.250	0.226
7′	1.377	1.267	1.181	放至 0.8	Ⅶ′	1.374	1.255	0.236
8′	1.378	1.258	0.308	充至 1.25	Ⅷ′	1.374	1.270	1.120
9′	1.376	1.267	1.168		Ⅸ′	1.377	1.256	0.989
时间	9:00	11:00	13:00		时间	9:00	11:00	13:00

第一组电源测试结果分析：

放电 4 h 后，1～9 节中，2、9 节电压高，5 节已经过放，其他已经进入过放状态。1′～9′节中除去 8′节过放，其他还没有进入过放状态。电池总体上 1～9 节容量比 1′～9′节低，一致性一般。完善措施：对 2、9、7′进行单独放电，对 5、8′进行单独充电再次均衡。对 1′～9′进行串联放电，直至各节进入过放状态。

第二组电源测试结果分析：

放电 4 h 后，Ⅰ～Ⅸ节中Ⅶ、Ⅷ、Ⅸ节电压高，Ⅰ、Ⅱ、Ⅲ节已经过放，Ⅳ、Ⅴ、Ⅵ节没有进入过放状态。Ⅰ′～Ⅸ′节中除去Ⅳ′、Ⅵ′、Ⅶ′节过放，Ⅷ′、Ⅸ′节进入过放，Ⅱ′、Ⅲ′、Ⅴ′节电压高，Ⅰ′节还没有进入过放状态。总体上电池Ⅰ～Ⅸ节容量与Ⅰ′～Ⅸ′差不多，一致性一般。完善措施：介于电池差异太多，放弃再次均衡。

电池序号标示方法：

第一组：节数由最外边的电池负极开始为 1 号，电压由低到高依次标示。

第二组：焊负极线的为 1 号，电压由低到高依次标示。

(2) 充电设置

本节设计的电源充电采用智能充电技术。首先，在控制上使用微电脑可编程方案，充电过程微电脑实时监控定时、当前电池的温升、温度变化，可在电池出现充满时及时终止充电；从而可以避免采用单一控制方法可能出现的过充、电池温度过高甚至损坏电池的现象出现。其次，设备采用大屏幕 LCD 汉字显示，人机界面友善并一目了然，既提供了简单、清晰的非专业用户显示界面，也可以一键转换为专业用户界面，该界面可以全面地显示出每路充电的所有关键参数，借此评估各电池组的性能。最后，设备广泛采用高效、节能的高频开关电源转换技术，体积小、质量轻、便于携带，符合当今绿色、环保的要求。其主要技术指标如下：

输入电压：85～265 V (AC)，50 Hz 或 60 Hz；

使用环境温度：0～45 ℃；

使用环境相对湿度：10%～90%(无凝结)；

工作时间：连续；

输出：5 组 9 串(4 Ah 带保护板镍氢电池组)；

　　1 组 6 串两并(8 Ah 带保护板镍氢电池组)；

充电时间：130～180 min 任意设定；

结束充电温升：0.7～1.5 ℃/ min 任意设定；

停止充电温度上限：50 ℃；

续充回差：5 ℃。

(3) 充电前的放电控制

由于镍氢电池具有记忆效应，即在未放完电的情况下就对电池充电会在放电时达不到标称容量。比如在严重的情况下放了 80%的电又将电池充满，再放电时只能放出电池标称容量的 80%，这是很不利的。虽然记忆效应只会发生在反复未完全放电就充电的情况下，但不加以消除将会严重影响电池性能。

本节在设计时提供了放电功能，在选择了放电后再启动充电，设备会先对电池组放电，自动转为对电池组充电，直到充满为止。

此项设计对充分发挥镍氢电池容量效果非常好。考虑到放电既需要时间、也存在能源浪费，实际应用中只有在无法将电池中的余电用掉、又不得已必须将电池充满时使用此功能。

为了使充电安全可靠，在充电机上设计了二极管隔离栅，正向压降为 0.7 V，如图 6-16 所示。

(4) 电源保护电路

根据 GB/T 3836.4—2021 附录 A 表 A.3 Ⅰ类电容电路图可知，最低点燃电压为 12 V 时，其电容容量为 38 μF 是本安的(安全系数为 1.5)。因此，设计电路中需把大电容变为 38 μF 以下容量才能满足本安要求使电容容量降低，使最低点燃电压值提高。保护电路原

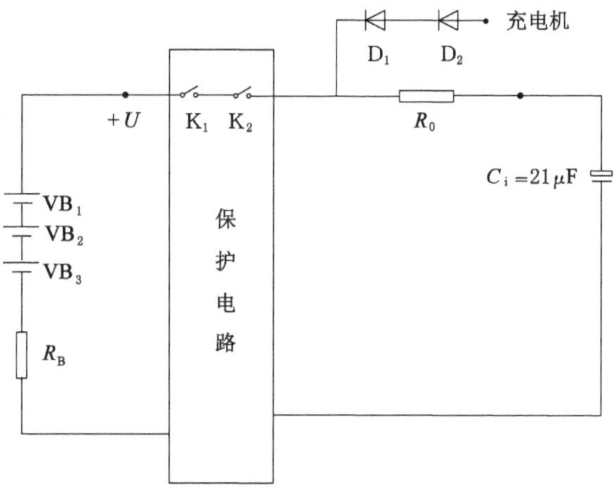

图 6-16　充电电路原理图

理如图 6-17 所示，电路板设计如图 6-18 所示。

① 充电时

当 VB_1、VB_2、VB_3 中任一电池达到过充电保护电压时，U_1 的 1 脚发出低电平给 Q_3，Q_3 导通，Q_2 的栅极变为高电平，Q_2 截止，电路禁止充电。整个过充关断时间为 U_1 的响应时间 t_{U1}、Q_3 的开关时间 t_{Q_3}，Q_2 的开关时间 t_{Q_2} 三个时间之和，即：

$$t = t_{U_1} + t_{Q_3} + t_{Q_2} \tag{6-12}$$

图 6-17 中：

$$t_{U_1} \leqslant 0.01 \text{ s}$$
$$t_{Q_3} \leqslant 35 \text{ ns}$$
$$t_{Q_2} \leqslant 125 \text{ ns}$$

则过充电延迟时间：

$$t \leqslant 0.01 \text{ s} + 35 \text{ ns} + 125 \text{ ns} \leqslant 0.011 \text{ s}$$

② 放电时

当 VB_1、VB_2、VB_3 中任一电池达到过放电保护电压 2.30 V 时，U_1 的 5 脚给出高电平，Q_1 截止，电路禁止放电，整个过放关断时间为 U_1 的响应时间 t_{U_1}、Q_1 的开关时间 t_{Q_1} 两个时间之和。即总的延迟时间：

$$t_D = t_{U_1} + t_{Q_1} \tag{6-13}$$

图 6-17 中：

$$t_{DU_1} \leqslant 0.01 \text{ s}$$
$$t_{DQ_1} \leqslant 125 \text{ ns}$$

则过放电延迟时间：

$$t_D \leqslant 0.01 \text{ s} + 125 \text{ ns} \leqslant 0.011 \text{ s}$$

矿井救援无线多媒体通信装置的正常工作电流为 0.5 A。

本电路过电流保护设置在 $I_D \leqslant 1.80$ A。具体工作如下：

如图 6-17 所示，正常工作时，放电电流经 Q_1（导通内阻为 25 mΩ）、R_2、R_3、Q_2（导通内阻为 25 mΩ）、Q_3（导通内阻为 25 mΩ）、R_9、R_0 向负载 C_i 供电。

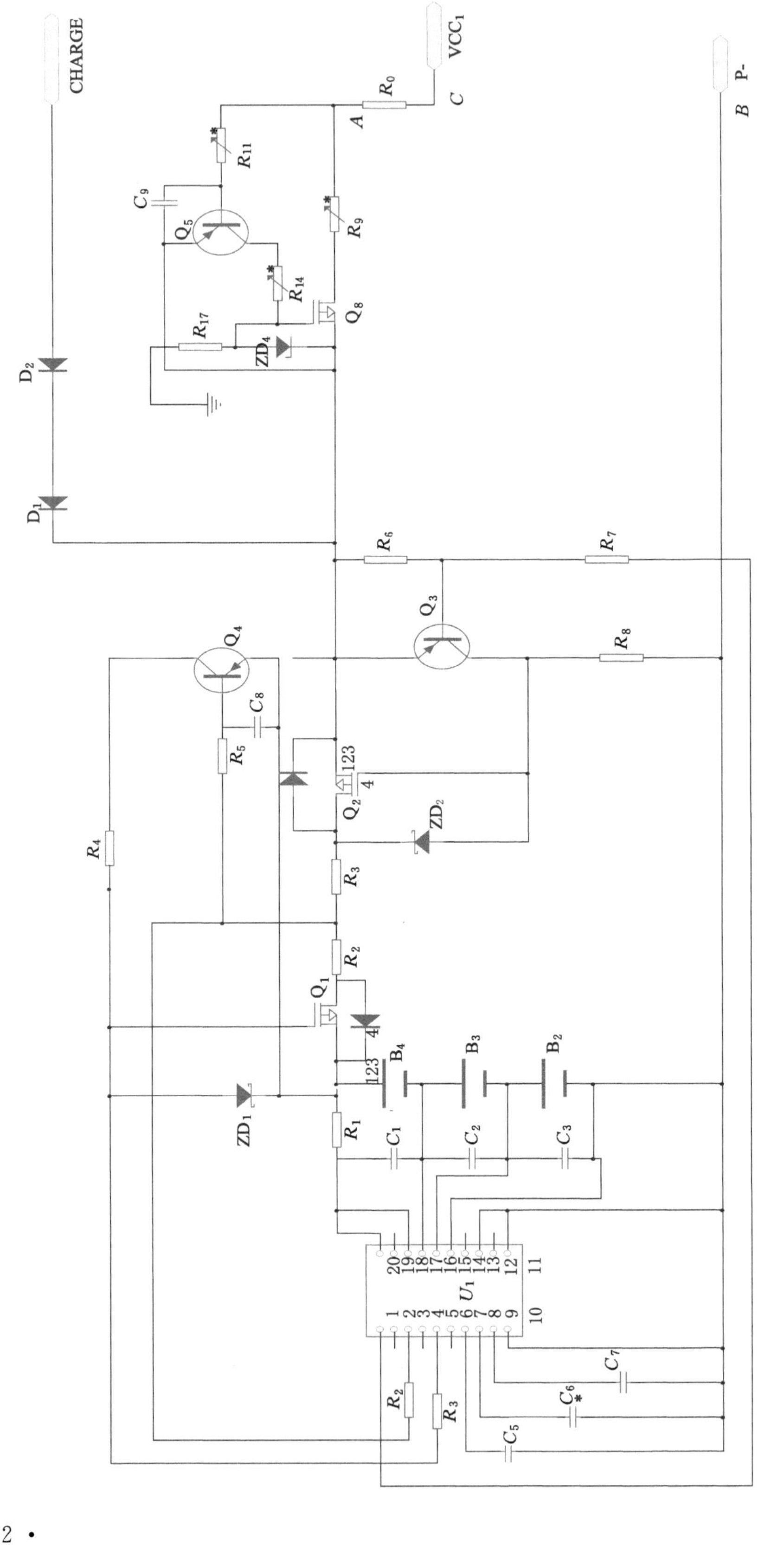

图6-17 保护电路原理图

图 6-18　电路板设计图

其中：$R_2=100\ \mathrm{m\Omega}$，$R_3=180\ \mathrm{m\Omega}$，$R_9=300\ \mathrm{m\Omega}$，$R_0=6.0\ \Omega$。

当负载电流增大时，Q_5的基极电压减小，一旦电流超过 1.8 A，Q_5导通，Q_8的栅极变为高电平，Q 时间 t_{DQ_5} 和 Q_8 的开关时间 t_{DQ_8} 之和。即总的关断时间：

$$t_{D_1} = t_{DQ_5} + t_{DQ_8} \tag{6-14}$$

图 6-17 中：

$$t_{DQ_5} \leqslant 35\ \mathrm{ns}$$

$$t_{DQ_8} \leqslant 125\ \mathrm{ns}$$

即总的关断时间：

$$t_{D_1} = t_{DQ_5} + t_{DQ_8} \leqslant 160\ \mathrm{ns}$$

在 Q_8、Q_5工作的同时 Q_4、Q_1也同时作用，为一种冗余设计。

在 Q_5、Q_8、Q_4、Q_1工作时，U_1也在监视电流。一旦放电电流大于 1.80 A。U_1的 5 脚在经 $t_{DU_{1-2}}$ 延迟后，会指令 Q_1关断、禁止充电。

本电路中：

$$t_{DU_1} \leqslant 1.5\ \mathrm{ms}$$

综上所述我们可以得出结论：

① 过流保护电流：

$$I_D \leqslant 1.80\ \mathrm{A}$$

② 过流保护关断延迟时间：

$$t_{D_1} \leqslant 160\ \mathrm{ns}$$

(5) 短路保护

无论何种原因当电池组输出 A、B 两点短路时，由过流保护所述，放电开关 Q_1、Q_8会彻底关断，关断时间与过流保护相同，其漏电电流：

$$I_{D_0} < 30\ \mathrm{mA}$$

由以上论述可知，无论是外部短路或是过流，其延迟时间 $t_{D_1} \leqslant 160$ ns，那么在 160 ns 之内实际上并未关断放电。

可知，在此时间段内，电池组放电电流的最大值：

$$\begin{aligned} I_{max} &\leqslant (U_{max} - U_{Q_1} - U_{Q_2} - U_{Q_8})/(R_B + R_2 + R_3 + R_9) \\ &= (12-0.5-0.5-0.5)/(100+100+180+300) \leqslant 16\ \mathrm{A} \end{aligned}$$

则电池组最大放能量：

$$E_{max} \leqslant U_{max} \times I_{max} \times t_{D_1} = 12 \times 16 \times 160 = 30.72\ \mu\mathrm{J}$$

GB/T 3836.4—2021 中规定急骤短路允许通过能量不能超过 260 μJ。

显然，式(6-18)已满足了上述要求，图 6-17 中串入 R_0有防浪涌与限流两个目的。

若负载短路即 C、B 点短路，瞬间最大短路电流：

$$I_{DR_0} \leqslant U_{max}/(R_i+R_o)=12/6.75=1.778\ A$$

其急剧短路瞬间能量远远小于 A、B 两端能量：

$$E_{max} \leqslant U_{max} \times I_{DR_0} \times t_{D_1} < 30.72\ \mu J$$

通过控制关断时间来减弱火花能量的同时，电源设计必须达到以下要求：

① 具有过流保护且电池满足 GB/T 3836.4—2021 中要求，电池组正负极反接，电路不供电；电池组短路，电池温度不超过标准，不爆炸；

② 用绝缘阻燃材料室温硫化硅橡胶将电池组和保护性组件浇封为一体，胶封层要求厚度应该超过 1 mm 并且无气泡。电池组必须达到电解液漏泄试验标准；电池和电池组浇封化合物在固化后必须要有一定的强度，要通过 GB/T 3836.4—2021 中规定的机械压力试验。

参考文献

[1] 张维斌. 矿用防爆电气设备检测检验技术研究现状及趋势分析[J]. 中国矿山工程，2020，49(6)：48-50.

[2] 傅宇晨. 一种正压型安全监测系统的设计及安装调试过程分析[J]. 电气防爆，2020(4)：37-39.

[3] 金丽华. 矿用防爆电气设备检测检验现状及发展趋势[J]. 煤矿安全，2016，47(6)：233-236.

[4] 吝楠. 矿井电气设备防爆性能分析及提高对策研究[J]. 技术与市场，2020，27(7)：128-129.

[5] 胡春晓. 煤矿井下自动化高速掘进系统研究[J]. 内蒙古煤炭经济，2021(17)：47-48.

[6] 朱世安，李者. 煤矿防爆电器技术发展与探讨[J]. 煤矿安全，2020，51(10)：164-167，172.

[7] 李航. 矿用电气设备失爆原因及预防措施[J]. 当代化工研究，2020(11)：102-103.

[8] 郭晓明. 浅谈如何加强煤矿电气安全管理与预防事故发生[J]. 山东工业技术，2017(5)：233.

[9] 周广连. 抓好采区小型电气设备的防爆[J]. 煤矿安全，1984，15(1)：30-31.

[10] 杨博. 矿用电气设备失爆原因及预防措施[J]. 机械管理开发，2020，35(2)：252-253.

[11] 杨飞. 防爆设备常见隐患及排查[J]. 山东工业技术，2018(21)：19.

[12] 王勇. 浅谈煤矿电气设备管理的现状及举措[J]. 中国科技信息，2013(11)：172.

[13] 李敏昕. 煤矿防爆电气设备的管理措施探讨[J]. 科技资讯，2011(20)：155.

[14] 张斌. 隔爆型电气设备平面隔爆面传爆原因与预防[J]. 电气防爆，2007(1)：1-2.

[15] 郝晓明，寇彦飞. 矿井水排放流量监测技术开发与研究[J]. 电子技术与软件工程，2020(14)：120-122.

[16] 孙海燕. 矿用软起动器隔爆结构和本安电路设计[D]. 重庆：重庆大学，2006.

[17] 郑学召. 矿井救援无线多媒体通信关键技术研究[D]. 西安：西安科技大学，2013.

[18] 吴波. 矿用安全型组合开关保护系统的应用设计[J]. 机械研究与应用，2021，34(6)：

126-128.
[19] 樊山.矿用以太网交换机性能测试与应用研究[D].西安:西安科技大学,2012.
[20] 李宇波,贺洪文,王西同.小元件表面温度对本质安全型电路的影响[J].电气防爆,2005(3):10-13.
[21] 吴文庆.矿井救援人员精确定位技术研究[D].西安:西安科技大学,2019.
[22] 赵雪悦.煤矿皮带运输机安全保护系统与语音通讯系统融合设计开发[D].上海:上海应用技术大学,2021.
[23] 王飞.矿井变电所机器人智能巡检系统设计[J].煤炭工程,2020,52(10):159-164.

第7章 矿山救援钻孔多源生命信息探测系统及装备研发

矿山灾害救援多源信息融合系统需与钻孔救援系统进行有机结合，实现在钻孔救援过程中也可用其进行人员搜救和灾害信息侦测[1]。该系统主要包括钻孔救援部分、视音频信息融合部分和生命信息侦测部分，利用计算机技术、无线＋有线传输技术、异质传感器技术和信息融合技术等，将井下人员信息和环境信息实时可靠地传输到地面指挥中心，解决了现场与井下通信困难及侦测困难的问题。

矿山救援无线多媒体通信指挥系统引入通信技术、计算机技术、无线网络技术、图像处理及多媒体技术，将煤矿井下灾区现场声音、图像实时上传至井下救护基地、地面救灾指挥部和应急管理部矿山救援中心，可将各级救援指挥中心的救援指令传达至灾区现场。该装置在井下采用无线连接，加入无线中继传输距离超过 5 km，小巧轻便。

7.1 矿山救援钻孔多源生命信息探测系统的构成

煤矿井下环境是一个复杂的受限空间[2]，在发生灾变时，矿井的环境信息、被困人员的生命状况、井下的通信设备等都难以保证正常的工作，需快速获取井下信息，打通地下与地面的联系，及时掌握灾害范围及危险程度，为下一步的救援决策提供第一手的数据资料。同时，因为对井下环境的未知性，所以救护队员也不能盲目下井救援，此时需要利用传感器或其他救援手段对灾变环境进行探测侦查[3]，保障救护队员下井救援的安全性。

在实际救援过程中，被困人员很有可能在塌方体背后或者周围，救护队员或视音频探测难以第一时间确定人员的具体位置，此时需要借助超宽带雷达波进行人员搜救与定位。通过矿井救援无线多媒体通信系统可以随时对井下视频、语音、环境参数信息进行采集、监测、显示、可靠传输并上传至地面指挥中心，使地面救援人员能看到井下救援现场的画面和实时了解井下环境状况；井下和地面救援人员之间以及救援人员与指挥调度人员之间能进行双向语音实时通信；系统在地面接入卫星通信指挥车，各级应急指挥机构能同时看到井下现场抢险救灾的画面，听到现场指挥人员的工作情况汇报，并向抢险救灾现场发去上级领导的重要指示。救护队员在进行救援时遇到的环境通常比较复杂，只有具有全面的适应能力的设备才能很好地应用到救援工作中。通常一个具体的救援环境由以下基本环境构成。图 7-1 为某次事故救援现场。

(1) 多坍塌体

由于灾害事故发生后，井下煤体、岩石等极易发生坍塌，形成坍塌体，对救援工作造成一定的影响。井下被困人员生命信息和位置难以被侦测到，井下环境复杂，救护队员无法直接展开救援，坍塌体也会对信息的传输产生较大影响[4]。

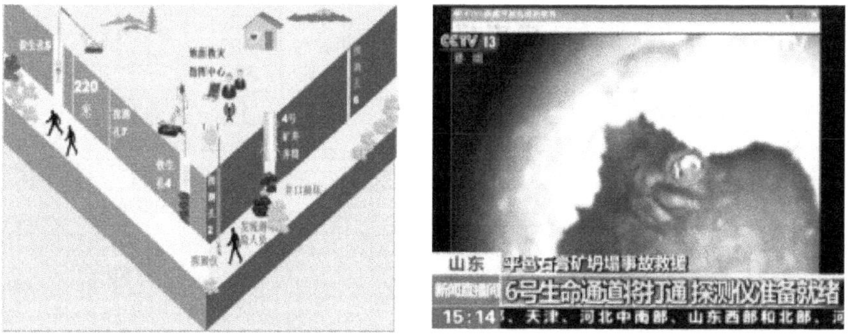

图 7-1　某次事故救援现场

(2) 探测手段单一

在现有的井下人员或环境信息探测技术中，大多为人工探测和打钻探测[5]，手段较为单一，所探测到的信息种类也比较单一，难以满足现场实际需求，对救援方案的制定造成一定的信息缺陷。针对以上情况，本系统采用多源信息融合探测为主[6]、生命信息探测为辅，结合无线＋有线的探测方式，实现远距离多源信息的探测和传输[7]，进一步提高井下救援的效率。多源信息探测系统探测示意图如图 7-2 所示。多源信息的探测需要结合环境参数在线监测、雷达波信息集中处理[8]等内容，要保证信息的有机融合和可靠传输，需设计多种功能一体化的系统架构。以各种类型的传感器为设计前端，分别实现多源信息的采集与预处理，将采集到的信息进行集中放大与转换，然后实现信息与电子数据之间的转换[9]，结合本安电源和本安电路为系统实现持续供电与可靠运行，具体的系统设计框图如图 7-3 所示。

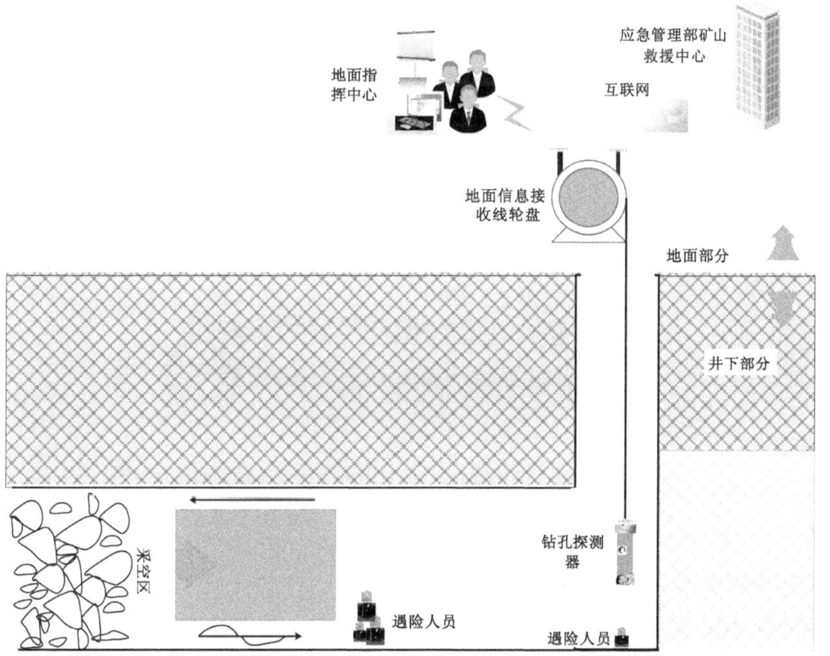

图 7-2　多源信息探测系统探测示意图

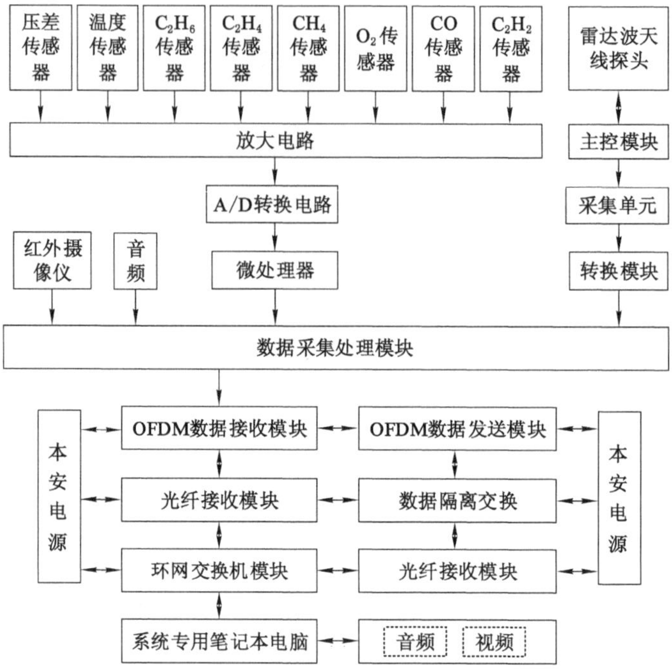

图 7-3　系统总体设计框图

7.2　矿山救援钻孔多源生命信息探测装备研发

对于井下多源信息探测来说，主要涉及以下几种设备：

(1) 矿用本安型钻孔装置通信探测器

矿用本安型钻孔通信装置探测器设备为本质安全型设计，如图 7-4 所示。主要功能：① 具有在低照度下采集图像，并将其转化为数字信号调制后输出的功能；② 具有采集声音信号，并通过矿用一般兼本安型钻孔通信装置线轮盘与井上计算机互联的功能；③ 低照度下具有自动补光功能。探测器类型：① 单视频水平探测器；② 单视频垂直探测器；③ 双视频水平和垂直双向探测器。

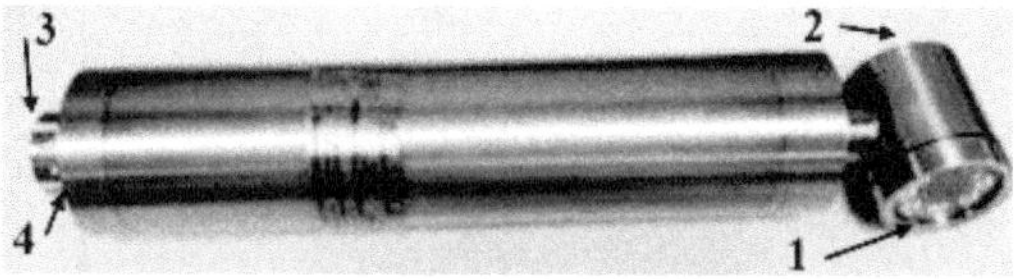

1—摄像头；2—话筒；3—信号输出接口；4—扬声器。

图 7-4　矿用本安型钻孔通信装置探测器(水平探测)

(2) 矿用一般兼本安型钻孔通信装置线轮盘

矿用一般兼本安型钻孔通信装置线轮盘设备为一般兼本质安全型设计，如图 7-5 所示。主要功能：① 具有将矿用本安型钻孔通信装置探测器图像及声音信号传输至井上的功能；② 具有与矿用本安型钻孔通信装置探测器双向通信功能，与井上计算机通过 Wi-Fi 通信功能；③ 具有通信指示功能。

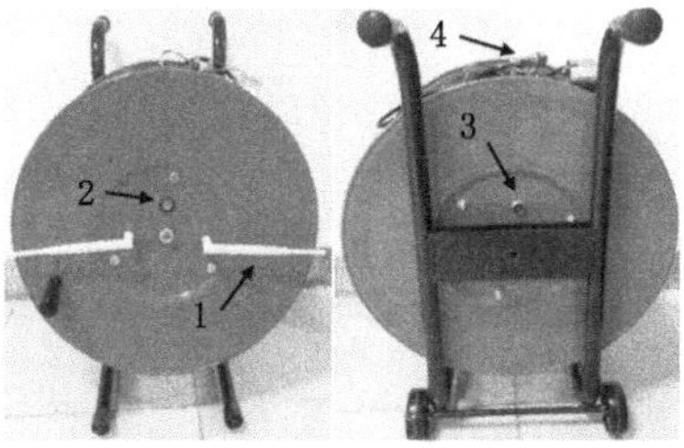

1—传输天线；2—开关；3—充电接口；4—通信线缆。

图 7-5　矿用一般兼本安型钻孔通信装置线轮盘

使用环境条件：

① 温度：0～40 ℃；

② 相对湿度：不大于 80%；

③ 大气压力：80～106 kPa；

④ 有瓦斯及煤尘爆炸危险；

⑤ 无强烈振动和冲击。

(3) 井下钻孔生命信息探测系统

井下钻孔生命信息探测系统主要包括上述探测器、线轮盘、三脚稳定架、工业计算机和传输线缆等。其中三脚稳定架用于支撑和悬挂探测器，线轮盘缠绕不同长度的双绞线，并搭载天线作为收发接口，利用局域网实现钻孔探测信息与工业计算机的互联，其中无线＋有线的传输方式大大降低了信息传输的堵塞和延迟，进一步保障了救援信息快速准确的传递[10]。

超宽带雷达生命信息穿透探测仪主要由前端探测雷达主机分系统、终端控制信息分系统、数据链路和相关配件组成，如图 7-6 所示。其中，前端探测雷达主机分系统包括主控模块、数据采集单元、数据传输模块、电源管理模块以及天线探头这五个子模块组成，天线探头又包含发射机、接收机、发射天线和接收天线，天线探头主要负责雷达电磁波的发射和接收。

前端探测雷达主机分系统主要负责控制发射接收的工作以及数据采集、数据回传；终端控制信息分系统控制雷达的工作及工作模式等，同时接收前端探测雷达主机分系统传回的雷达原始数据，并对原始数据进行相关处理实现对人体特征信号的检测识别并显示相关处理信息；数据链路负责前端探测雷达主机和终端控制信息分系统之间的通信和数据传输任务。

超宽带雷达生命信息穿透探测仪可实现对矿井中被困幸存人员的快速探测、判别；可实现断层扫描，逐层进行幸存人员的探测搜索；具有多种操作模式，如探测模式、专家模式等；具有单、多目标不同的探测模式；探测起始范围可选，操作灵活。

终端控制信息分系统基于 Windows 开发，全中文设计，软件界面简洁友好，操作简单方便。终端控制信息分系统通过以太网与前端探测雷达主机分系统建立连接。终端控制信息分系统软件界面如图 7-7 所示。该软件主要由菜单选项栏、视图栏和状态提示栏三大部分组成。① 状态提示栏包含网络连接状态提示、前端探测雷达主机状态以及接收到的雷达回波数据道数等相关信息[11]。② 视图栏，主要根据用户的选择显示不同的视图：探测模式下

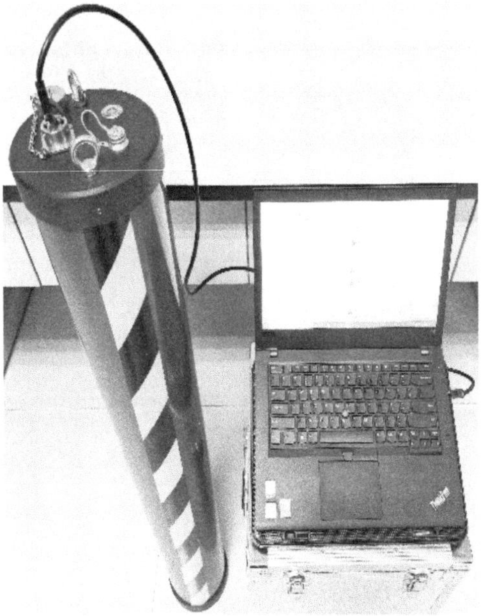

图 7-6　超宽带雷达生命信息穿透探测仪实物图

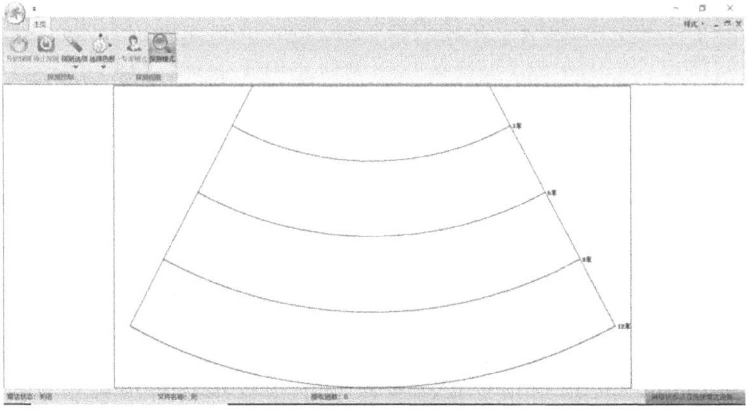

图 7-7　终端控制信息分系统软件界面

显示探测区域，探测中间结果和最终探测结果；专家模式下则显示雷达原始回波、雷达预处理后的回波图以及生命特征信息的波形图。③ 菜单选项栏包含开始探测、停止探测、探测选项、颜色选择、专家模式以及探测模式这六个选项，其中开始探测与停止探测互为一组选项，专家模式和探测模式为一组选项，探测选项中含有起始距离、探测范围、探测模式等选项可供选择。

矿山救援钻孔多源生命信息探测系统不仅需要满足《煤矿安全规程》的标准，还需要结合实际救援环境和井下实际情况制定合理的标准。考虑到该系统的本质安全性，对其防水、防爆等作了规定，结合其使用效果，对视频、音频和环境参数也制定规则，具体如表 7-1 所列。

表 7-1　装置性能参数

名称	功能				防爆等级
	视频	音频	环境参数	雷达	
矿山救援钻孔多源生命信息探测系统	0 lx,4 路图像、红外、可见光双视	双向 70 dB	温度、压差、O_2浓度、CO 浓度、CH_4浓度等物理量	穿透煤体厚度≥5 m	本质安全 ia 型
名称	连续工作时间	防水等级	误码率	时延	钻孔直径
矿山救援钻孔多源生命信息探测系统	≥12 h	IP68	≤1%	≤1 s	可满足最小 100 mm 直径钻孔探测需求

参 考 文 献

[1] 郑学召,李诚康,文虎,等.矿井灾害救援生命信息探测技术及装备综述[J].煤矿安全,2017,48(12):116-119.

[2] 张妍玮.煤矿井下受限空间内电磁波的传输特性研究[D].太原:中北大学,2009.

[3] 郑学召,闫兴,崔嘉明,等.煤矿救灾机器人灾变环境侦测技术探讨[J].工矿自动化,2019,45(10):29-32.

[4] 何芳东,张潇,张伟,等.模板支撑体系坍塌事故规律[J].土木工程与管理学报,2018,35(4):137-145.

[5] 王伟,王亮,程远平,等.煤系地层构造、弱区识别及地层反演的钻进探测方法:CN104793261A[P].2015-07-22.

[6] 王新涛.多源信息融合方法研究[D].哈尔滨:哈尔滨工程大学,2012.

[7] 李耀军,潘泉,杨峰,等.基于多源信息融合的无人机感知与规避研究[C]//第二十九届中国控制会议论文集.北京:[出版者不详],2010:2936-2941.

[8] 史林,张琳.调频连续波雷达频谱配对信号处理方法[J].西安电子科技大学学报,2003,30(4):534-538.

[9] 高津和典,近藤成刚.信息处理系统、信息处理装置和数据转换方法:CN103312922B[P].2015-12-02.

[10] 张云洲.基于传感器网络的建筑灾难救援系统若干关键技术研究[D].沈阳:东北大学,2009.

[11] 王振.超宽带穿墙探测雷达发射装置及接收前端的设计与实现[D].桂林:桂林电子科技大学,2009.

第8章 矿山救援钻孔多源生命信息探测装置的应用与实践

8.1 矿山救援钻孔多源生命信息探测装置的工业性试验

在煤矿发生较大灾害后，不便从井口进行救灾探测时，则需要从地面打钻孔进行生命信息探测，以便确定遇难、遇险人员和巷道破坏情况。由于在钻孔中常会出现淋水，且光线十分昏暗的情况，因此就要加强视频采集的红外效果。针对某煤矿瓦斯爆炸后的实际情况，对瓦斯抽采立孔的破坏程度及巷道破坏情况进行探测，同时对井下多媒体信息地面钻孔探测系统进行工业性试验。

受某矿业公司的委托，西安科技大学、西安天河矿业科技有限责任公司携带"ZKJ500(A)矿井钻孔通信装置"对 3# 和 1# 瓦斯抽采立孔进行探测。目的在于探清 1# 和 3# 瓦斯抽采立孔的管道损坏情况，以制定行之有效的解决方案。2018 年 6 月 5 日 16 时，对上述两个瓦斯抽采立孔进行探测，顺利完成了探测的全部内容，达到了预期目标。现将探测情况总结如下。

8.1.1 探测器材及设备

探测器材及设备如图 8-1 所示。

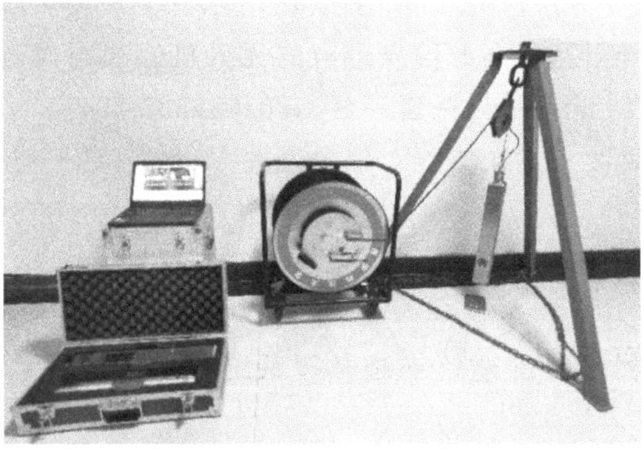

图 8-1 ZKJ500(A)矿井钻孔通信装置

8.1.2 探测目的及探测内容

(1) 探测目的：探测 1# 和 3# 瓦斯抽采立孔管道的破坏情况。

(2) 探测应用：查看 1# 和 3# 瓦斯抽采立孔管道壁的破坏的地点和程度。

8.1.3 探测地点概况

探测地点选在 40104 工作面，是事故发生的重灾区。40104 工作面采空区及其部分密切相关巷道(进、回风巷和灌浆巷)，经四次燃爆至灾区完全封闭持续了 4 d。在此过程中，工作面支架顶部的木垛已被引燃，并由此点燃停采线附近的松散煤体，形成了煤层火灾，但巷道内形成煤层火灾的可能性较小。由于封闭区内的巷道均为锚网支护，巷道煤体在锚网保护下，煤体松散破碎的厚度较小。根据其他类似矿井瓦斯爆炸后的情况类比分析，本次事故即使形成了胶带火灾，只要巷道不烧塌，巷道煤体的燃烧深度就不会太大，形成煤层火灾的可能性极小，但煤巷交叉点处的帮角在灾区启封后应予以高度重视。灾区内大面积冒顶的可能性不大(40104 工作面、巷道交叉处有可能局部冒顶)，且封闭后，在瓦斯涌出和注入惰气的共同作用下，灾区很快处于窒息状态，且巷道表面温度容易降低，致使这些巷道在缩封排瓦斯过程中复燃的可能性极小。

四次燃爆使 $1^{\#}$ 和 $3^{\#}$ 瓦斯抽采立孔受到了不同程度的损坏，由于矿井深，瓦斯抽采立孔小且有瓦斯存在，使得人员和其他非矿用设备不能进行探测。针对瓦斯爆炸后的实际情况，采用井下多媒体信息地面钻孔探测系统对瓦斯抽采立孔的破坏程度及巷道破坏情况进行探测。

8.1.4　探测过程

探测过程如图 8-2 所示。

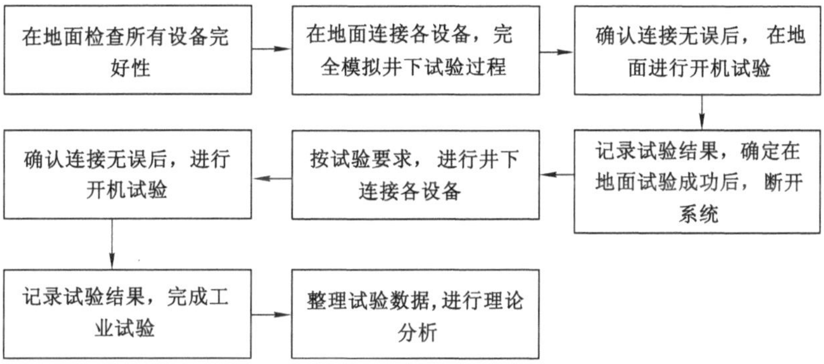

图 8-2　探测过程

(1) 检查所有设备完好性

将 ZKJ500(A)矿井钻孔通信装置进行开机试验：查看设备是否能够正常开机、指示灯是否正常显示、电源电压是否能够满足要求；对传输及加固线进行检测，判断传输线及插头是否连接正常；将系统专用笔记本电脑开机，确定系统软件是否正常运行。

(2) 地面进行开机试验

正确连接设备后，进行开机试验。地面测试结果如表 8-1 所列。

表 8-1　地面测试结果

项目	采集器	布线器	系统用计算机	图像质量		声音质量
开机状况	正常	正常	正常			
连接后状况	正常	正常	正常	≥16 帧	清晰	好
工作时间	0.5 h	0.5 h	0.5 h			

(3) 下井开机试验

连接完毕后进行开机试验,开机顺序和地面相同,地面基地指挥人员通过耳麦和红外摄像仪观看;仪器正常工作后,救护队员在瓦斯抽采立孔中放入采集器,在行进的过程中随时由地面指挥中心查看抽采立孔情况,同时在黑暗的环境中进一步检验红外一体化装置的摄像效果和声音效果。现场放钻孔设备及地面指挥站探查情况见图 8-3 和图 8-4。

图 8-3　放钻孔设备

图 8-4　地面指挥站探查情况

(4) 记录试验结果

各设备在井下测试结果如表 8-2 所列。

表 8-2　各设备在井下测试结果

项目	采集器	布线器	系统用计算机	图像质量		声音质量
开机状况	正常	正常	正常			
连接后状况	正常	正常	正常	≥16 帧	清晰	好
工作时间	4 h	4 h	4 h			

8.1.5　探测过程存储回放与分析

由于在探测过程中,不能实时进行准确的判断,探测结束后,在地面指挥中心的大投影上对探测过程进行了回放分析,回放过程如下:

(1) 打开系统录像播放软件

单击“开始—所有程序—录像播放软件”,打开录像播放软件,如图 8-5 所示。

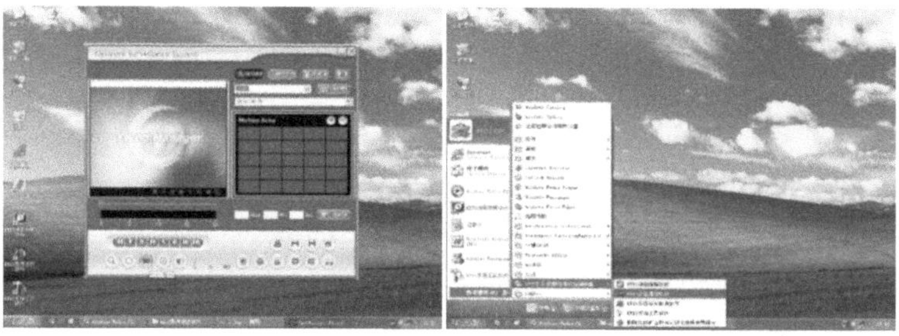

图 8-5　录像播放软件界面(1)

(2) 使用录像播放软件观看录像

点击按钮,在弹出的对话框中选择 VideoSave 文件,单击 打开(O) 按钮,如图 8-6 所示。

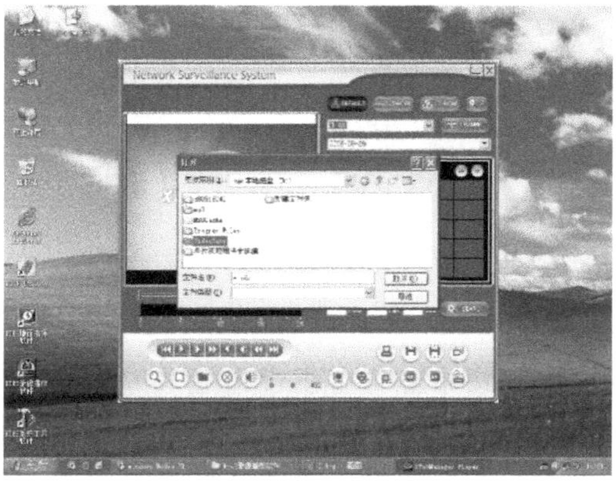

图 8-6　录像播放软件界面(2)

以上步骤完成后,即可在录像播放软件中观看视频录像,如图 8-7 所示。

图 8-7　录像播放软件界面(3)

(3) 分析结果

① 3# 瓦斯抽采立孔 350～355 m 处被瓦斯爆炸破坏,可从相应巷道处反向向上打开进行处理。

② 1# 瓦斯抽采立孔也在 350～355 m 处时被瓦斯爆炸破坏,可从相应巷道处反向向上打开进行处理。

探测结果如图 8-8 所示。

8.1.6　应用小结

① “ZKJ500(A)矿井钻孔通信装置”解决了现场事故的真实描述。

② “ZKJ500(A)矿井钻孔通信装置”可以解决灾区遇险人员与井上专家领导的沟通问题。

③ “ZKJ500(A)矿井钻孔通信装置”缩短了井下抢险救灾的时间。

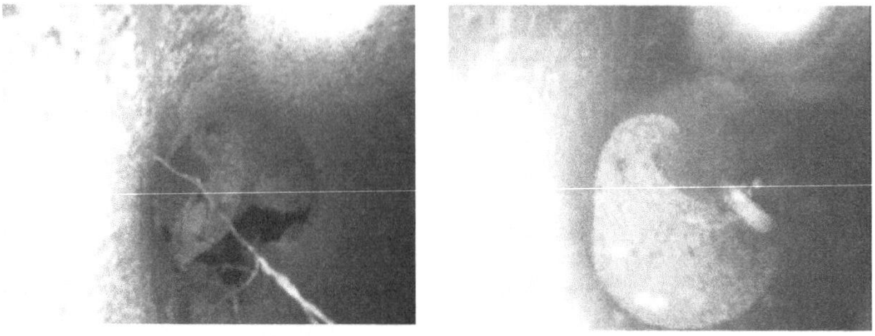

(a) 3#瓦斯抽采立孔　　(b) 1#瓦斯抽采立孔

图 8-8　3# 和 1# 瓦斯抽采立孔管道的视频截图

④ “ZKJ500(A)矿井钻孔通信装置”在井下使用有线传输和无线传输是可行的，而且具有很强的可操作性和先进性。

⑤ “ZKJ500(A)矿井钻孔通信装置”在井下不受磁场干扰的影响。

⑥ “ZKJ500(A)矿井钻孔通信装置”在井下图像、声音、环境参数的传输效果较好。

⑦ “ZKJ500(A)矿井钻孔通信装置”在井下有效工作的时间完全满足矿山救护需要。

⑧ “ZKJ500(A)矿井钻孔通信装置”在井下不受温度、湿度的影响。

⑨ “ZKJ500(A)矿井钻孔通信装置”可探测有效距离在 4 km 以下的钻孔(实际钻孔都不大于 1 km)；

⑩ 救援指挥畅通及应急措施完备。

8.2　矿山救援钻孔多源生命信息探测装置在山东平邑救援中的应用

8.2.1　概述

许多矿山事故在发生的初期，被困人员如果能及时得到救护，将会有很大的生还希望，然而，井下生产环境复杂、多变、条件恶劣，一旦发生矿山事故，地面与井下人员的信息沟通往往会被中断，地面人员难以及时、动态地掌握井下遇险人员的分布情况和所在的具体位置，难以准确掌握井下灾区的真实情况和发展趋势。因此，救援工作的开展就存在盲目性，制定的方案就缺乏针对性，往往错过许多最佳的救援时机，从而导致被困人员死亡。这也会导致抢险救灾、安全救护的效率降低，搜救效果变差等问题。如果能观测、监听事故现场险情、被困人员状态和位置等关键信息，为抢险救灾提供第一手资料，对于避免伤亡进一步扩大、快速有效地撤离人员、减少人员和财产损失、防止灾害蔓延都非常宝贵。因此，如何迅速发现被困遇险人员，并对其进行准确定位，取得有效的信息交流，便成为矿山应急救援成功的关键因素。国家矿山救援西安研究中心救援团队针对矿山应急救援过程中所遇到的困难，研发了具有语音、视频传输和多种环境参数采集的生命信息钻孔探测系统，能够实时、准确地通过钻孔把探测到的井下灾区情况及大直径救生钻孔的情况实时传送到地面救灾指挥部及各级救援指挥中心，为救灾指挥员与专家组提供准确、可靠的灾情信息，以便制定出科学合理的救灾方案，并可根据实时信息及时调整和优化救援方案，提高救援的效率和成功率。

2015 年 12 月 25 日早晨，山东省平邑县玉荣石膏矿因邻近的废矿采空区坍塌引发矿震而发生坍塌，29 名作业人员被困在井下 200 多米深处。事发后有 4 名矿工成功自救，并向救援人员报告了他们的位置。但由于井底堵塞严重，并且有人受伤，救援难度很大。紧急关头，率先赶到救援现场的山东能源枣矿集团、临矿集团两支矿山救护队队员冒着巷道继续坍塌的危险，开辟出仅容一人通行的狭窄空间，爬行过去将 7 名被困人员抬出地面，此外还有 1 人确认遇难。然而，此时还有 17 人被困在井下，音讯全无。

在“12・25”坍塌事故救援指挥部的统一领导下，专家组采用西安科技大学救援团队自主研制开发的“矿山救援钻孔多源生命信息探测装置”成功发现 4 名被困人员并与其进行了音视频沟通，及时掌握了被困人员的身体状况。在后续救援中，专家组利用该探测装置对井下巷道情况、救生钻孔施工情况、套管变形情况等多种信息进行了探测。经历了无数波折，最终将这 4 名被困人员成功救出。

8.2.2　应用过程

(1) 应用探测装置搜寻被困人员

2015 年 12 月 30 日早上，原定第 4 条生命通道中的 2 号钻孔与 4 号矿井的井底车场东侧巷道贯通。但在矿山救援钻孔多源生命信息探测装置首次下放过程中，因钻孔套管内存在淤泥，下放受阻。经过短暂清管后，再次下放设备，随后下放至井下巷道位置，发现 4 名被困矿工。通过该系统，救援人员清楚地与被困人员进行了实时的音视频沟通，掌握了被困人员的身体状况和井下灾区情况。具体如图 8-9 和图 8-10 所示。

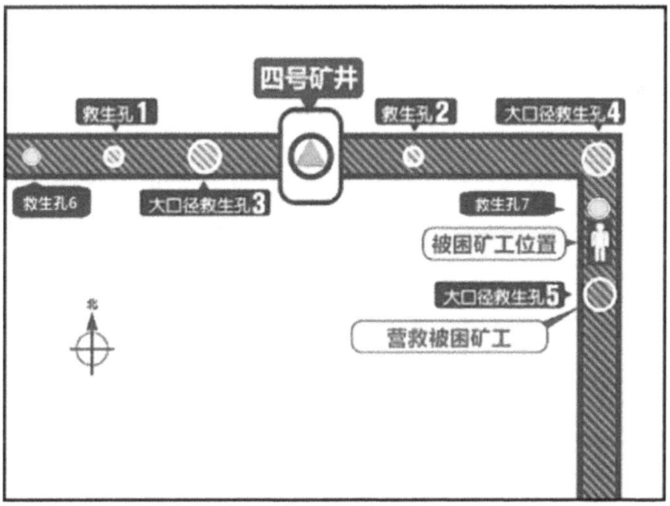

图 8-9　钻孔探测布置图

2016 年 1 月 3 日，山东平邑石膏矿坍塌抢险救援现场 4 号矿井的 6 号小口径钻孔在经过了近两天的突破之后(图 8-11)，已经接近预定的位置。1 月 4 日清晨，6 号救生钻孔打到预定区域，随即下放矿山救援钻孔多源生命信息探测装置。约半小时后，探测装置下放至预定位置，视频图像清晰，巷道和机械设备等均可清楚呈现。但并未发现车场西侧附近有任何生命迹象。考虑人员移动的可能，生命信息钻孔探测小组成员随即开始持续喊话，至 11 时，未有回应。同时，通过视频图像显示井下巷道有约 1.4 m 深的积水。下午，小组又进行了

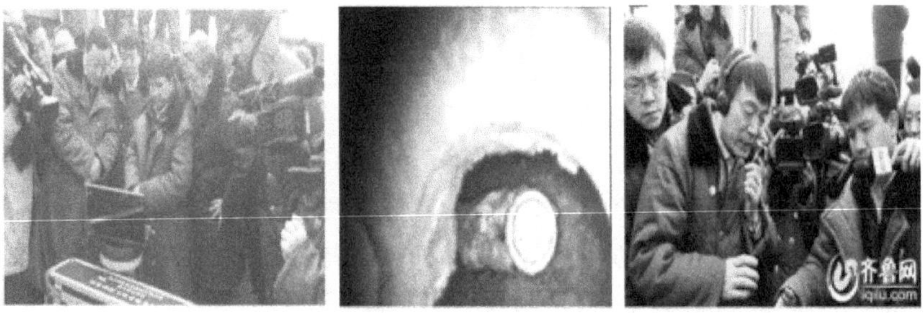

(a) 研发人员在现场观测结果　(b) 发现井下被困人员　(c) 等待救援人员上升过程

图 8-10　救援人员利用矿山救援钻孔多源生命信息探测装置搜寻到井下被困人员

一轮喊话搜寻工作，仍无回应。此后数日内，探测小组每天上午、下午、晚上分别进行 2～3 h 的喊话搜寻工作，但一直无任何回应。

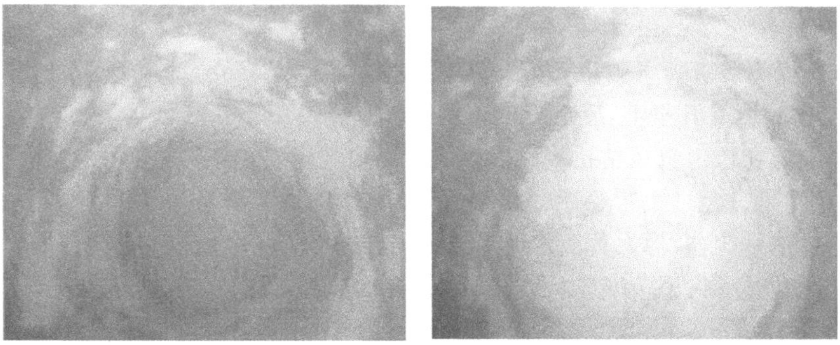

图 8-11　探测装置探查到的 6 号钻孔被堵情况

(2) 应用探测装置探查钻孔情况

在之后的救援过程中，探测团队利用矿山救援钻孔多源生命信息探测装置对钻孔的卡钻情况、钻孔内淤泥及水位情况等信息进行了探查，及时准确地得到了相关信息，为指挥部及时调整救援方案和钻孔施工方案提供了宝贵的资料，为大直径钻孔的成功贯通起到了重要作用。

钻孔探查方面的工作主要有：救援初始，5 号钻孔卡钻严重，下放矿山救援钻孔多源生命信息探测装置探查了卡钻情况、钻孔内淤泥及水位情况。根据得到视频图像信息，指挥部决定采取气举反循环工艺，抽排掉落在钻头上部沉积的泥沙岩粉。

直到 1 月 12 日上午，5 号孔卡钻处理完成，利用矿山救援钻孔多源生命信息探测装置探测了 5 号救生钻孔孔壁及淤泥情况(图 8-12)，测出淤泥深约 25 m。

后来，5 号钻孔清渣工作完成，下放矿山救援钻孔多源生命信息探测装置探测了 5 号救生钻孔孔壁及淤泥情况，为直径 610 mm 套管下放的准备工作提供了宝贵的视频资料。至 17 日，5 号孔下放套管 168 m，套管下放完毕(图 8-13)，下一步进行固井堵水。

通过对下放矿山救援钻孔多源生命信息探测装置在 5 号救生钻孔探测孔壁及淤泥情况(图 8-14)可以看出：井筒完整性较好，约 190 m 处井筒涌水较大。200 m 处进入淤泥，淤泥深度约 20 m。经过探查，指挥部决定先实施抽水排淤泥清孔措施。

在 1 月下旬，5 号钻孔排淤泥清孔完成，紧接着下放矿山救援钻孔多源生命信息探测装置

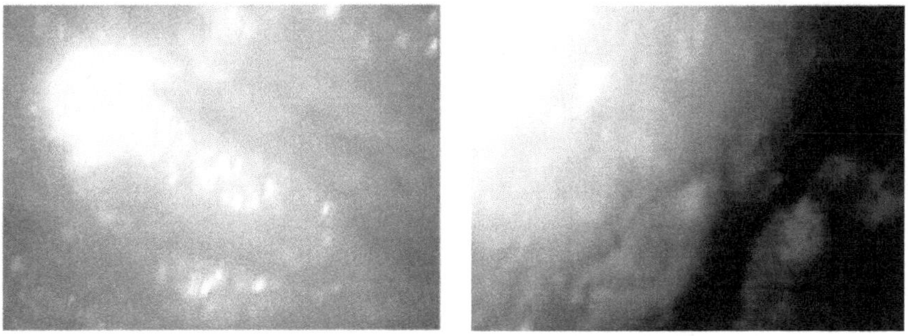

图 8-12　利用探测装置对钻孔涌水和孔壁完整性进行探查

图 8-13　探测装置窥视到的套管内壁情况

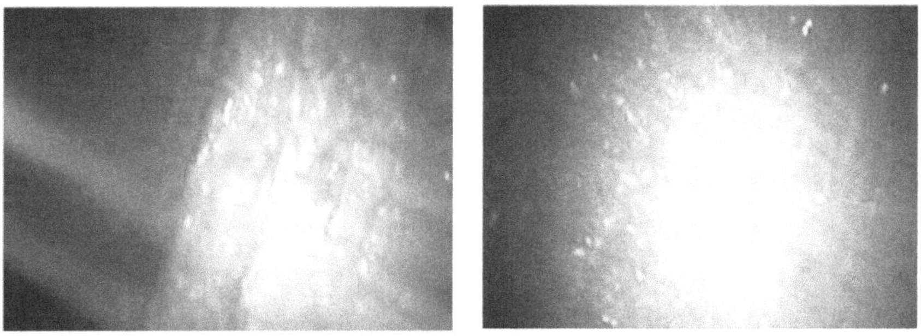

图 8-14　套管末端及套管内涌水情况

探测 5 号救生钻孔情况(图 8-15),下放至 158 m 深时见水面,井筒套管内淤泥被冲洗干净,遂进行排水工作。

几天后的早上,利用矿山救援钻孔多源生命信息探测装置探测 5 号救生钻孔内情况,下放至 185 m 见水面,水面上漂有大量打钻用泡沫(图 8-16),168 m 外裸孔段塌孔较严重,180 m 处有井筒坍塌所致的小平台(图 8-17 和图 8-18);指挥部采取措施后,在 1 月 27 日下午下放矿山救援钻孔多源生命信息探测装置探测 5 号救生钻孔内情况,下放至 190 m 见水面(图 8-19);次日早晨,再次探测 5 号救生钻孔情况,通过视频图像得知:168 m 以下(裸孔段)孔壁间断性塌孔严重,185 m 处有片帮岩泥块堵住钻孔。在反复的抽水和吹管后,并不能确保 5 号钻孔畅通,钻孔内不断涌水和坍塌,无法进行下一步的救援工作。

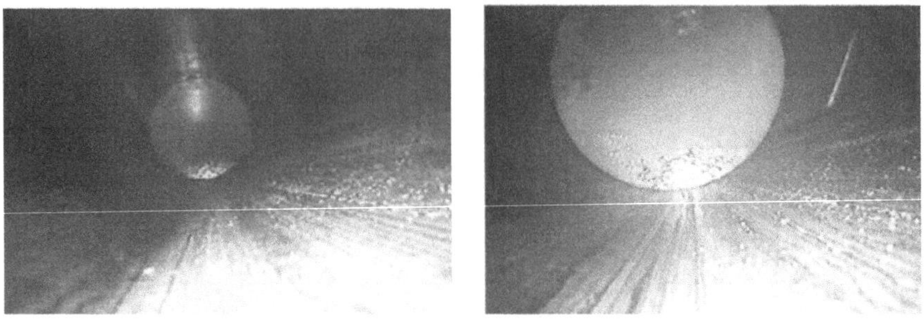

图 8-15　探测装置探测到钻孔内的积水情况

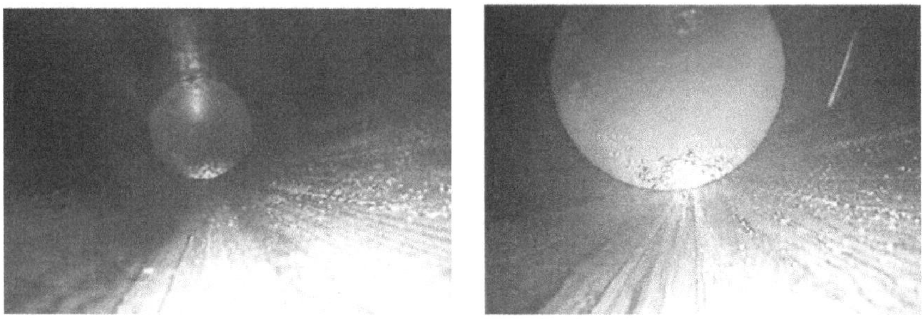

图 8-16　探测装置清晰地探测到 185 m 处裸孔被堵情况

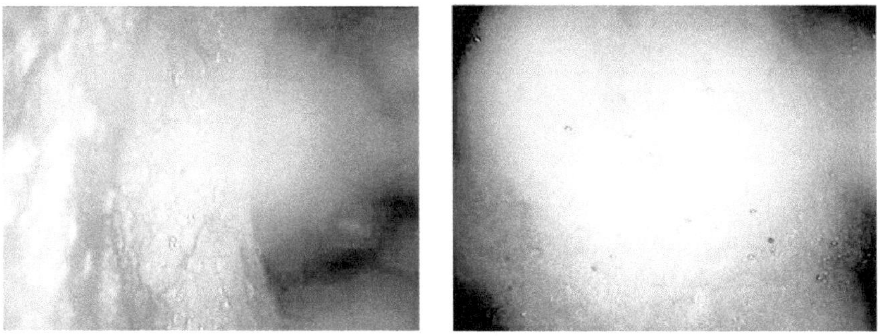

图 8-17　裸孔段的小平台以及钻孔内积水情况

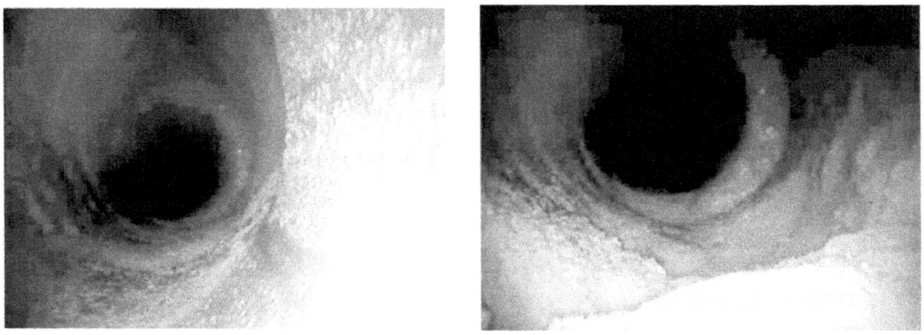

图 8-18　裸孔段孔壁坍塌情况

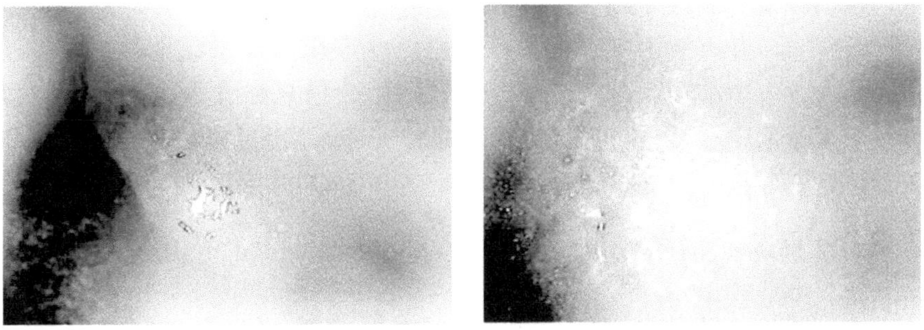

图 8-19　钻孔内积水情况

1 月底下放矿山救援钻孔多源生命信息探测装置探测完整的 220 m 深的 5 号救生钻孔，成功下放至井下巷道，并与井下被困人员进行了灯光交流，确定连巷通畅情况以及连巷方位。200 m 以下为裸孔，通过视频图像发现 203～207 m 段有泥沙堵孔。指挥部决定清理这 4 m 的泥沙，疏通钻孔。数小时后 5 号钻孔疏通工作完成，随后再次下放矿山救援钻孔多源生命信息探测装置探查了 5 号救生钻孔的全井筒(图 8-20)，但探测装置探查到 200 m 处套管末端有一处大致 3～5 cm 的卷边变形(图 8-21)，经专家研判可能会影响罐笼运行。该信息上报到指挥部后，指挥部决定采用消防安全绳索提人。晚上开始使用消防安全绳索实施人员提升，第一名被困矿工成功实现升井后，其他 3 名被困矿工也全部安全升井。

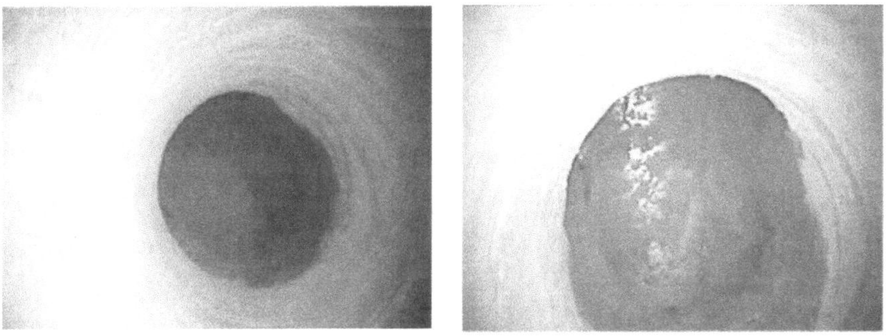

图 8-20　大直径 5 号钻孔贯通后探测装置下放到目标巷道位置与被困人员取得联系

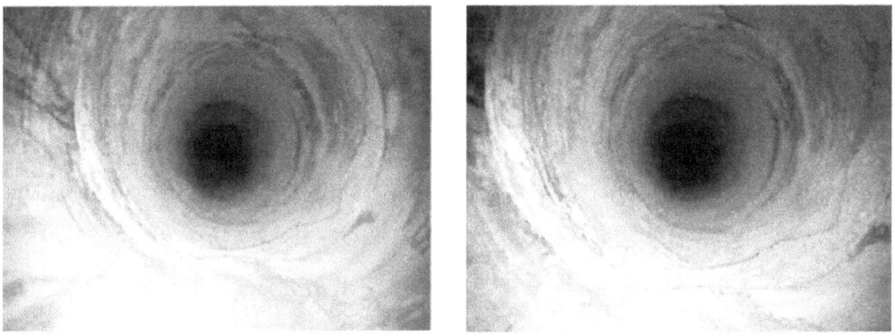

图 8-21　利用探测装置发现套管末端微小的卷边情况

(3) 应用探测装置探查井下环境

2016年1月7日，井下被困矿工汇报他们所处巷道积水和淤泥堆积严重，无法继续通过2号钻孔获取物资。第二天下午，救援人员利用生命信息钻孔探测系统，通过新打通的7号钻孔与井下人员取得联系，投送给养、建立通信渠道，并通过摄像头观察了井下巷道、生存空间情况，清晰掌握了井下人员状况。如图8-22和图8-23所示。

图8-22　通过7号钻孔再次联系到被困人员并输送给养

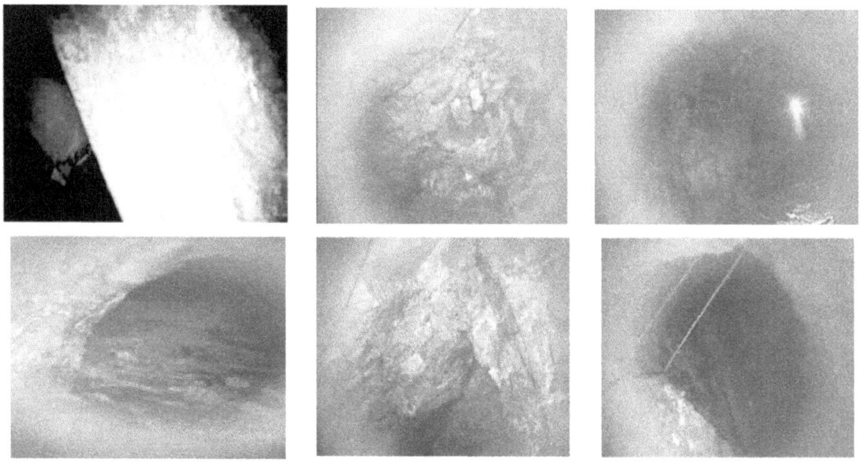

图8-23　利用探测装置清晰地查看井下巷道情况

在6号钻孔搜寻被困人员的工作中，虽然很遗憾地未搜寻到被困人员，但通过该系统的探查，专家组准确掌握了井下涌水的情况。通过这些数据的分析，对井下涌水量、井下环境的危险性等指标进行了准确的研判，为成功救援提供了宝贵的资料。

矿山救援钻孔多源生命信息探测装置，经过30余天的持续探测，体现出该装置无需借助井下任何通信设施和外围网络支持系统，可以独立使用。不仅实现了从地面垂直钻孔进行遇险人员生命信息探测，而且还可利用其独特的视频设计方法，准确地探测钻孔孔壁坍塌、钻孔内残渣存留、钻孔涌水、裸孔段孔壁的完整性、套管变形以及井下人员生存空间等关键信息。特别是在采用大直径钻孔救援方式，为营救出被困井下220 m处长达850余小时的4名矿工中起到了重要作用。

8.2.3　矿山救援钻孔多源生命信息探测装置在此次救援中的作用

在这次生死营救过程中，西安科技大学自主研发的矿山救援钻孔多源生命信息探测装置为救援过程提供了可视化的精准信息。

（1）快速发现生命信息

12月底，现场打通了2号探测钻孔，但是井下情况并不了解。救援专家组立即启动矿山救援钻孔多源生命信息探测装置展开搜寻，在地下200多米处，很快发现被困矿工。通过该装置，地面指挥人员清晰地看到了井下被困矿工，并与他们进行了音频沟通，得知井下该处共有被困矿工4人，生命体征良好。救援人员随即向井下投放电话，并将食物、饮水、药品和衣物分批送到他们手中。在后续的救援过程中，2号探测钻孔坍塌，导致与被困矿工失联。1月8日，专家组对新打通的7号探测孔进行了探测，再次与之前发现的4名井下被困矿工取得联系。

在随后的20多天里，救援难度超出想象。井下坍塌不断发生，积水位置不断攀升，一氧化碳浓度不断升高。为避免次生事故发生，大口径钻机打孔救援方案成为唯一可行的方法。按照部署，矿山救援钻孔多源生命信息探测装置对5号大孔径救生钻孔进行定期持续探测，大大提高了打钻的进度，为1月29日最后救人方案的确定起到了关键作用。

（2）让救援可视化

该装置主要由生命信息探测仪、信号传输器、笔记本电脑无线接收器三部分构成。在救援过程中，该装置的主要作用：一是要搜寻井下生命信息，二是检查救生通道是否安全。当井下发生严重灾害，该装置能将钻孔孔壁、孔底状况以及井下事故现场视频和声音实时传输到地面指挥中心；井下遇险人员与地面指挥中心之间可实时信息沟通；救援全过程的视频、语音资料可完整存储并回放，为事故原因分析、总结探测过程的经验教训提供基础资料；通过互联网，救援专家可直接了解探测情况。

8.2.4　现场应用结论

平邑矿难事故救援是我国历史上第一次将大直径钻孔和生命信息探测装置应用到井下救援的实例，这次救援情况复杂、难度大、风险高，极富挑战。现场救援指挥部通报，事发矿区持续塌方，有的落石重达十几吨甚至几十吨，导致井筒严重扭曲变形，通向被困人员的井底巷道几乎完全堵住。

本次救援工作中，生命信息钻孔探测系统及多媒体通信系统在各个救援阶段发挥了重要作用，得到了应急管理部、国家安全生产应急救援中心、山东省委的充分肯定和高度赞赏，山东省临沂市为西安科技大学救援团队颁发了感谢信，这次技术的成功应用为我国后续的矿山救援工作奠定了基础，也为世界救援技术提出了新的研究方向。

8.3　矿山救援钻孔多源生命信息探测装置在山东笏山救援中的应用

8.3.1　概述

2021年1月10日13时13分许，山东栖霞笏山金矿发生爆炸事故，22名工人被困井下。得知矿难的消息后，西安科技大学国家矿山救援西安研究中心团队判断井下会有幸存人员，团队成员紧急做好相关救援准备工作。1月13日，受应急管理部矿山救援中心调遣，携带1 000 m线长的布线轮以及三种不同用途的生命探测仪，驱车前往现场救援。此次救援过程中，西安科技大学救援团队承担的任务是地面救援钻孔打通后，将生命探测仪放入井下被困人员区域，通过环境参数传感器掌握人员受困区域环境状况，通过视频传感器探测被困人员生存状况，通过音频传感器与被困人员双向语音通话，为救援指挥部下一步救援决策提供依据。1月19日，在3号钻孔，生命探测仪视频显示清晰，能清楚看到被困人员。生命探测仪的探测结果，为救援方案提供了更合理的科学依据，受到现场救援专家的高度评价。在随后的几天，潜水视频探测器先后发现矿井内水位的变化，为专家组预计水量和水位上升速度提供了依据。

8.3.2 事故进展

1月10日13时13分和15时03分，栖霞市西城镇正在建设的笏山金矿发生两次爆炸，事故导致井筒梯子间损坏、罐笼无法正常运行、通信系统损坏，井下22名工人被困。

1月11日20时，涉事企业向栖霞市应急管理部门报告有关情况；20时48分，烟台市委接到事故报告，多方调集力量，全力开展救援；21时45分，接到事故报告，省委、省政府高度重视，第一时间作出安排，要求迅即成立省市县一体化的现场救援指挥部，全力以赴救人，严防发生次生灾害。

1月12日，山东省委书记等领导班子赶往事故现场指挥抢险救援工作。应急管理部党委书记视频连线指导救援工作。应急管理部副部长、国家矿山安全监察局局长率工作组抵达现场指导救援。山东黄金集团、山东地矿局、龙矿集团等9支专业救援队伍和烟台市消防支队320余人及各类机械、设备70余台套均已备好。16时，罐笼到达井下180.5 m，井下300 m以上空气质量基本达标，370 m以上不具危险性。

1月13日—16日，井筒清障至地面下310 m。四个救生钻孔分别完成进尺为1号382 m、2号420 m、3号397 m、4号47 m，新增5号、6号两个救生钻孔，回风井筒清障深度为350 m。

1月17日13时56分，3号救生钻孔成功透巷，并通过敲击钻杆的方式与井下被困人员取得了联系。23时47分，救援人员收到井下传上来的纸条，主要内容为：井下共有22人，五中段现有11人、六中段有1人，身体透支严重，急需止痛药、消炎药等药品，另有10人情况不明。救援人员又向井下输送有线电话沟通联络。

1月18日5时许，1号救生钻孔透巷，累计进尺629 m，创近年来地面打钻救援深度之最。救援人员敲击钻杆，未得到井下回应，又下放了生命探测仪。14时30分许，3号救生钻孔完成下套管作业，救援人员向井下输送了有线电话，这部电话成为珍贵的“生命联络线”。

1月19日，救援指挥部进一步理清工作思路，明确了“3＋1”通道救援方案，即：生命维护监测通道、生命救援通道、排水保障通道、辅助探测通道。上午，救援人员抽回输送给养的绳索后，再次发现字条“麻烦再送一部电话，作为备用。”

1月20日15时30分，10号钻孔正式开钻，10号钻孔口径为711 mm，将作为生命救援通道，如图8-24所示。22时30分，4号钻孔成功透巷五中段，替代3号孔作为生命维护监测通道。当晚，经与井下五中段被困矿工电话沟通并反复确认，五中段一名伤势危重矿工已无生命迹象。

1月23日12时，五中段井下10名矿工转入恢复正常饮食阶段，身体状况、心理状况、生存环境良好。截至当日，现场共有17支专业救援队伍和1支消防救援队伍，共有救援人员633人，救援装备407台套。新增11号、12号钻孔，用于辅助探测和巷道排水。笏山金矿事故救援现场示意图如图8-25所示。

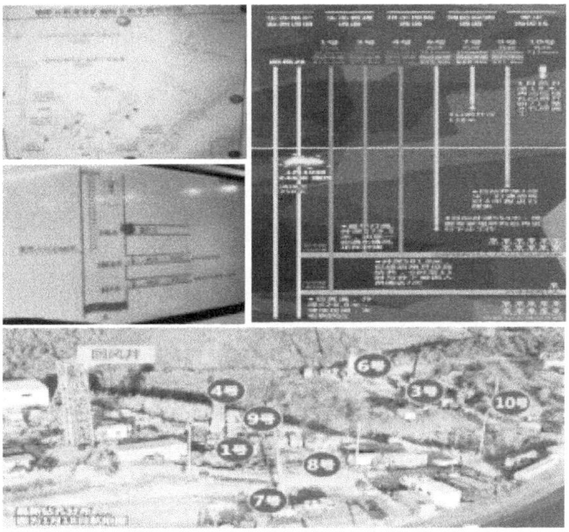

图 8-24　事故现场救生钻孔布置示意图

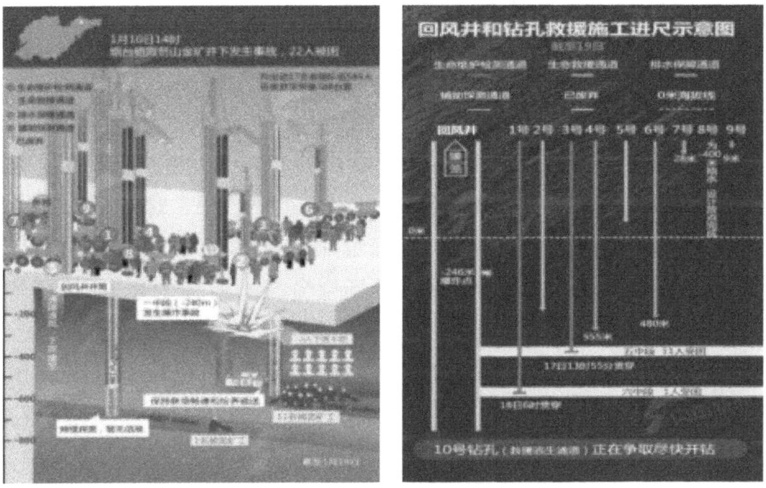

图 8-25　笏山金矿事故救援现场示意图

1 月 24 日，被困矿工陆续升井（幸存 11 人，死亡 10 人，失踪 1 人）。失踪人员：估计在井下六中段，六中段水位约 1.2 m，待排水后，继续搜救。

8.3.3　应用过程

西安科技大学自主设计研发生产的生命探测仪，可以最大程度接近矿山井下事故现场，搜寻和联络井下被困与幸存人员、诊断各种类型救生钻孔通道情况、探测井下巷道和空间的生存环境参数，监测被困人员身心和精神状态，为救援提供至关重要的信息，解决“最后一公里”难题，探寻生命的奇迹。

结合地面通往井下的救生钻孔类型和作用（生命维护监测通道、生命救援通道、排水保障通道、辅助探测通道），生命探测仪具有如下主要作用和功能：

① 井下被困和幸存人员的搜寻与联络：持续喊话、灯光导引、视音频通信、监测被困人员身心和精神状态。

② 各种类型救生钻孔通道的诊断：钻孔堵塞、孔壁坍塌和涌水、孔底淤泥和积水、钻孔套管底端状况等。

③ 井下巷道和空间的生存环境探测：巷道支护、设备设施、积水和水位变化等状况；井下空间的 O_2 浓度、CO 浓度、CH_4 浓度、温度、湿度等生存环境参数情况。

具体应用过程：

1 月 12 日下午，现有 ZKJ500(A)矿井钻孔通信装置（以下简称生命探测仪）实时通信布线轮的线长仅 500 m，无法满足笏山金矿约 700 m 深度的救援任务，西安科技大学救援团队加工制作了 1 000 m 线长的布线轮。

1 月 13 日下午，受应急管理部矿山救援中心调遣，西安科技大学国家矿山救援西安研究中心团队成员携带生命探测仪，以及加工好的 1 000 m 线长布线轮、双视频音频探测器（1 台）、视频音频环境参数探测器（2 台）、潜水视频探测器（1 台）及劳保和生活用品，安排团队 4 人驱车前往事故现场救援。

1 月 14 日—16 日，团队 4 人到达救援现场，联系国家矿山救援基地兖州队，进入救援现场了解情况，到救援现场指挥部登记，接受任务。进入救援现场，配合消防队员，将生命探测仪接入救援指挥车的信息平台，并进行调试，向山东兖矿救护大队大队长、总工程师及救护队员介绍生命探测仪的功能和使用方法，并与现场救援副总指挥研讨从风井筒进行探测的可行性。

1 月 17 日，西安科技大学救援团队领队到现场救援指挥部了解救援进展情况。团队其他成员配合消防队员演练仪器、设备。救援副总指挥以及应急管理部领导和相关专家，在 3 号钻孔附近察看即将入井的生命信息探测系统准备情况。13 时 56 分，3 号钻孔（581 m）贯通井下五中段 586 m 处，敲击钻杆有回应，确定井下有幸存人员。救援团队在 3 号钻孔与山东消防烟台支队配合，保证设备通信正常，现场待命。随后接到通知，到指挥部研讨方案，并接受探测任务。具体安排为：先通过钻孔向井下被困人员输送给养、手电、纸、笔等物品；再通过钻孔放入生命探测仪，与井下工人联络；备用方案，通过钻孔下放有线电话。23 时 40 分，输送给养的绳索从井下传回纸条，井下 22 人，五中段 11 人，六中段 1 人，4 人受伤，另有 10 人情况不明。采用备用方案，下放有线电话与井下人员取得联系，了解了井下人员的详细情况及生存状况。如图 8-26 所示。

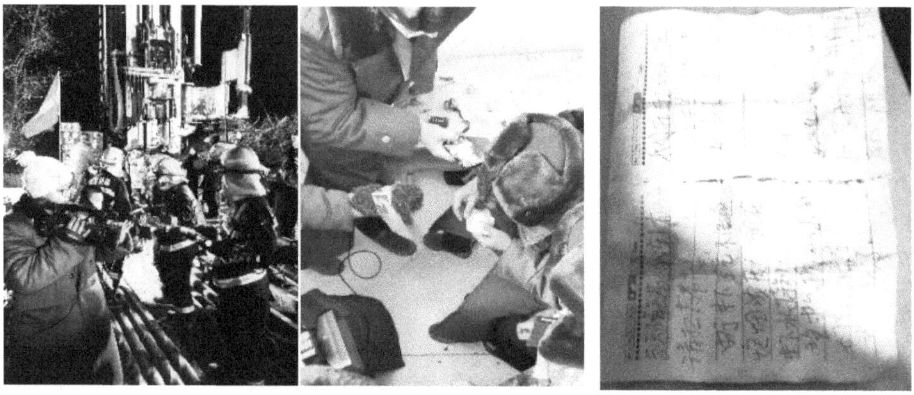

图 8-26　通过 3 号救生钻孔输送给养和通信联络

1 月 18 日 5 时左右，事故现场 1 号救生钻孔(629 m)与六中段巷道贯通，6 时接指挥部通知，准备探查 1 号钻孔。9:45 从 1 号救生钻孔放入生命探测仪，视音频清晰；10:30 至指定位置(六中段 637 m 处，井下水泵房)，探测井下水泵房无水，及时将该重要信息传给专家组，专家组组长到现场确认，救援指挥人员向井下喊话，无回应。随后，安排消防队员每隔 10 min 向井下喊话一次，并持续监听井下声音，一直持续至当天下午 18:00，设备电量耗尽，未收到井下人员回应，提出设备，更换备用探测器放入钻孔，持续探测。

1 月 19 日 7:50，西安科技大学救援团队携带设备赴 3 号钻孔指定位置待命。约 9:30 山东消防烟台支队向井下通过 3 号钻孔输送给养，10:30 输送完成。12:00 左右消防支队下放设备，视音频清晰。13:00 设备探查结束，提升出钻孔。

1 月 20 日上午，按指挥部要求，24 h 不间断监测 1 号钻孔，主要监测水位和人员。17:30 放入视频音频环境参数探测器，巷道内 CO、CH_4、O_2 等气体浓度，以及温、湿度等环境参数正常，具备人员生存条件，探测区域无水，喊话无回应。相关领导现场观看了视频，察看了环境参数。4 号钻孔 6:10 贯通，并作为 3 号钻孔的备用孔，给井下幸存人员输送补给。

1 月 21 日，救援团队成员不间断监测 1 号钻孔，24 h 轮流值守。准备探测 9 号钻孔(施工到四中段)，850 m 的布线轮连接探测器调试，预计 22 日下午探测。

1 月 22 日凌晨 1 时许，探测发现 1 号钻孔贯通的六中段巷道底部存在少量积水，水文专家建议用潜水探测器探测 1 号钻孔水位。其间，应急管理部矿山救援中心总工程师、钻探组专家、指挥部专家陆续查看了探查视频、监测视频，并提出了水位观测方案。17:20 应急管理部矿山救援中心总工程师到西安科技大学工作人员宿营帐篷与团队专家进行交流，并要求随时做好探测 9 号钻孔的准备工作，预计 23 日贯通。其间，接指挥部通知，需加工一套 1 500 m 线长的布线轮。由于生命探测仪设计使用的相关通信模块仅能满足 1 000 m 线长的需求，迅速联系北京、深圳的相关生产企业分别发货，确保能以最快的速度送达西安。

1 月 23 日，17:36 将探测器更换为潜水探测器，18:00 放到位，探测水位，为专家组预计水位上升速度和涌水量提供依据。随后水文专家查看了视频回放，初步推断水位约 50 cm，建议继续监测。下午，现场副总指挥查看了监测情况，要求加强监测工作。井筒清障工作难度大，预计最少还要 15 d；负责运人的 10 号钻孔(生命救援通道)进展缓慢，据打钻专家介绍，最快也要 60 多天才能贯通。北京 2 000 m 传输距离的通信模块到货，经测试可用，迅即加工好了 1 500 m 线长的布线轮，后接指挥部通知，又连夜更改为 850 m 线长的布线轮，安排两名人员从西安运送至救援现场。

1 月 24 日，5:10 潜水探测器电量耗尽升井，6:00 下放视频音频环境参数探测器，17:20 升井，1 号钻孔探测任务完成(之后 11 名幸存人员全部安全升井)。其间，7:20 水文专家观看视频记录，要求继续监测；20 时左右，850 m 线长的布线轮送达烟台。

1 月 25 日，团队承担的救援任务基本完成，在此次救援过程中西安科技大学救援团队发挥了重要作用，被山东省笏山金矿事故应急救援指挥部授予“牢记生命至上 聚力笏山救援”锦旗。

8.3.4 生命探测仪在此次救援中的作用

西安科技大学自主设计研发的生命探测仪的优势是可以最大程度接近事故现场，监测救援所需的各种环境数据，与被困人员直接联络对话，监测被困人员的精神状态，为救援提供至关重要的信息，解决“最后一公里”难题，探寻生命的奇迹。

在此次笏山金矿事故救援，西安科技大学救援团队先后携带了 6 台探测仪器，基本实现了 24 h 不间断监测。此次事故救援，探测器主要应用在 1 号和 3 号钻孔。1 号钻孔使用了双视频音频探测器，通过该设备掌握了巷道的环境情况，24 h 不停监测，并利用设备喊话，搜寻失联人员。1 号钻孔还使用了视频音频环境参数探测器，掌握井下 O_2 浓度、CO 浓度、CH_4 浓度、温度、湿度等情况。潜水视频探测器探测了 1 号钻孔的涌水量、水位上升速度，为专家组提供了明确的信息，专家组经过测算掌握了井下实际涌水量和水位上升速度。

8.3.5 现场应用结论

① 通过地面救生钻孔，生命探测仪可最大程度接近矿山井下事故现场，搜寻和联络井下被困的幸存人员、诊断各种类型救生钻孔通道情况、探测井下巷道和空间的生存环境数据、监测幸存人员身心和精神状态，为救援提供至关重要的信息。

② 关注各类矿山事故，适时联络应急管理部、事发地政府、现场救援队伍，了解事故救援进展情况，根据需要接受调遣，及时赶赴事故救援现场。

③ 此次笏山金矿事故救援，团队先后携带和运送 6 台探测器、3 个 850 m 以上线长的实时通信布线轮，实现了 1 号钻孔 24 h 不间断监控。分别使用双视频音频探测器、视频音频环境参数探测器、潜水视频探测器，搜寻了井下幸存人员、诊断了 1 号钻孔通道、探测了井下巷道和空间的生存环境参数，以及井下水位上升速度和涌水量，为指挥部和专家组提供了明确的信息。

④ 通过 3 号钻孔探测，确定了钻孔通道的涌水点和出水情况，为 3 号钻孔堵水提供了靶向信息，也为 4 号生命救援钻孔通道调整为生命维护监测通道、新施工 7 号至 12 号救生钻孔、明确“3＋1”通道救援方案提供了指导。在井深 586 m 处“连线”被困矿工，探测了井下巷道和空间状况，以及积水情况，掌握了幸存人员生理、心理和精神状态。技术人员、医疗师、营养师、心理专家及相关领导，通过多次回看 3 号钻孔探测的各类信息回放，为制定后续救援技术方案、给养和医疗方案提供了可靠的一手资料。

⑤ 在救援过程中，指挥部要求 24 h、多钻孔探测和“连线”(1 号孔水位、9 号孔搜寻、4 号孔连线等)，面对不断变化的新情况，未在事故现场的团队成员密切关注救援进展情况，并根据现场指挥部的要求，与时间赛跑，日夜加班加点，先后多次赶制 850 m、1 500 m 等线长的布线轮和相关探测仪器，及时运至事故现场。

第 9 章　结论及创新

为研究矿山救援技术的发展提升，为矿山救援提供准确的生命信息数据，作者在视音频、环境参数作为探测目标的系统基础上，重点研究雷达生命探测机理、参数及影响因素等关键内容，深度掌握雷达信号采集、传输及波的衰减等关键问题，研究并实现了以视音频、环境参数、雷达等同时作为探测依据，并能够实现数据同时传输，同时分析的矿山救援钻孔多源生命信息融合方法及系统，并在研究过程中得出以下结论及创新：

(1) 研究了 100 MHz～1.0 GHz 范围内煤介电常数、电阻率随变质程度的变化规律，分析煤介电常数、电阻率的影响因素，建立了介电常数、电阻率与雷达波频率的映射模型。通过上述基础研究，为井下遇险人员的定位方法提供理论依据。

(2) 研究了异质传感器的信息融合和识别原理，分析了不同种类信息的融合技术和处理模式，通过使用分布式传感器的布置方式，集中优化信息融合效果，减少信息传输遗漏、堵塞等情况的发生，增加信息传输效果。

(3) 采用多级独立的过流、过压保护和电池专用保护主控芯片，短路关断时间和火花能量均优于国家标准，实现了便携式电源设备在爆炸性气体环境下的本质安全。

(4) 研制出一种无线/有线无缝切换的本安型长距离信息传输设备，解决大容量信息远距离传输的难题，调整信息传输布置，提高信息传输距离，确保钻孔在有限空间内实现多源信息的长距离可靠传输。

(5) 研发出一种适用于地面小直径钻孔内长距离多源信息智能融合侦测与可视化系统，该系统满足以下指标：雷达穿透煤层距离不小于 5 m；无线信号水平传输距离不小于 500 m；钻孔中垂直传输距离不小于 800 m；连续工作时间不小于 8 h。